John C. Eccles
Gehirn und Seele

SERIE PIPER
Band 628

Zu diesem Buch

John C. Eccles will dem Leser nicht nur einen Einblick in die komplizierte Maschinerie des zentralen Nervensystems vermitteln, sondern macht die Verknüpfungen des Nervensystems mit dem Bewußtsein sichtbar. Damit will er dem Leser helfen, zu seinem Ich zu finden und es gelassen und dankbar anzuerkennen. »Das Buch wird eine kritische Übersicht darüber geben, wie das Gehirn von der Außenwelt beeinflußt wird und sie seinerseits beeinflußt, und auch über die möglichen synaptischen Mechanismen des Gedächtnisses – sowohl was die Speicherung betrifft wie auch den Wiederabruf. Aber wichtiger wird eine philosophische Abhandlung des uralten Problems der Wechselbeziehung zwischen Gehirn und bewußtem Selbst sein, so wie es jeder von uns auf einzigartige Weise kennt, mit seiner erstaunlichen Kontinuität und Einheit. Und diese Wechselbeziehung zwischen Gehirn und bewußtem Selbst führt uns ihrerseits zu einer Betrachtung des religiösen Verständnisses der Seele und der Möglichkeit einer tieferen Bedeutung im Leben des Individuums, die wir – nach dem letzten Jahrhundert philosophischer und religiöser Katharsis – zur Zeit möglicherweise nicht zu erkennen vermögen.

Meine lebenslange Erfahrung als Wissenschaftler hat mich dazu veranlaßt, das Wesen der Wissenschaft und die Beschaffenheit der Wissenschaftler zu erörtern. Man kann behaupten, daß die Wissenschaft in unserer Zivilisation die höchste kreative Aktivität des Menschen darstellt. Darauf gründet sich unsere Hoffnung, schließlich ein tieferes Verständnis der Natur und der Bedeutung der Existenz zu erfahren. Die Philosophie muß für die aktuellen wissenschaftlichen Diskussionen wieder empfänglich werden; darum müssen Wissenschaftler es wagen, philosophisch zu sprechen.«

Sir John C. Eccles, geboren 1903 in Melbourne, Medizinstudium in Melbourne. Nach Promotion Lehrtätigkeit in Oxford, dann Institutsdirektor in Sidney. Professuren in Otago (Neuseeland), Canberra (Australien) und Buffalo (USA). 1957–1961 Präsident der australischen Akademie der Wissenschaften. 1963 Nobelpreis für Medizin.

Veröffentlichungen im Piper Verlag: Das Gehirn des Menschen, 1975; (zus. mit Karl R. Popper) Das Ich und sein Gehirn, 1982; (zus. mit Daniel N. Robinson) Das Wunder des Menschseins – Gehirn und Geist, 1985.

John C. Eccles

Gehirn und Seele

Erkenntnisse
der Neurophysiologie

Mit 36 Abbildungen

Aus dem Englischen von
Rosemaria Liske

Piper
München Zürich

Die Originalausgabe erschien 1970 unter dem
Titel »Facing Reality«
bei Springer-Verlag Berlin Heidelberg.
Im selben Verlag erschien 1975
die deutsche Erstausgabe unter dem Titel
»Wahrheit und Wirklichkeit«.

ISBN 3-492-10628-5
Juli 1987
R. Piper GmbH & Co. KG, München
Lizenzausgabe mit Genehmigung
des Springer-Verlags Berlin Heidelberg
Deutsche Ausgabe © Springer-Verlag Berlin Heidelberg 1975
Originalausgabe © Springer-Verlag Berlin Heidelberg 1970
Umschlag: Federico Luci,
unter Verwendung einer Grafik aus
»Das Wunder des Menschseins«
von John C. Eccles und Daniel N. Robinson, München 1985
Satz: Zechnersche Buchdruckerei, Speyer am Rhein
Druck und Bindung: Clausen & Bosse, Leck
Printed in Germany

Für Helena

Vorwort der englischen Ausgabe

Der Titel dieses Buches – „Facing Reality" – überkam mich ungebeten, wahrscheinlich aus meinem Unterbewußtsein! Aber als er da war, schien er richtig, weil er genau zum Ausdruck bringt, was ich in diesem Buch zu tun versuche. „Facing" ist im Sinne von „unerschütterlich und mutig ins Antlitz sehen" zu verstehen. Es steht somit im Gegensatz zu „konfrontieren", das die Bedeutung „etwas mit Feindseligkeit und Trotz betrachten" in sich trägt. Wenn ich dem Leben mit seinen Freuden und Sorgen, seinen Erfolgen und Fehlschlägen, seinem Frieden und seinen Plagen gegenüberstehe, so ist meine Haltung die heiterer Bejahung und Dankbarkeit und nicht die böser und anmaßender Konfrontation und Ablehnung.

Die andere Komponente des Titels – „Realität" – ist die letzte Wirklichkeit für jeden von uns als bewußtes Wesen – unsere Geburt – unsere Individualität in ihrem langen Strom der Entwicklung während unseres ganzen Lebens – unser Tod und unsere scheinbare Vernichtung. Das ist die Wirklichkeit, die jeder von uns bewältigen muß, wenn er als freies und verantwortliches Wesen das Abenteuer des Lebens bestehen will und nicht als bloßer Spielball des Zufalls und der Umstände, indem er von der Geburt bis zum Tode an einer sinnlosen Farce teilnimmt, immer auf der Suche nach Zerstreuung und Selbstvergessen.

Als Neurophysiologe besitze ich spezialisierte Kenntnisse dieses wundervollen Teils unseres Körpers, der allein für das lebenslängliche Wechselspiel zwischen bewußtem Selbst und Außenwelt – andere „Selbsts" miteingeschlossen – verantwortlich ist. Das Buch wird eine kritische Übersicht darüber geben, wie das Gehirn von der Außenwelt beeinflußt wird und sie seinerseits beeinflußt, und auch über die möglichen synaptischen Mechanismen des Gedächtnisses – sowohl was die Speicherung betrifft wie auch den Wiederabruf. Aber wichtiger wird eine philosophische Abhandlung des uralten Problems der Wechselbeziehung zwischen Gehirn und bewußtem Selbst sein, so wie es jeder von uns auf einzigartige Weise kennt, mit seiner erstaunlichen Kontinuität und Einheit. Und diese Wechselbeziehung zwischen Gehirn und bewußtem Selbst führt uns ihrerseits zu einer Betrachtung des religiösen Verständnisses der Seele und der Möglichkeit einer tieferen Bedeutung im Leben des Individuums, die wir – nach dem letzten Jahrhundert philosophischer und religiöser Katharsis – zur Zeit möglicherweise nicht zu erkennen vermögen.

Meine lebenslange Erfahrung als Wissenschaftler hat mich dazu veranlaßt, das Wesen der Wissenschaft und die Beschaffenheit der Wissenschaftler zu erörtern. Man kann behaupten, daß die Wissenschaft in unserer Zivilisation die höchste kreative Aktivität des Menschen darstellt. Darauf gründet sich unsere Hoffnung, schließlich ein tieferes Verständnis der Natur und der Bedeutung der Existenz zu erfahren. Die Philosophie muß für die aktuellen wissenschaftlichen Diskussionen wieder empfänglich werden; darum müssen Wissenschaftler es wagen, philosophisch zu sprechen, obgleich wir die Kritik derjenigen Philosophen beachten müssen, die ebenfalls nach einer gemeinsamen Sprache suchen, um eine Philosophie zum Ausdruck bringen zu können, die volle Kenntnis über die Naturwissenschaften hat.

Nach dem strahlenden Optimismus der ersten Jahre dieses Jahrhunderts wurde die europäische Zivilisation von einer Folge von Mißgeschicken überschüttet, mit nur kurzen Atempausen, wie in den zwanziger Jahren. Ich sehe der Zukunft unserer europäischen Zivilisation Unheil ahnend entgegen. Gewalttätiger Irrationalismus befällt und versklavt so viele sogenannte Intellektuelle – alte wie junge! Ich weise all dieses Dunkle und Böse, das uns zu erdrücken droht, von mir. Die ganze Anstrengung in diesem Buch habe ich auf den Versuch gerichtet, auf dem großartigen Erbe unserer Zivilisation mit seiner Rationalität und Schönheit aufzubauen. Ich hoffe, daß ich meinen Mitmenschen das Gefühl für das Wunder und Mysterium ihrer eigenen persönlichen Existenz auf diesem unserem schönen Planeten wiedergeben kann. Ich hoffe, daß ich ihnen Mut einflößen kann, klug das Abenteuer zu wagen, eine neue Erleuchtung in den letzten Jahrzehnten dieses turbulenten Jahrhunderts zu erlangen. Mein guter Freund, Dr. HEINZ GÖTZE, Mitinhaber des Springer-Verlags, ermutigte mich, eine Reihe von Vorlesungen zu sammeln und sie in der „Heidelberg Science Library" herauszugeben. Zusätzlich habe ich verschiedene Abschnitte und sogar einige vollständige Kapitel unpublizierten Materials hinzugefügt, um dem ganzen eine gewisse Form zu geben. Ich möchte mit Dankbarkeit die freundliche Erlaubnis anerkennen, früher publizierte Vorlesungen wiederverwenden zu dürfen, wie das zu Beginn einiger Kapitel erwähnt wird.

Meine Frau HELENA half mir bei dieser Arbeit in jeder Hinsicht: beim Text, bei den Abbildungen, bei den Verzeichnissen. Ich möchte meiner Assistentin, Fräulein VIRGINIA MUNIAK, für das Schreiben des Manuskripts danken, bei dem sie von Frau CLAUDIA LEY und von Herrn JOSEPH WALDRON bei den Photographien unterstützt wurde.
Mein Dank geht auch an die Herren Dres. BARONDES, COLONNIER, HÁMORI, HELD, HUBEL, JANSEN, JUNG, LIBET, LØMO, PALAY, PENFIELD, PHILLIPS, SPERRY, SZENTÁGOTHAI und VALVERDE, die mir freundlicherweise die Reproduktion von Abbildungen aus ihren Publikationen erlaubt haben und Originalabbildungen für die Reproduktion zugänglich machten.
Mein besonderer Dank gilt schließlich den Verlegern für ihre nie versagende Zuvorkommenheit und außerordentliche Leistungsfähigkeit.

Buffalo, im Juli 1970   JOHN C. ECCLES

Inhaltsverzeichnis

I. Einleitung:
Mensch, Gehirn und Wissenschaft[1]

Alle Menschen guten Willens werden dem Konzept zustimmen, daß wir uns bemühen sollten, nicht nur hier und jetzt, sondern in alle Zukunft die vollkommenste Lebensweise für die Menschheit zu fördern und zu entwickeln, wie es schon DUBOS (1968) so deutlich zum Ausdruck gebracht hat. Ich glaube, daß wir damit nur soweit Erfolg haben werden, wie wir die menschliche Natur richtig einschätzen und entsprechend planen. Der Mensch kann sich selbst betrachten, da er die Fähigkeit hat, zu objektivieren und zu erwägen, was für ein Wesen er ist und was für ein Wesen er werden möchte. Der Mensch allein ist sich seiner selbst bewußt, und er allein ist fähig, sich sozusagen neben sich zu stellen und sich selbst als Objekt zu betrachten. Wenn ich die menschliche Natur überdenke, entdecke ich, daß ich direkten Zugang zu bevorrechtigten Informationen über einen Menschen habe — nämlich über mich selbst durch das Bewußtsein meines Selbst. Ich werde diese Behauptung nun nicht dazu gebrauchen, eine solipsistische Hypothese zu entwickeln. Ich werde mich vielmehr bemühen, zu zeigen, daß ich ein äquivalentes Bewußtsein in allen anderen menschlichen Wesen erkennen muß. Mein philosophischer Standpunkt (vgl. ECCLES, 1965a, 1965b, 1969a) ist denjenigen diametral entgegengesetzt, die bewußte Erfahrung in die bedeutungslose Rolle eines Epiphänomens verbannen wollen.

Ist es nicht wahr, daß die alltäglicheren unserer Erfahrungen akzeptiert werden, ohne daß ihr unfaßbares Rätsel gewürdigt wird? Sind wir nicht noch wie die Kinder in unserer Haltung gegenüber der Erfahrung des bewußten Lebens, die wir einfach akzeptieren

---

[1] Dieser Abschnitt ist die veränderte Version einer Veröffentlichung in "Perspectives in Biology and Medicine" (ECCLES, 1968).

und nur selten Halt machen, das Wunder bewußter Erfahrungen zu überdenken und richtig einzuschätzen? Zum Beispiel schenkt uns das Sehvermögen von Augenblick zu Augenblick ein dreidimensionales Bild der Außenwelt und baut in dieses Bild solche Eigenschaften ein wie Helligkeit und Farbe, die beide nur als Sinneswahrnehmungen existieren, die als Folge einer Gehirnfunktion entwickelt wurden. Natürlich kennen wir die physikalischen Gegenstücke dieser sensorischen Erfahrungen, wie zum Beispiel die Intensität der Strahlenquelle und die Wellenlänge der ausgesandten Strahlung. Die Sinneswahrnehmungen selbst entstehen jedoch auf noch ganz unbekannte Weise aus kodierten Informationen, die von der Retina zum Gehirn geleitet werden. Vielleicht ist es leichter, die wunderbare Wandlung zu würdigen, die beim Hören geschieht — von reinen Anhäufungen von Druckwellen in der Atmosphäre zu Klängen mit Ton, Harmonie und Melodie. Diese sensorischen Erfahrungen entstehen, wenn sich flüchtige Muster neuronaler Aktivitäten im Gehirn als Reaktion auf den Zufluß von Nervenimpulsen bilden, die kodierte Informationen von den Gehörmechanismen unserer Ohren liefern. Diese Muster sind in Zeit und Raum verwoben durch die vorübergehende Aktivierung zerebraler Nervenzellen. Es gibt über 10 Milliarden dieser zerebralen Nervenzellen, und die tatsächlich unbegrenzten Möglichkeiten für Verbindungen zwischen ihnen bilden die Grundlage für eine fast unendliche Vielfalt von Schaltmustern. Es gibt gute Gründe anzunehmen, daß in Milliarden dieser Zellen umfassende räumlich-zeitliche Muster aktiviert werden müssen, bevor wir auch nur den einfachsten Sinneseindruck empfinden (Kapitel IV, V).

Ich hoffe, daß diese einfachen Beispiele einen Eindruck davon geben, was ich das Wunder des bewußten Lebens nenne, das jeder von uns durchlebt. Trotzdem scheint mir, daß der Mensch der Nach-Darwin-Periode den Sinn für seine wahre Größe und seine unendliche Überlegenheit gegenüber Tieren verloren hat. Der Mensch ist krank und hat den Glauben an sich und an den Sinn der Existenz verloren. Es gibt viele Symptome dieser Krankheit oder Entfremdung. Sie führte zu verschiedenen Formen von Irrationalität, wie zum Beispiel dem Existenzialismus in der Philosophie und der Bedeutungs- und Formenlosigkeit von so vielem, was sich moderne Kunst nennt. All das findet man nicht nur in der bildenden Kunst, sondern auch in Musik und Literatur. Eine ganze Anzahl anderer Symptome zeigt sich bei der Jugend unserer Zeit: Revolte gegen jede Tradition, die Bedeutungslosigkeit ihrer Verhaltensweise, ihre Irrationalität, und ihre Neigung auf psychedelische „Trips" zu gehen, um so ihr Bewußtsein zu erweitern. Und die Erwachsenen stellen einen durchdringenden Hedonismus zur Schau und eine Wertskala, die ausschließlich auf das ziellose Anhäufen und Verschleudern von Reichtum gerichtet ist. Ich vermute, daß diese Krankheit sehr verbreitet und ernster als irgend etwas ist, wovon die Menschheit in der Vergangenheit heimgesucht wurde.

Um die Situation zu verstehen, in der der Mensch sich jetzt befindet, müssen wir um seine Vergangenheit wissen, von den frühesten evolutionären Anfängen bis zur heutigen Zeit. Wir müssen sorgsam die Mythen und Legenden lesen, mit denen der Mensch gelebt hat und von denen er geprägt wurde. Auf diese Weise erwarb er Vertrauen und tiefen Respekt für den Sinn und die Bedeutung seines Lebens und den Glauben an sein Schicksal. Vor diesem großen historischen Bild können wir die unmittelbaren Gründe untersuchen, die für seinen gegenwärtigen glücklosen Zustand verantwortlich zu sein scheinen.

Vor etwas mehr als 100 Jahren entstand die Geschichte von der Entwicklung des Menschen. Den meisten denkenden Menschen wurde bald klar, daß der Mensch nicht ein eigens von Gott geschaffenes Wesen war. Er war durch einen Vorgang entstanden, den man sich als Dialog zwischen einer allmählichen genetischen Veränderung und dem rigorosen Vorgang natürlicher Selektion vorstellen kann, bei dem alle unerwünschten Entwicklungen bedenkenlos ausgerottet wurden. Diesen Prozeß nannte man das „Überleben des Fähigsten". Obwohl es über 100 Jahre her ist, seit diese Entwicklungstheorie mit ihren für die Menschheit komplexen Folgen aufgestellt wurde, hat ihre Auswirkung auf das emotionelle Leben denkender Menschen viele Dekaden gebraucht und schloß einen Prozeß von Aktion und Reaktion ein. Evolutionisten behaupten, daß die Evolution eine vollkommene Erklärung für die Herkunft des Menschen anböte und daß diese Erklärung mit wissenschaftlicher Sicherheit aufgebaut sei. Auf der andern Seite weiß man, daß diejenigen, die irgend einer Religion nahestanden, die Evolutionsgeschichte vollkommen ablehnten — jedenfalls soweit sie den Menschen betraf. Dieser Disput wurde in den letzten Dekaden allmählich auch den Massen bekannt, wobei ihr sehr oft naiver religiöser Glaube stark gestört wurde. Es hat den Anschein, als ob die Menschheit im allgemeinen mehr denn je unter dem psychologischen Trauma dieses heftigen Disputs litte.

Während der vergangenen Jahrzehnte konnte man beobachten, wie die Psychologie in eine reine Verhaltenspsychologie mit einem streng deterministischen, sogenannten objektiven Charakter verdreht wurde. Diese Psychologie erklärte kategorisch, daß alle Bewußtseinsäußerungen subjektiv seien und daher ohne Bedeutung für das wissenschaftliche Projekt, menschliche Verhaltensweisen im Rahmen einer deterministischen Psychologie zu deuten. Das implizierte natürlich, daß unser Sinn für Entscheidungen und Absichten eine Illusion sei und daß wir in einem starren Netz von Determinismen gefangen seien, das unerbittlich von nur zwei Faktoren beherrscht werde: Vererbung und Konditionierung. Aus dieser rein deterministischen Psychologie entwickelten sich Verantwortungslosigkeit und ein Gefühl der Sinnlosigkeit des Lebens. Wir leiden heute unter der ungerechtfertigten Gewalt, die Psychologen der Psychologie antaten, als sie jede bewußte Erfahrung aus dem Stoffgebiet verbannten.

Im gegenwärtigen primitiven Stand des Wissens um das menschliche Gehirn und seines Einflusses auf das Verhalten, wird oft behauptet, daß der Mensch nur eine spezialisierte Art von Computer sei. Ich gebe gerne zu, daß dies für spezialisierte Gebiete des Gehirns zutrifft. Zum Beispiel konzentrierte sich meine Arbeit in den letzten Jahren auf das Kleinhirn, ein hochdifferenziertes Gebiet des Gehirns, das sowohl die Kontrolle als auch die Präzision von Bewegungen regelt. Während ich versuche zu verstehen, wie das Kleinhirn diese Aufgabe bewältigt, bin ich im Grunde genommen gezwungen zu glauben, daß es in groben Zügen wie ein Computer funktioniert, aber als einer, dessen Arbeitsweise drastisch von der Arbeitsweise heutiger Computer abweicht. Die Gehirnrinde jedoch unterscheidet sich vom Kleinhirn durch die ungleich größere Komplexität ihrer Struktur und ihrer funktionellen Leistung. Außerdem müssen wir erkennen, daß gewisse ungeheuer komplexe Aktionsmuster der Gehirnrinde und der dazugehörenden subkortikalen Ganglien bewußte Erfahrungen hervorrufen, während nichts zu der Annahme verführt, daß bewußte Erfahrungen je im Kleinhirn mit seiner relativ einfachen computerartigen Leistung entstehen könnten.

Es gibt keinen Beweis für die oft aufgestellte Behauptung, daß Computer von adäquater Komplexität ein Selbstbewußtsein erlangen könnten. Zu dieser extravaganten Behauptung gesellt sich des weiteren die von den gleichen Leuten gemachte Versicherung, daß Computer eine höhere Entwicklungsstufe als der Mensch erreichen könnten, so daß uns eine Dienerrolle zugewiesen werden würde, so wie wir sie den Tieren zuweisen. Wenn geltend gemacht wird, daß ein ausreichend komplexer Computer ein Selbstbewußtsein erlangen könne, so wird nicht bedacht, daß sogar extrem komplexe Gehirnaktionen sehr oft nicht zu einer bewußten Erfahrung führen. Wir wissen bislang nicht, welche spezifischen Umstände die neuronalen Aktivitätsmuster im Gehirn begleiten, die dann zu bewußten Erfahrungen werden (Kapitel IV, V).

Des weiteren existiert die merkwürdige Doktrin, daß jedes Verhalten ausschließlich durch Vererbung und Umwelteinflüsse bestimmt wird (vgl. Kapitel VIII). Unglücklicherweise haben sich die Verfechter dieser Doktrin der Tatsache gegenüber blind gestellt, daß die logischen Konsequenzen ihre Aussage bedeutungslos machen. Ihre Aussage sollte nämlich von ihnen selbst nur als das Resultat eines vorausgegangenen Umwelteinflusses betrachtet werden. Auf diese Weise würde nur die Wirksamkeit dieser Einflüsse bewiesen. Die Verneinung des freien Willens und die Befürwortung eines universellen Determinismus sind innerhalb eines wissenschaftlichen Rahmens sowohl als primitive Art von Reflexologie als Epitom der Gehirnleistung als auch der heute in Mißkredit stehenden deterministischen Physik des 19. Jahrhunderts verteidigt worden. Durch logische Analyse haben sowohl POPPER (1965) als auch MACKAY (1966) gezeigt, daß sogar die deterministische Physik unseren Glauben an die Freiheit des Willens nicht unhaltbar macht. Ich selbst vertrete die Ansicht, daß ich ganz unzweifelhaft die Erfahrung besitze, durch Denken und Wollen meine Handlungen kontrollieren zu können — falls ich es wünsche —, obwohl von diesem Vorrecht normalerweise nur sehr selten Gebrauch gemacht wird. Ich bin außerstande, eine wissenschaftliche Erklärung dafür abzugeben, wie Denken zum Handeln führt, aber dieses Versagen zeigt nur um so deutlicher, daß unser heutiges physikalisches und physiologisches Wissen zu primitiv für die hochinteressante Aufgabe ist, den Widerspruch zwischen unserer Erfahrung und dem gegenwärtigen primitiven Stand unseres Wissens um die Gehirnfunktion zu lösen. Wenn Gedanken Handlungen auslösen, so bin ich als Neurophysiologe gezwungen zu postulieren, daß mein Denken auf eine Weise, die ich nicht im geringsten verstehe, die Wirkungsmechanismen der Neuronenaktivitäten in meinem Gehirn ändert. Auf diese Weise kann ein Denkvorgang die Kontrolle über die Impulsentladungen der Pyramidenzellen meiner motorischen Hirnrinde und schließlich über die daraus resultierenden Muskelkontraktionen und Verhaltensweisen erlangen.

Neurophysiologen stimmen im allgemeinen darin überein, daß jede bewußte Erfahrung — jede Wahrnehmung, jeder Gedanke, jede Erinnerung — als materielles Gegenstück irgendeine spezifische räumlich-zeitliche Aktivität in dem ungeheuer großen Neuronennetzwerk der Gehirnrinde und der subkortikalen Nuclei hat, das auf dem „verzauberten Webstuhl" aus Neuronenaktivitäten in Zeit und Raum gewoben wurde, wie SHERRINGTON (1940) es so poetisch beschreibt. Ich würde soweit gehen zu sagen, daß, gleichgültig welche philosophische oder politische Haltung man vertritt, eine allgemeine Übereinstimmung darin bestehen sollte, daß die Erforschung des Gehirns im Mittelpunkt der wissenschaftlichen Untersuchungen über die menschliche Natur stehen sollte. Die Tätigkeit des Gehirns gibt uns alles, was das Leben lebenswert macht, nicht nur unmittelbare Wahrnehmungen, wie ich am Beispiel von Sehen und Hören illustriert habe, sondern auch Erinnerung, Gefühl, Gedanken, Ideale, Vorstellungskraft, technische Fähigkeiten, und vor allen Dingen macht sie kreative Leistungen in Kunst, Philosophie und Wissenschaft möglich (Kapitel IV, V u. X).

In den vergangenen 10–20 Jahren wurden enorme Fortschritte in der Erforschung der einfacheren Aspekte von Gehirnstruktur und Funktion gemacht (vgl. Kapitel II). Diese Grundlagenforschung befaßte sich mit den Eigenschaften der Grundeinheiten des Nervensystems, den Nervenzellen, mit der Art der Kommunikation, sowohl über Nervenzellen durch fortgeleitete Impulse als auch zwischen ihnen an den funktionellen Kontaktstellen (Synapsen), und zudem mit den einfachsten funktionellen Mustern von Nervenzellorganisationen. Diese Entdeckungen bilden eine feste Grundlage für weitere Fortschritte. Dank der enormen Leistungen der neuen Mikrotechniken sind die erzielten Erfolge weit größer, als selbst die kühnsten Optimisten es sich vor ein paar Jahren erträumt hätten. Wir sind jetzt davon überzeugt, daß eine fast unendliche Komplexität und Verschiedenartigkeit im Muster des neuronalen Netzwerkes entstehen kann. Dieses dynamische Wirkungsmuster der 10 Milliarden Nervenzellen der Gehirnrinde bietet Möglichkeiten, die für das Erreichen jeden Zieles, selbst eines, das höchste Intelligenz zur Voraussetzung hat, adäquat sind. Ich habe außerdem die Hoffnung, daß wir beginnen, die Grundprinzipien für das Zustandekommen von Engrammen zu begreifen, die vermutlich durch eine fortdauernde Erhöhung der Synapsenleistung durch Gebrauch zustandekommen (vgl. Kapitel III). Auf diese Weise erreicht eine Neuronenbahn, die durch einen spezifischen sensorischen Reiz aktiviert wurde, bei wiederholter Aktivierung eine Art von Stabilisierung durch die erhöhten Funktionen ihrer neuronalen Verbindungen.

Dieses Engramm bleibt für den Rückruf von Erinnerungen bestehen, wenn ein entsprechender Reiz in seinem Stromkreis entsteht. Aber all diese Fortschritte eröffnen nur einen sehr viel tieferen Einblick in die unglaublichen Probleme, die noch vor uns liegen. Wenn wir das Gehirn als eine Maschine betrachten, dann übertrifft es in seiner Vielfalt und Flexibilität in jeder Beziehung jede von Menschenhand geschaffene Maschine, wie beispielsweise einen Computer. Betrachten wir es als ein Kommunikationssystem, wie z. B. eine automatische Fernsprechanlage, dann gehört es in eine ganz andere Klasse als alles, was wir entwerfen könnten. Wir müssen uns nur vorstellen, daß es mehr als 10 Milliarden Neuronen enthält, die in einer unglaublich komplexen und sinnreichen Art miteinander verknüpft sind. Wie ich schon sagte, hat es außerdem die hervorstechende Eigenschaft, das Bewußtsein zu bilden, zumindest in gewissen Aktivitätszuständen.

Die Angst ist unbegründet, daß der Versuch, das Gehirn auf wissenschaftlicher Ebene zu verstehen, zum Verlust der „letzten Illusionen des Menschen über seine geistige Existenz" führen wird, wie es von einigen positivistischen Wissenschaftlern und Philosophen behauptet wird. Ganz im Gegenteil liefert ein sehr inadäquates und primitives Konzept des Gehirns das Medium, in dem die materialistischen, mechanistischen, behaviouristischen und kybernetischen Begriffe über den Menschen gedeihen, die gegenwärtig die Forschung dominieren. Natürlich unterstütze ich wissenschaftliche Untersuchungen über Verhalten und bedingte Reflexe bzw. alle gegenwärtigen wissenschaftlichen Programme über behaviouristische Psychologie. Außerdem stimme ich zu, daß ein Großteil menschlichen Verhaltens auf der Basis von Konzepten, die auf diesen Experimenten aufgebaut sind, befriedigend erklärt werden kann. Jedoch unterscheide ich mich radikal von den Verhaltensforschern, die für sich in Anspruch nehmen, eine *vollständige* Erklärung für das menschliche Verhalten geben zu können, während ich weiß, daß dies nicht ausreicht, mir eine Antwort auf die Frage: „Was bin ich?" zu geben. Es genügt nicht, um mich mir selbst zu erklären, denn es ignoriert meine bewußten Erfahrungen bzw. weist ihnen eine bedeutungslose Rolle zu. Für mich stellen sie aber eine primäre Realität dar, was zweifellos auch für jeden von Ihnen, meine Leser, zutrifft (vgl. Kapitel X).

Ich habe gleichartige Vorbehalte gegenüber den Versicherungen der Evolutionisten, daß mein Gehirn, wie auch mein bewußt erlebendes Ich, vollständig durch den großartigen Schöpfungsprozeß von Milliarden von Jahren Entwicklung erklärt werden kann. Ich akzeptiere gerne alle Postulate im Hinblick auf mein Gehirn, doch glaube ich, daß mein eigenes erlebendes Ich nicht auf befriedigende Weise erklärt wird. Der schöpferische Evolutionsprozeß ist für mich eine nur unzureichende Erklärung für meine Entstehung (Kapitel VI). Ich glaube wir müssen zugeben, daß es in den Versuchen, die bis jetzt unternommen wurden, die menschliche Natur zu erklären, eine große Unbekannte gibt. Und je weiter uns die Forschung bringt, um so mehr wird jeder von uns das unfaßbare Geheimnis unserer Existenz als ein bewußt erlebendes Wesen mit Vorstellungskraft, einem Sinn für Werte und für die Systematisierung von Wissen erkennen. Die Geschichte des Menschen und seines ganzen Wissens kann in der kodierten Form der geschriebenen Sprache gespeichert und weitergeleitet werden. Auf diese Weise entwickelt sich Wissen progressiv und gibt dem modernen Menschen die ungeheure Macht, die Natur zu verstehen und zu kontrollieren. Obwohl selbst ein Tier und das höchste Produkt der Evolution, übertrifft er die Tiere, so daß er als eine andere Art von Wesen angesehen werden kann, mit seinen Idealen, mit seiner Kunst, seinen Werten, Wissenschaft und vor allem seinem Selbst-Bewußtsein (vgl. Kapitel X).

Wenn dieses Konzept des Menschen Künstlern und Schriftstellern nahegebracht werden könnte, so daß sie rein emotionell seine enorme Bedeutung für das Leben erfühlen könnten, bin ich sicher, daß sie sich wieder der Einzigartigkeit, des Wunders, der Schönheit und der Würde des menschlichen Lebens bewußt würden. Denn es scheint mir, daß dies jetzt viel höher gewürdigt werden würde als je zuvor.

Im Hinblick auf die Gehirnforschung ist es wichtig, daß die Art der wissenschaftlichen Forschung gewürdigt wird. Sogar bedeutende Wissenschaftler (vgl. CRICK, 1966; STENT, 1969) gehen manchmal fehl, wenn sie der Menschheit erzählen, daß die Wissenschaft ein grundlegendes Verstehen der Natur ermöglicht, das bald — zumindest in den essentiellen Punkten — vollständig sein wird und daß das Leben als solches und unsere gesamte bewußte Existenz unumgänglich auf reine Chemie und Physik reduziert werden wird. Ich habe nichts dagegen, daß Wissenschaftler solche Ansichten vertreten, solange sie nicht den Anschein erwecken, daß sie im Namen der gesamten Wissenschaft sprechen, von der das Publikum annimmt, daß sie Gewißheiten verschafft, die ohne Einschränkungen akzeptiert werden müssen. Wir müssen hingegen erkennen, daß Wissenschaft vielmehr die persönliche Leistung eines Wissenschaftlers umschreibt, von denen jeder ein paar Aspekte der Natur erklärt und diese Erklärungen gegenüber anderen und deren kritischem Urteil und experimentellen Nachprüfungen zum Ausdruck bringt. Auf diese Art kann eine progressive Ausschaltung von Irrtümern aus phantasievollen Hypothesen und eine allmählichere Annäherung an die Wahrheit erreicht werden, obwohl man sich vergegenwärtigen muß, daß die volle Wahrheit nie ganz erlangt werden kann —

außer auf einem sehr nichtssagenden Niveau (vgl. POPPER, 1962). Das Beste, was wir in unseren Versuchen, die Natur zu verstehen, tun können (Kapitel VII), ist, Hypothesen zu entwickeln, die sich langsam der Wahrheit nähern. Diese Einschränkung bezieht sich besonders auf die schwierigste aller wissenschaftlichen Aufgaben, nämlich das Verstehen des Gehirns.

Tatsächlich ist die Wissenschaft mit moralischen Werten durchsetzt: Ethik, bei unserem Versuch zur Wahrheit zu gelangen und Ästhetik, in unseren Begriffsvorstellungen und in der Würdigung unserer Hypothesen. Falls wir der Menschheit ein Verständnis für die Wissenschaft — also ein sehr menschliches Unterfangen —, die Natur zu verstehen, geben könnten, und in aller Bescheidenheit die besten unserer schwachen Anstrengungen präsentierten, dann würde die Wissenschaft als eine große menschliche Leistung gewürdigt werden. Statt dessen schwebt sie in Gefahr, ein großes Ungeheuer zu werden, das von der Menschheit gefürchtet und verehrt wird und das die Drohung in sich trägt, die Menschheit zu zerstören.

II. Die Neuronenmaschinerie des Gehirns

Bevor ich versuche, einen Überblick über die Ideen und Probleme zu geben, die mit dem Neuronenmechanismus des Gehirns einerseits und mit bewußter Erfahrung andererseits zu tun haben, ist es notwendig, kurz und elementar einige Eigenschaften des Nervensystems zu erklären, um so eine einfache strukturelle und funktionelle Basis für meine Überlegungen zu schaffen.

Die menschliche Gehirnrinde ist die große, gefaltete Struktur, die den Hauptanteil unseres Gehirns ausmacht und die höchste

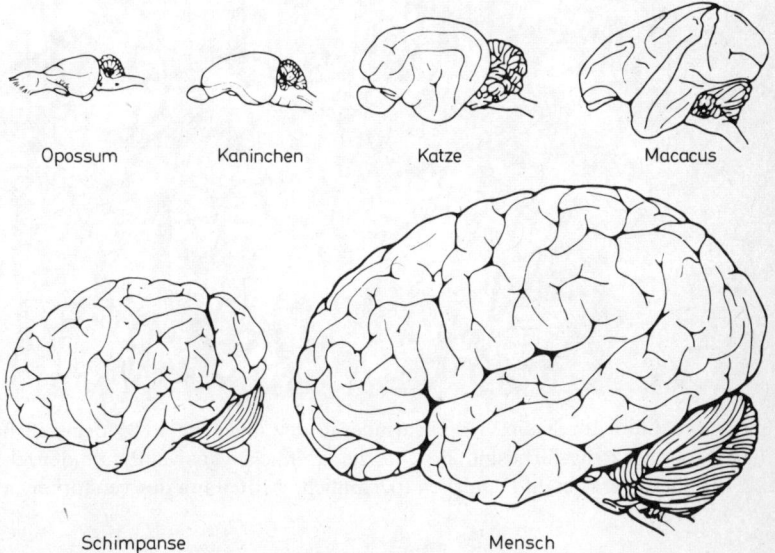

Opossum   Kaninchen   Katze   Macacus

Schimpanse   Mensch

Abb. 1. Zeichnungen einer Serie von Säugerhirnen, die im gleichen Maßstab dargestellt sind (die Zeichnungen wurden freundlicherweise von Professor J. JANSEN zur Verfügung gestellt)

11

Stufe evolutionärer Entwicklung des Nervensystems darstellt. Abbildung 1 zeigt zum Vergleich die Gehirne einiger anderer Säuger im gleichen Maßstab.

Einen Eindruck von seiner Größe kann man bekommen, wenn man sich ein Stück Material von 2500 cm² Fläche und 3 mm Dicke vorstellt. Das entspräche ungefähr den Abmessungen unserer Ge-

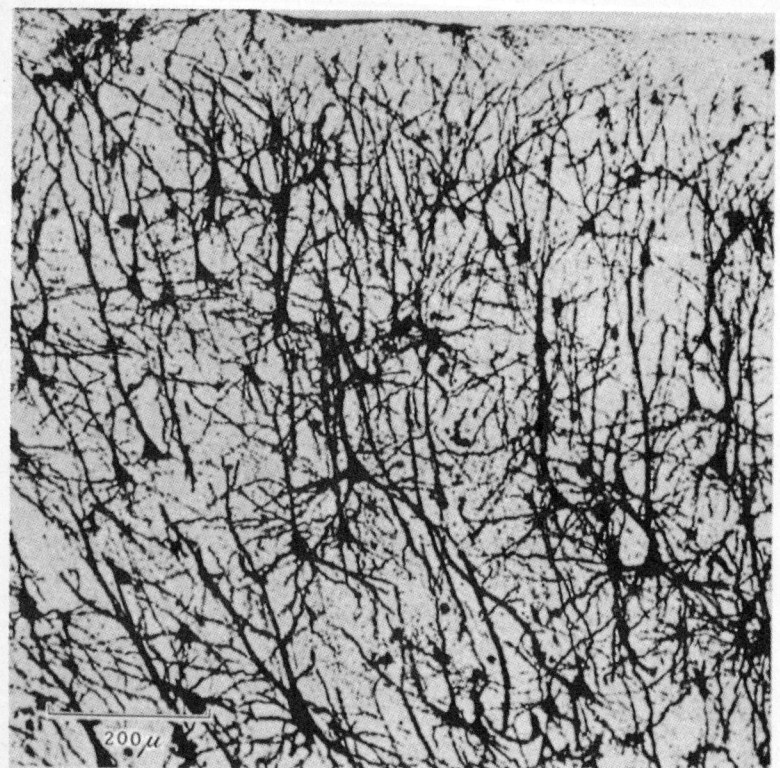

Abb. 2. Schnitt durch die Großhirnrinde, in der ungefähr 1,5% der Zellen nach Golgi-Cox angefärbt sind. Beachte die zahlreichen großen Pyramidenzellen mit ihren verästelten Dendriten (persönliche Mitteilung des verstorbenen D. A. SHOLL)

hirnrinde, wenn sie aufgefaltet und ausgebreitet wäre. Wie Abb. 2 zeigt, wird die Gehirnrinde aus einer sehr dichten Schicht der Grundkomponente des Nervensystems — Nervenzellen genannt

— gebildet. Sie treten in sehr verschiedenen Formen und Größen auf.

Insgesamt wird ihre Zahl in der Gehirnrinde auf ungefähr 10 Milliarden geschätzt (THOMPSON, 1899).

Die wichtigste Verallgemeinerung, die über das Zentralnervensystem ausgesagt werden kann, ist, daß es sich aus einer ungeheuren Zahl einzelner Nervenzellen oder Neuronen zusammensetzt, und daß diese Individuen durch synaptische Kontakte, die sie miteinander eingehen, zu funktionellen Einheiten zusammengefaßt sind. Abb. 3A zeigt z.B. — eine Zeichnung von RAMÓN Y CAJAL (1911) — acht Neurone in den drei obersten Schichten des frontalen Cortex eines einen Monat alten Kindes.

Vom Körper oder Soma jeden Neurons gehen nicht nur stark verzweigte Dendriten ab, die von einer Unzahl kleiner Dornen bedeckt sind, sondern auch ein einzelnes feines Axon, dessen zahlreiche Verzweigungen die Aufgabe haben, synaptische Kontakte mit anderen Neuronen herzustellen. In Abb. 3A sind keine synaptischen Kontaktstellen zu sehen, wohl aber in Abb. 3B, einer Zeichnung von HAMLYN (1963), die auf der Basis elektronenoptischer Aufnahmen entstand. Man sieht, wie kleine terminale Verzweigungen anderer Neurone enge Kontakte (Synapsen) mit dem Soma und den Dendriten dieser Pyramidenzelle der Hippocampusrinde eingehen. Details der Synapsenstruktur werden in den verschiedenen vergrößerten Zeichnungen an der rechten Seite von Abb. 3B und den elektronenmikroskopischen Bildern 4A und B gezeigt. Für unsere Zwecke genügt es jedoch zu wissen, daß eine komplette Trennung besteht zwischen den präsynaptischen Endigungen und der postsynaptischen Membran, an der der Kontakt hergestellt wird. An dieser Stelle besteht tatsächlich ein schmaler freier Raum, der synaptische Spalt, dessen Verlauf in Abb. 4A durch einen Pfeil angedeutet ist und der in Abb. 4D vergrößert gezeigt wird.

Abb. 3B zeigt außerdem die Elemente des chemischen Übertragungsmechanismus einer Synapse. Wenn die elektrische Botschaft (Nervenimpuls) sich zur präsynaptischen Endigung fortpflanzt, wird eine Weiterleitung über die Synapse hinweg nicht durch elektrische Mechanismen ausgelöst, sondern durch Umwandlung in einen höchst sinnvollen chemischen Mechanismus. Die spezifischen chemi-

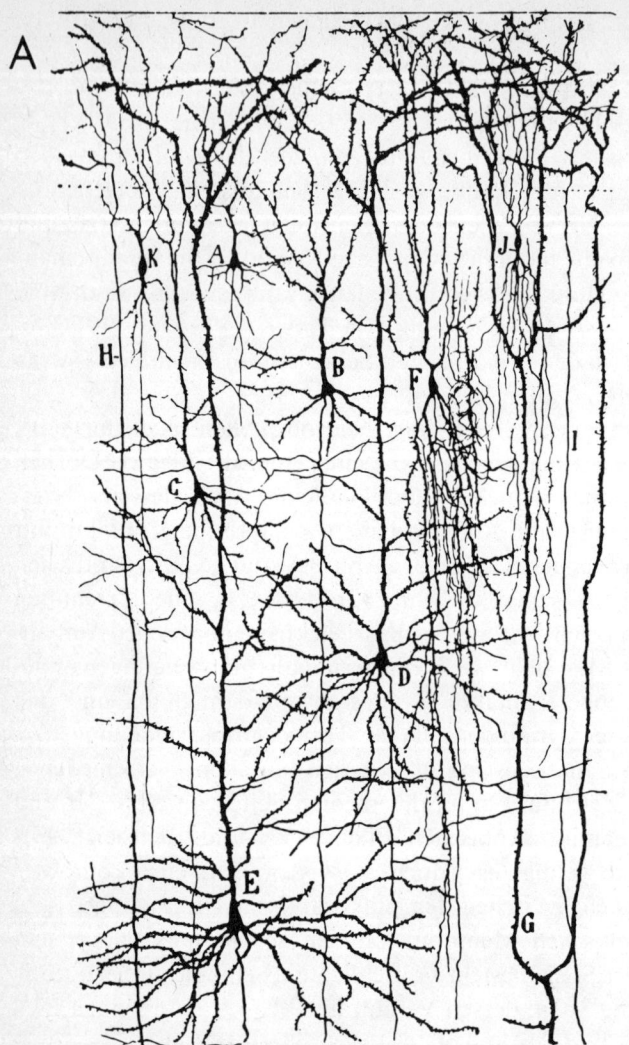

A

Abb. 3A u. B. Neuronen und ihre synaptischen Verbindungen. A Acht Neuronen, gezeichnet nach einem Golgi-Präparat der drei oberflächlichen Schichten der frontalen Großhirnrinde eines einmonatigen Kindes. Kleine (A, B, C) und mittlere (D, E) Pyramidenzellen sind mit ihren von Dornen bedeckten dichten Dendriten dargestellt. Außerdem sind drei andere Zellen (F, J, K) zu erkennen, die der allgemeinen Kategorie des Golgi-Typ II mit ihrer lokalisierten Axon-Verteilung angehören. G–I sind Dendriten von tieferliegenden

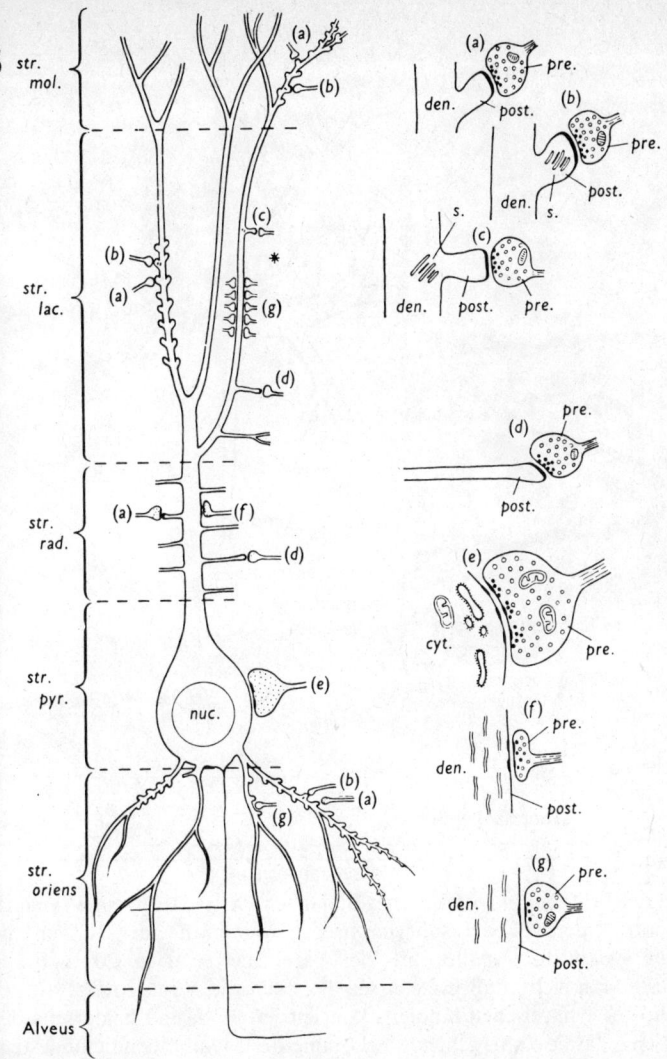

Neuronen, G der apikale Dendrit einer großen Pyramidenzelle (RAMÓN Y CAJAL, 1911). B Zeichnung einer Pyramidenzelle des Hippocampus, die die Vielfalt der synaptischen Endigungen an den verschiedenen Zonen der apikalen und basalen Dendriten sowie die inhibitorischen synaptischen Endigungen am Zellkörper illustriert. Die verschiedenen Typen von Synapsen, mit den Buchstaben a–g bezeichnet, sind rechts im Detail dargestellt

15

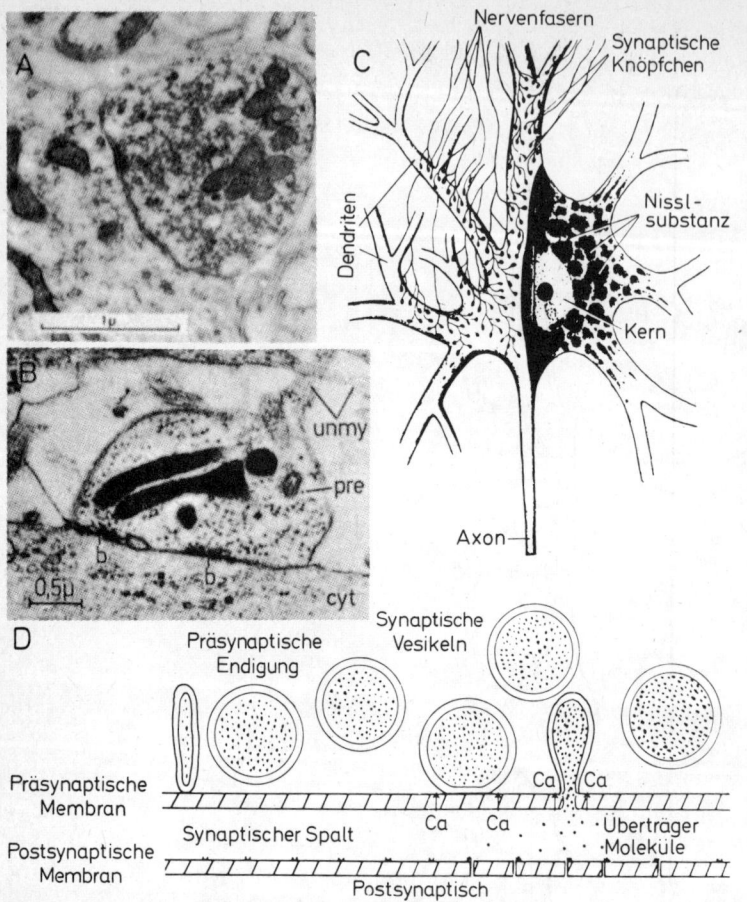

Abb. 4. (A) Elektronenmikroskopisches Bild (nach PALAY, 1958) eines synaptischen Knotens, der von der subsynaptischen Membran einer Nervenzelle durch eine synaptische Spalte (mit Pfeil bezeichnet) von ca. 200 Å Breite getrennt ist. Man sieht, daß in gewissen Bezirken die Vesikel dicht an der Oberfläche des synaptischen Knotens konzentriert sind, und beiderseits der Spalte ist eine damit einhergehende Erhöhung der Membranendichte festzustellen. (B) Elektronenmikroskopisches Bild (nach HAMLYN, 1963) einer inhibitorischen Synapse, die durch einen synaptischen Knoten (pre) einer Korbzelle am Zellkörper (cyt) einer Pyramidenzelle des Hippocampus gebildet wird, wobei zwei aktive Zentren (b) sichtbar werden. (C) Diagrammatische Zeichnung von JUNG, die ein Neuron mit den vom Zellkörper oder Soma (mit Nukleus) ausstrahlenden Dendriten und Axon darstellt. Es sind mehrere feine Nervenfasern dargestellt, die sich dicht verzweigen und in synaptischen Knoten am Zellkörper und den Dendriten enden. (D) Schematische Zeichnung einer synaptischen Spalte

schen Überträgersubstanzen (Transmitter) sind in Mengen von einigen Tausend Molekülen „abgepackt", und man nimmt an, daß sie sich in den Vesikeln (vgl. Abb. 4A, B u. D) der präsynaptischen Endigung befinden. Der ankommende Impuls veranlaßt ein oder mehrere Vesikel, ihren Anteil an Transmittersubstanz in den synaptischen Spalt zu entleeren (Abb. 4D). Auf diese Weise kann die Transmittersubstanz auf spezielle Rezeptoren der postsynaptischen Membran wirken (Abb. 4D), indem sie dort spezifische Kanäle für Ionen wie Natrium, Kalium und Chlorid, die durch die Membran diffundieren, öffnet. Auf diese Weise wird eine Potentialänderung bewirkt. Man unterscheidet zwei entgegengesetzt wirkende Arten von Synapsen, erregende oder exzitatorische, bei denen die Ionenkanäle für Natrium und Kalium geöffnet werden, und hemmende oder inhibitorische, bei denen die Kanäle für Kalium und Chlorid bestimmt sind (Abb. 26, vgl. ECCLES, 1964, 1966 d).

Der Wirkungsmechanismus exzitatorischer Synapsen ist in Abb. 5 dargestellt. Wie im Einschaltbild gezeigt wird, kann eine Elektrode viele Nervenzellen stimulieren, die an dem Motoneuron zusammenlaufen, von dem die Ableitung gemacht wurde (vgl. Abb. 4C). Mit Hilfe einer Mikroelektrode, die in das Soma einer Zelle eingeführt wird, können genaue und selektive Beobachtungen über Veränderungen des elektrischen Potentials gemacht werden, die durch Synapsenwirkungen an diesem Neuron entstehen. Nur wenn die synaptische exzitatorische Wirkung ein kritisches Niveau überschreitet, bewirkt sie eine Depolarisierung, die groß genug ist, das Aktionspotential zu erzeugen, das die Entladung eines Impulses entlang seinem Axon in der Ventralwurzel verursacht. Z. B. zeigt sich in der oberen Kurve von C nur die kleine — relativ langsame — Depolarisation (Aufwärtsablenkung) des exzitatorischen postsynaptischen Potentials (EPSP), während in B das größere EPSP das große Wirkungspotential erzeugt, das dem von A gleicht und das durch eine Impulsentladung von seinem Axon (s. Elektrode im Einschaltbild) in die Nervenzelle hervorgerufen wird. In der unteren Kurve von B, aber nicht von C, wird ein Spitzenpotential beobachtet, während der Impuls das Axon der unter Beobachtung stehenden Nervenzelle entlangwandert. Mit wenigen Ausnahmen, wie z. B. die Synapsen der Kletterfasern an Purkinje-Zellen des Kleinhirns, ist das Zusam-

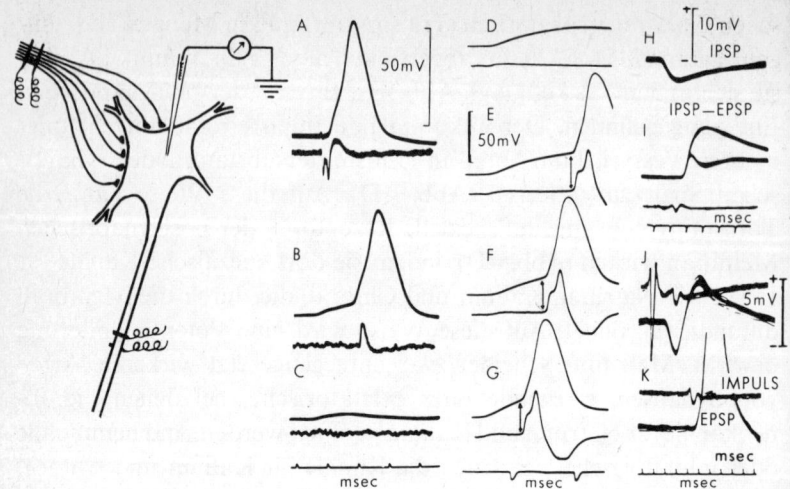

Abb. 5A–K. Reaktionen, die in einem motorischen Neuron durch exzitatorische und inhibitorische synaptische Aktionen hervorgerufen werden. Schematische Darstellung eines motorischen Neurons mit intrazellulärer Elektrode und Elektroden an seinem monosynaptischen exzitatorischen Eingang (vom Nerv zu seinem Muskel) und seinem motorischen Axon (in einer Faser der ventralen Wurzel). In A wird das antidromische Spike-Potential des motorischen Neurons durch einen Reiz seines Axons hervorgebracht, während in B und C der Reiz auf die monosynaptische afferente Faser wirkt und in B über, in C unter der Schwelle für eine Impulsentladung liegt. Die unteren Kurven in B und C stammen von der Faser der ventralen Wurzel (Membranpotential −48 mV). D bis G sind intrazelluläre Ableitungen von einem anderen motorischen Neuron, in dem eine monosynaptische Erregung schrittweise von D bis G gesteigert wurde. Die untere Kurve stellt das erste Differential der oberen Kurve dar, die doppelköpfigen Pfeile markieren den Reiz (Membranpotential −70 mV; COOMBS, CURTIS u. ECCLES, 1957). H stellt das IPSP dar, das in einem motorischen Neuron des Bizeps-Semitendinosus erzeugt wurde (Membranpotential −70 mV), und zwar durch eine afferente Salve des Quadrizeps. In I ist es einem monosynaptischen EPSP überlagert, das in einem motorischen Neuron durch eine afferente Salve von seinem eigenen Muskel ausgelöst wurde, wobei das EPSP in der Hälfte der überlagerten Kurve allein dargestellt ist (CURTIS u. ECCLES, 1959). In J und K stellen die unteren Kurven intrazelluläre Ableitungen motorischer Neurone dar, die in gleicher Weise angefertigt wurden (Membranpotential −66 mV). In K ruft jedoch das EPSP eine Impulsentladung hervor, während sie in J regelmäßig durch ein vorangehendes IPSP verhindert wird. Die oberen Kurven entsprechen den afferenten Salven, die in die dorsale Wurzel eintreten (COOMBS, ECCLES u. FATT, 1955)

menlaufen vieler präsynaptischer Impulse notwendig, um ein EPSP hervorzurufen, das groß genug ist, eine Impulsentladung von einer Nervenzelle im Zentralnervensystem des Säugers zu bewirken. Das ist das Prinzip der räumlichen Summation, das, wie SHERRINGTON (1906) erkannte, von fundamentaler Bedeutung für die integrierende Wirkung des Zentralnervensystems ist. Abb. 5D–G zeigen, daß die Ausbildung eines Aktionspotentials ein „Alles-oder-nichts"-Vorgang ist. In Kurve D — die ein reines EPSP darstellt — ist gar nichts davon erkennbar, während in E das EPSP die kritische Höhe erreicht, so daß das voll ausgebildete Aktionspotential darüber liegt. Größere EPSP in F und G erreichen diese kritische Höhe früher und verkürzen auf diese Weise die synaptische Verzögerung, die als die Zeit, die für die Weiterleitung über eine Synapse nötig ist, definiert werden könnte. Normalerweise beträgt diese Verzögerung weniger als 1 msec.

Abb. 5H–K zeigen den Wirkungsmechanismus des anderen Synapsentyps, der inhibitorischen Synapse. In H sieht man, daß diese Synapsen ein hyperpolarisierendes Potential (Abwärtsablenkung) hervorgerufen haben, das als inhibitorisches postsynaptisches Potential oder IPSP bezeichnet wird. Die antagonistische Wirkung des IPSP auf die Depolarisierung eines EPSP wird in I gezeigt. Wenn zeitlich entsprechend gewählt und groß genug, kann ein IPSP ein EPSP daran hindern, die für die Depolarisation kritische Höhe zu erreichen, die wiederum für die Erzeugung eines Aktionspotentials nötig ist (vgl. J mit K).

Es ist von großer Wichtigkeit, daß diese zwei Wirkungsarten nervöser Impulse an den Kontaktstellen (Synapsen) existieren. Wie in Abb. 5B und E–G dargestellt, bewirkt eine genügende Summation der exzitatorischen synaptischen Wirkung, daß eine Nervenzelle einen Impuls entlang ihrem Axon abgibt, so daß sie auf diese Weise die Information weiterleitet, die sie über ihre eigenen synaptischen Kontakte von vielen anderen Nervenzellen erhalten hat. Auf diese Weise können Botschaften der Reihe nach auf aufeinanderfolgende Nervenzellen-Schaltstationen übertragen werden, so daß eine progressiv sich ausbreitende Erregung erzeugt wird. Die Zahl der exzitatorischen Synapsen einer Nervenzelle kann sehr groß sein. An Pyramidenzellen — wie in E von Abb. 3A — können z. B.

mehr als 10000 Dorn-Synapsen vorhanden sein (vgl. Abb. 3 B, a–d), die wahrscheinlich alle exzitatorischer Natur sind (COLONNIER, 1968; SZENTÁGOTHAI, 1969; COLONNIER u. ROSSIGNOL, 1969). Es ist daher verständlich, daß diese sich fortpflanzende Erregung tatsächlich einen explosiven Charakter annehmen könnte, der zu konvulsiven Aktionen führte, gäbe es nicht die Wirkung inhibitorischer Synapsen, die die Wirkung kontrollieren und einschränken (vgl. Abb. 5 J, K). Diese inhibitorische Synapsenwirkung in der Gehirnrinde ist erst seit kurzem bekannt, und ich würde sagen, daß die Hemmung für die Funktion des Gehirns keineswegs unbedeutender ist als die Erregung und daß genau so viele Nervenzellen an der inhibitorischen wie an der exzitatorischen Wirkung beteiligt sind. In Abb. 3 A sind z. B. einige der kleinen Zellen wahrscheinlich inhibitorischer Art, und in Abb. 3 B sind die Synapsen e, f und g sowohl durch ihre Struktur (vgl. Abb. 4 B) als auch durch ihre Lokalisation als zum inhibitorischen Typ gehörig erkannt worden. Diese zwei Kategorien von Nervenzellen sind ganz verschieden voneinander, wie Abb. 6, 7 und 8 zeigen, in denen inhibitorische Nervenzellen und ihre Synapsen schwarz dargestellt sind. Im Säugerhirn gibt es keine bekannten Beispiele von Zellen, deren einer Satz von Synapsen exzitatorischen und der andere inhibitorischen Charakter hat (ECCLES, 1969 b). Es ist unmöglich, die ungeheure synaptische Verflechtung der Nervenzellen des Gehirns darzustellen. Abb. 3 A zeigt nur 8 der vielen Tausend, die — allerdings ungefärbt — in solch einer Golgi-Präparation der Großhirnrinde vorhanden sind (vgl. SHOLL, 1956; COLONNIER, 1966; SZENTÁGOTHAI, 1969).

Ein gutes Beispiel für die Übermittlung von Information im Nervensystem ist der Verlauf sensorischer Bahnen von Rezeptoren der Haut zu somästhetischen Bezirken der Gehirnrinde. In Abb. 6 werden drei Nervenfasern gezeigt, die von diesen Rezeptoren in der Haut einer vorderen Extremität über den Tractus cuneatus des Rückenmarks zu synaptischer Umschaltung im Nucleus cuneatus gelangen. Die Bahn führt dann weiter über den Lemniscus medialis mit synaptischer Umschaltung im ventrobasalen Nucleus des Thalamus und so über thalamo-kortikale Fasern zur Großhirnrinde. Die Übertragung an jeder Schaltstation ist einfach, da sie nur durch eine einzelne Synapse unterbrochen wird; es existieren

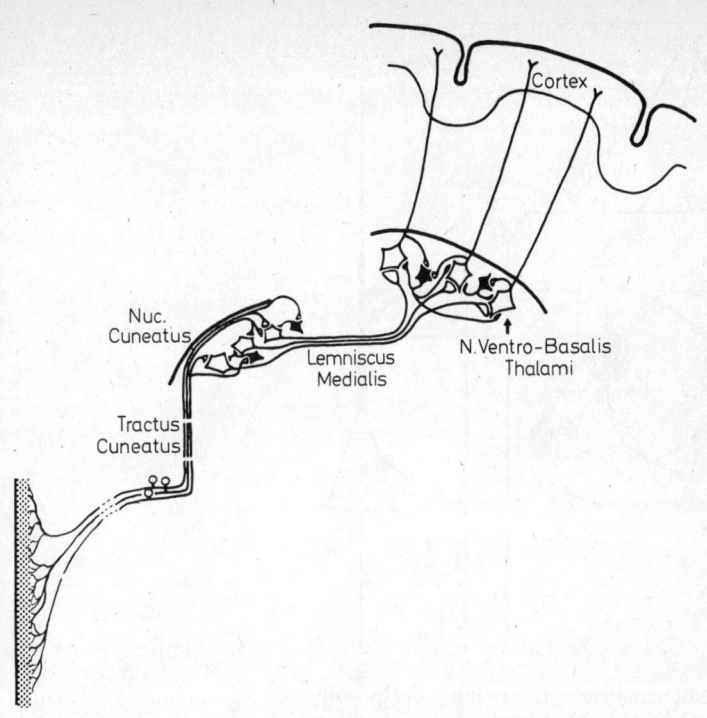

Abb. 6. Schematische Darstellung des Bahnverlaufs von den kutanen Fasern einer vorderen Extremität zum senso-motorischen Cortex. Beachte die inhibitorischen Zellen (schwarz gezeichnet) im Nucleus cuneatus und im retro-basalen Nucleus des Thalamus. Die inhibitorische Bahn im Nucleus cuneatus gehört zum zuführenden, die im Thalamus zum rückkoppelnden Typ. Inhibitorische Zellen und ihre synaptischen Verdickungen sind in dieser und den folgenden beiden Abbildungen schwarz gezeichnet

aber auch Gelegenheiten für inhibitorische synaptische Wirkungen durch die kleinen Zellen, die schwarz gezeichnet sind. Abb. 7 zeigt in vereinfachter Form die Komplexität neuronaler Wirkungsweisen, auf die afferente Impulse (die thalamo-kortikalen Fasern aus Abb. 6) auf dem Wege zur Gehirnrinde stoßen. Einige Zweige dieser afferenten Fasern bilden direkte Synapsen mit den Pyramidenzellen, während andere Zweige über exzitatorische und inhibitorische Sternzellen die Pyramidenzellen erreichen. Die Pyramidenzellen haben

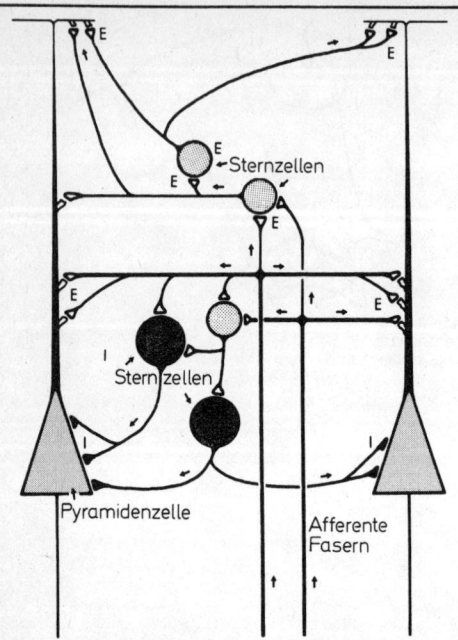

Abb. 7. Schematische Darstellung der postulierten Verbindungen afferenter Fasern (vgl. Abb. 6) zu den neokortikalen Pyramidenzellen. Beachte, daß die hemmende Bahn durch inhibitorische Zellen führt, die entweder direkt durch die afferenten Fasern oder durch exzitatorische Interneurone aktiviert werden. Beachte auch die verschiedenen Grade von Komplexität der exzitatorischen Bahnen zu den Pyramidenzellen. Die Richtung der Impulsfortpflanzung wird durch Pfeile angedeutet

ihrerseits Kollaterale (s. Abb. 8), die zu einer ungeheuren Entwicklung des erregenden Reizes via afferente Fasern beitragen können. Auch da sind wieder alle möglichen Wechselwirkungen zwischen exzitatorischen und inhibitorischen Nervenzellen vorhanden.

Es ist unmöglich, sich die Komplexität vorzustellen, wie sie bei der Fortpflanzung über Neuronenketten besteht, wo jedes Neuron mit Hunderten anderer Neurone verbunden ist und wo das Zusammenlaufen vieler Impulse innerhalb weniger Millisekunden nötig ist, um die Entladung eines Neurons auszulösen. Es ist daher wünschenswert, daß die Eigenschaften einfacher Neuronenmodelle

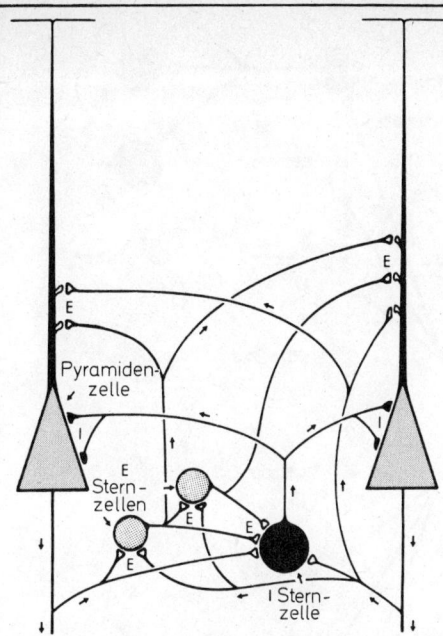

Abb. 8. Schematische Darstellung der postulierten synaptischen Verbindungen von Axon-Kollateralen einer Pyramidenzelle. Das einzelne inhibitorische Interneuron ist zusammen mit seinen hemmenden Synapsen auf den Somata der Pyramidenzellen schwarz dargestellt. Alle übrigen Sternzellen und die Pyramidenzellen werden als exzitatorisch angenommen und sind grau dargestellt. Die Pfeile geben die Richtung der Impulsfortleitung an. Beachte, daß — wie durch experimentelle Daten dargelegt — sowohl erregende wie auch hemmende Bahnen dazwischenliegende exzitatorische Interneurone einschließen können

erforscht werden, wie es BURNS (1951, 1958), FESSARD (1954, 1961), COWAN (1964) und in letzter Zeit zahlreiche Forscher getan haben.

Abb. 9 gibt eine schematische Darstellung der Impulsfortpflanzung über eine Reihe von Neuronen, die streng in der charakteristischen Art einer Parallel- und einer Serienschaltung angeordnet sind. Dieses Modell ist natürlich übersimplifiziert. Es hilft aber trotzdem die Wirkungsweise von Nervenzellgruppen im Zentralnervensystem zu illustrieren.

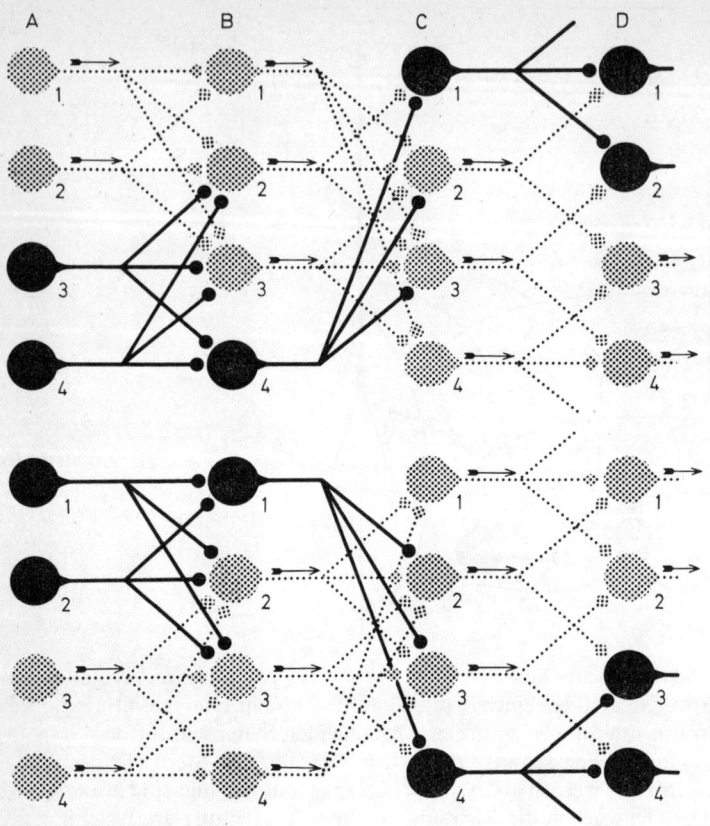

Abb. 9. Modell eines stark schematisierten Neuronen-Schaltnetzes, das den einfachsten Fall von Impulsfortpflanzung über multilineare Bahnen darstellt. Im oberen und im unteren Schema werden genau die selben anatomischen Verbindungen angenommen. Es sind die synaptischen Verbindungen der zwölf Zellen der Säulen A, B und C dargestellt. Zellen, von denen Impulse ausgehen (beachte Pfeile) sind hellgrau, stumme Zellen schwarz gekennzeichnet. Es wird angenommen, daß eine Zelle einen Impuls abgibt, wenn sie von zwei oder mehr Synapsen (ebenfalls hellgrau) erregt wird. So resultiert die Reizung von A_1A_2 in einer Entladung von D_3D_4 (oberes Schema), während eine Reizung von A_3A_4 zu einer Entladung von D_1D_2 führt (unteres Schema). Die Neuronen $B_2B_3C_2C_3$ in der dazwischenliegenden Zone werden durch diese beiden Reize aktiviert. Dieses Schema leidet unter dem schweren Mangel, daß es hemmende Wirkungen nicht berücksichtigt

Im oberen Teil des Diagramms sind in Gruppe A drei Zellen im Erregungszustand dargestellt (grau gezeichnete Zellen). Zahlreiche axonale Verzweigungen und ihre synaptischen Verbindungen gehen von Zellen in Gruppe A zu den Zellen in Gruppe B, von dort zu C und D. Wir gehen bei diesem Modell von der Annahme aus, daß die Summation zweier synaptischer Wirkungen nötig ist, um die Freisetzung eines Impulses von einer Zelle zu bewirken. Auf diese Weise wird ihre Aktivierung auf synaptische Endknöpfe (kleine graue Punkte) an den Zellen der nächsten Gruppe in der Serie übertragen (s. Pfeile). Man sieht demnach, wie die Erregung der Zellen A 1 und A 2 Impulsentladungen von den Zellen D 3 und D 4, nicht aber von D 1 und D 2 hervorrufen. Wie schon gesagt, ist Abb. 9 ein extrem simplifiziertes Modell, da es eine einfache geometrische Anordnung von Neuronengruppen in Serien voraussetzt. Es ist jedoch bekannt, daß es alle möglichen Arten synaptischer Verbindungen gibt, die derartige Gruppen überbrücken können, wie z. B. von Zellen der Gruppe A direkt zu Zellen der Gruppe C und D.

Es existieren außerdem viele Arten von Rückkoppelungs-Kontrollen über Kollaterale (vgl. Abb. 3 A, 8) und die daraus resultierenden schleifenförmigen Aktivitäten großer Zellverbände. Ein anderer wichtiger Mangel von Abb. 9 ist, daß Hemmungsvorgänge unberücksichtigt bleiben. Trotzdem ist Abb. 9 von Wert, denn sie gibt eine einfache schematische Darstellung des Weges, auf dem Informationen sich von Neuron zu Neuron fortpflanzen, wobei an jeder Synapse eine Summation erforderlich wird. Aus diesem Grund ist eine Parallelschaltung der Neurone notwendig.

Die Synapsenverbindungen in dem Modell in Abb. 9 von Gruppe A zu Gruppe B zu Gruppe C zu Gruppe D, wurden entworfen, um eine wichtige und einzigartige Eigenschaft eines Neuronennetzwerkes zu illustrieren, nämlich, daß zwei völlig verschiedene Reize bei A (A 1, A 2 im oberen Teil des Bildes oder A 3, A 4 im unteren Teil des Bildes) durch die gleiche Art von Zellverbindungen weitergeleitet werden können (von A nach B nach C nach D), sich kreuzen und als völlig verschiedene Endprodukte bei D (D 3, D 4 im oberen, D 1, D 2 im unteren Bild) erscheinen. Ein Intervall von einigen Millisekunden zwischen den beiden Wellenfronten würde Störungen durch neuronale Widerstände oder durch Summation synaptischer Erregungen ausschalten. Es fällt auf, daß im Randgebiet der sich vorwärtsbewegenden Wellenfront in Abb. 9 unterschwellig erregte Neuronen vorhanden sind (C 1, D 1, D 2 im oberen Bild). Solche Randneuronen ermöglichen das Wachsen einer Welle, wenn sie durch andere Einflüsse ebenfalls unterschwellig aktiviert werden. Auf diese Weise werden wir mit dem Konzept der Labilität einer Wellenfront konfrontiert. Ihre Wirkung kann einerseits durch inhibitorische oder andere einschränkende Effekte vermindert und schließlich ausgelöscht werden, oder andererseits durch Faktoren, die die Aktivierung von Randneuronen bewirken, auch verstärkt werden. Man muß außerdem berücksichtigen, daß, wenn eine Wellenfront sich in Neuronenbahnen bewegt, die Querverbindungen der richtigen Konfiguration besitzen, sie sich dann in zwei Fronten teilen kann, die sich unabhängig voneinander fortpflanzen. Umgekehrt können zwei Wellenfronten, die sich gleichzeitig in der gleichen Neuronengruppe fortpflanzen, sich verbinden und eine einzige Front bilden, die die Eigenschaften beider ursprünglichen Fronten und gleichzeitig noch durch Summation entstandene Eigenschaften aufweist.

Man muß sich vor Augen halten, daß im Neuronennetzwerk der Großhirnrinde die Faktoren, die an der Weiterleitung einer Wellenfront beteiligt sind, sehr viel komplizierter sind, als im vereinfachten Modell in Abb. 9 dargestellt. Erstens würde jedes Neuron viele synaptische Kontakte mit anderen Neuronen schließen, während andere — wahrscheinlich Hunderte — ihrerseits Kontakte eingehen. Vermutlich würden um die hundert Neuronen in jedem Stadium einer sich fortpflanzenden Wellenfront beteiligt sein und nicht nur zwei oder drei wie in Abb. 9. Diese Front würde also über hunderttausend Neuronen innerhalb einer Sekunde überfluten. Eine sich fortpflanzende Front würde sich auch hin und wieder teilen — oft ohne Folgen — oder sich mit anderen Fronten verbinden, so daß ein komplexes räumlich-zeitliches Muster entsteht.

Abb. 10 kann als eine enorme Weiterentwicklung der einfachen Abb. 9 angesehen werden. Um die geordnete Wirkungsweise von Hunderten von Neuronen zeigen zu können, wurde auf die schematische Darstellung von Nervenfasern und Synapsen verzichtet (vgl.

Abb. 9). In dem Diagramm wird angenommen, daß benachbarte Zellen synaptisch in der von den Pfeilen angedeuteten Richtung verbunden sind. Inaktive Zellen werden hellgrau dargestellt. Die

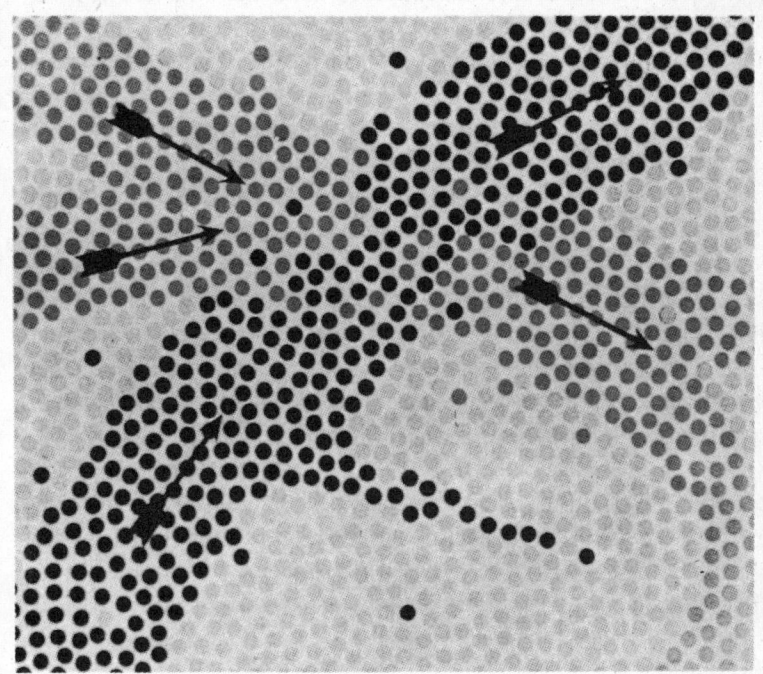

Abb. 10. In dieser schematischen Darstellung der Nervenzellen der Großhirn-rinde hat man sich die Zellen als Punkte in einer Ebene vorzustellen. Die multilineare Übermittlung der einen, die zu einem spezifischen Neuronenakti-vierungsmuster führt, ist in schwarz dargestellt, die einer anderen in dunkel-grau. Die hellgrauen Zellen werden durch keines der beiden Aktivierungsmu-ster aktiviert. Beachte, daß dort, wo sich die beiden Aktivierungswege kreuzen, die selben Nervenzellen an beiden Mustern teilnehmen sollten und deshalb sehr dunkelgrau (und nicht bloß dunkelgrau oder schwarz) dargestellt werden sollten. Pfeile deuten die Richtung der Impulsfortpflanzung an (ECCLES, 1958)

dunkelgrauen und schwarzen in Serien angeordneten Zellgruppen sollen die Fortpflanzung von Impulsen entlang parallelgeschalteter Neuronenketten mit ihren Verzweigungen und Konvergenzen illu-strieren. Man nimmt an, daß an jedem Serienrelais eine synaptische

Summation stattfindet, mit der daraus resultierenden Entladung einiger Zellen, wie in Abb. 9 dargestellt. Man muß sich darüber im klaren sein, daß es sich hier um ein frei erfundenes Schema eines kleinen Fragments eines räumlich-zeitlichen Musters neuronaler Aktivierung handelt und daß es gezeichnet wurde, um einen kleinen Einblick in die komplexe Wirkungsweise großer Neuronengruppen, wie sie in der Gehirnrinde auftreten, zu geben. Es illustriert außerdem eine wichtige Eigenschaft, nämlich, daß jede Nervenzelle an einer großen Zahl unterschiedlicher Neuronenmuster teilnehmen kann. Ihre Reaktionen können zu diesem oder jenem Neuronenmuster gehören, je nachdem mit welcher Neuronengruppe sie aktiviert wurde (vgl. die zwei Modelle in Abb. 9). Es gibt jetzt eine ganze Reihe von Befunden, die zeigen, daß die Entstehung von Impulsen durch Bahnen von Rezeptorenorganen ein sich selbst wiederholender Vorgang ist, der eine langandauernde Serienaktivität in ungeheuer großen Zahlen von Neuronen hervorruft, die über bisher noch unbekannte Bahnen miteinander verbunden sind (FESSARD 1961; weitere Referenzen bei ECCLES, 1966 b). Außerdem findet man fortdauernde Aktivitäten der kortikalen Pyramidenzellen und diese Aktivität kann durch sensorische Reize erhöht oder erniedrigt werden (POWELL u. MOUNTCASTLE 1959; EVARTS, 1961, 1962, 1964; HUBEL u. WIESEL, 1962, 1963, 1965).

Wahrnehmung im Verhältnis zu neurophysiologischen Mechanismen

Wir sind nun gut informiert was die anfänglichen Stufen des Prozesses betrifft, wobei die Reizung eines Rezeptororgans den Ausgangspunkt für eine sensorische Erfahrung bildet. Wir verdanken unser Wissen um die Kodierung solcher Reizungen in Ketten von Nervenimpulsen der Pionierarbeit von ADRIAN und seiner Schule. Der Vorgang der Übertragung durch serienmäßig angelegte Synapsen entlang der Bahnen zur Großhirnrinde (vgl. Abb. 6, 7), wurde durch Beiträge zu einem Symposium geklärt (MOUNTCASTLE, 1966a; GRANIT, 1966; CREUTZFELDT et al., 1966). Entlang dieser Bahnen wird schon viel von der kodierten Information integriert. Aber das kann nur als Vorspiel zu den unvorstellbar komplexen Integrationsprozessen in der Großhirnrinde angesehen werden, die von FESSARD (1961) so ausführlich diskutiert wurden.

Unbezweifelbare Beweise für die Konvergenz sensorischer Impulse im Cortex werden von den Experimenten geliefert, in denen gezeigt wird, daß ein einzelnes kortikales Neuron durch mehrere verschiedene sensorische Reize aktiviert werden kann. Multisensorische Konvergenz in kortikalen Neuronen wurde sehr intensiv von JUNG u. Mitarb. (JUNG, 1961; JUNG, KORNHUBER u. DA FONSECA, 1963; KORNHUBER u. ASCHOFF, 1964) und auch von DUBNER u. RUTLEDGE (1964) studiert. Abb. 11 zeigt z. B. ein Neuron im paraauditorischen Cortex, das durch Licht und vestibuläre Reizung erregt wurde.

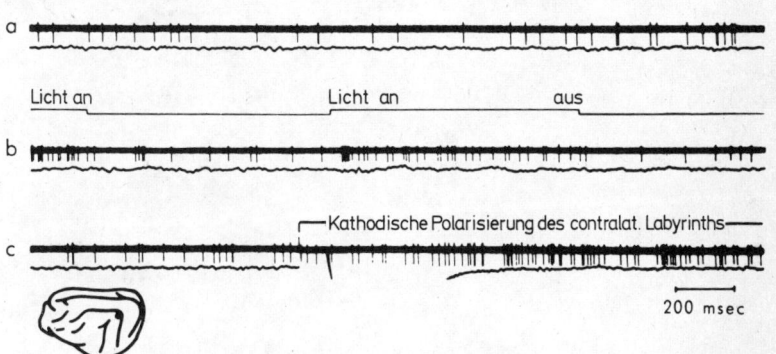

Abb. 11a–c. Extrazelluläre Antwort von Neuronen in einem Assoziations-Bezirk des Neocortex (Para-auditorischer Cortex, im Einschaltbild dargestellt). a zeigt die Spontanaktivität im Dunkel, b zeigt ihre Antwort auf Licht sowie die zeitweilige Hemmung durch den Beginn der Dunkelheit, c demonstriert eine starke Erregung vom kontralateralen Labyrinth aus (JUNG, KORNHUBER und DA FONSECA, 1963)

Eine ähnliche Konvergenz von zwei oder drei sensorischen Modalitäten wurde in allen untersuchten kortikalen Regionen beobachtet, sowohl in den primär sensorischen, als auch in den assoziierten Regionen des Cortex. BUSER u. IMBERT (1961) haben ähnliche Ergebnisse in einer ausgedehnten Studie an multisensorischen Neuronen erhalten. Ich möchte auch auf den sehr umfangreichen Bericht

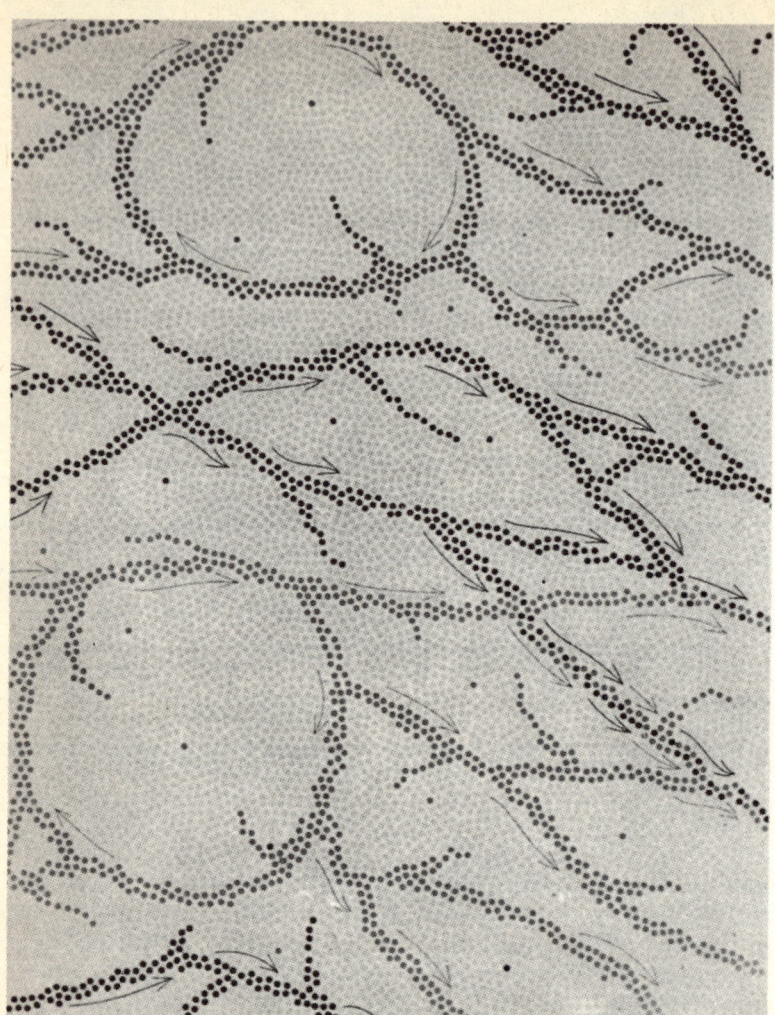

Abb. 12. Mit denselben Annahmen wie in Abb. 10 wird hier versucht, ein etwas differenzierteres Bild der enormen Komplexität des räumlich-zeitlichen Fortpflanzungsmusters der Großhirnrinde zu geben. Die Pfeile geben die Fortpflanzungsrichtung für zwei verschiedene sich entwickelnde Fortpflanzungsmuster an (schwarz und dunkelgrau). Beachte, daß das schwarze und das graue Muster an zwei Stellen verschmilzt und sich dann in einer einzigen Welle fortpflanzt. Das würde einer integrativen Verschmelzung verschiedener sensorischer Impulse entsprechen, die zu einer gewissen Wahrnehmungssynthese führt (ECCLES, 1958)

über sensorische Integration im Cortex, wie sie durch evozierte Potentiale und ihre Wechselwirkungen zum Ausdruck gebracht wird, hinweisen (ALBE-FESSARD u. FESSARD, 1963). Vorläufige Versuche sind gemacht worden, die physiologische Signifikanz dieser Konvergenzmuster zu erforschen, aber für den Augenblick genügt es zu erwähnen, daß heutzutage Hunderte von Beispielen multisensorischer Konvergenz an einzelnen kortikalen Neuronen in allen Teilen des Cortex wie auch in allen subkortikalen Zentren existieren.

Es ist schwierig, sich die Komplexität vorzustellen, die tatsächlich in der Fortpflanzung über Neuronenketten erzielt wird, wo jedes Neuron mit Hunderten anderer Neurone verbunden ist und wo die Konvergenz vieler Impulse innerhalb weniger Millisekunden nötig ist, um die Entladung irgendeines Neurons zu bewirken. Abb. 12 ist ein Versuch, mit den gleichen Mitteln wie in Abb. 10 das komplexe räumlich-zeitliche Muster einer Neuronenaktivierung, das durch zwei verschiedene sensorische Reize hervorgerufen wurde, darzustellen. Diese Reize konvergieren schließlich und aktivieren die gleichen Neurone. Der Ort der Konvergenz ist mit Pfeilen gekennzeichnet. In Abb. 12 werden die Wirkungsmechanismen dargestellt, die in mehreren der folgenden Kapitel nochmals erwähnt werden.

III. Lernen und Gedächtnis:
mögliche synaptische Mechanismen

1. Einleitung

Das Wort ‚Gedächtnis' wird heutzutage für eine sehr große Zahl von Phänomenen verwendet, die die Speicherung und den Rückruf von Informationen umfassen. Wir haben z. B. ein genetisches Gedächtnis, wie es durch EIGENS (1964) Aussage, daß „DNS ein Gedächtnis habe", illustriert wird. Der Ausdruck wird auch im Zusammenhang mit Immunologie gebraucht (immunologisches Gedächtnis). Eine solche Mannigfaltigkeit des Gebrauchs verlangt, daß das Wort *Gedächtnis* als solches spezifiziert wird. Ich werde mich an den ursprünglichen restriktiven Sinn halten und Gedächtnis mit der Eigenschaft des ZNS assoziieren, die die Speicherung und den Rückruf von Information bewirkt. Diese Eigenschaft, *psychisches Gedächtnis* genannt, hat zwei Komponenten, Lernen und Erinnern, der Speicherung und dem Rückruf von Informationen entsprechend.

Allgemein wird angenommen, daß es zwei Arten von psychischem Gedächtnis gibt: erstens kurzfristige Erinnerungen, die nur Sekunden oder Minuten überdauern und für die BROWN (1964) viele Beispiele genannt hat. Eines wäre die Fähigkeit, vorgelesene Zahlenreihen zu wiederholen. Eine solche Erinnerung ist nach ein paar Sekunden oder Minuten für immer verloren. Nach HEBB (1949), GERARD (1949) und BURNS (1958) kann man annehmen, daß dieser Typ Gedächtnis durch ein räumlich-zeitliches Muster fortgepflanzter Impulse in einer Art reverberierendem Kreis unterhalten wird. Solange dieses spezifische Muster in dynamischer Form erhalten bleibt, so lange ist ein Rückruf möglich. Dieses räumlich-zeitliche Muster bildet ein dynamisches Engramm, so wie es LASHLEY (1950)

---

[1] Vgl. ECCLES, 1966b, 1966c.

ins Auge gefaßt hatte. Die zweite Art Gedächtnis ist durch ihren bleibenden, oft lebenslangen Charakter gekennzeichnet. In vielen Experimenten wurde gezeigt, daß es selbst dann überlebt, wenn sich das ZNS im Ruhestand befindet (z. B. durch tiefe Anästhesie, Koma oder extreme Abkühlung). Dieser Typ Gedächtnis muß auf bleibenden Veränderungen beruhen, die in die Feinstruktur des Nervensystems eingebaut sind und die oft als „Gedächtnisspur" bezeichnet werden; auf diese Vorstellung geht die „Spurentheorie des Gedächtnisses" zurück (GOMULICKI, 1953). Es gibt eine Unmenge von Literatur über das, was wir als *Lernprozeß* bezeichnen, der das Phänomen der bedingten Reflexe einschließt. Da es unmöglich ist, das alles hier zu referieren, möchte ich auf die Übersichtsarbeiten von MORRELL (1961 b) und KANDEL und SPENCER (1968) hinweisen. Meine eigene Abhandlung soll auf die möglichen synaptischen Mechanismen des Lernens und der Erinnerung beschränkt bleiben.

Als Neurologe würde ich vermuten, daß beim Langzeitgedächtnis die strukturelle Veränderung im wesentlichen synaptischer Art ist. Aber bevor ich dieses Postulat im Detail erläutere, möchte ich auf einige neuere Alternativvorschläge hinweisen, die auf einer angenommenen Analogie zwischen psychischem und entweder genetischem (HYDÉN, 1959, 1964, 1965, 1967) oder immunologischem Gedächtnis (SZILLARD, 1964) basieren. Ich werde auf SZILLARDs Theorie von Gedächtnis und Rückruf nicht eingehen, da sie auf einigen nicht akzeptablen Voraussetzungen im Hinblick auf den Wirkungsmechanismus von Synapsen beruht.

2. Molekulares Gedächtnis

Zweifellos weiß jedermann, welch große Popularität HYDÉNs Theorie des sogenannten „molekularen Gedächtnis" errungen hat. Exponenten des molekularen Gedächtnisses, oder des größeren Feldes, jetzt molekulare Neurologie genannt (SCHMITT, 1964), haben wiederholt behauptet, daß die Theorien der konventionellen Neurologie sehr unfruchtbar waren und daß sie weder eine genügende Präzision der Formulierungen noch eine ausreichende experimentelle Basis haben. Im Hinblick auf diese Kritik überrascht es, daß die Theorien des molekularen Gedächtnisses besonders dadurch auffallen, daß weit über experimentelle Befunde hinaus extrapoliert wird. Mit Hilfe sehr eleganter Techniken hat HYDÉN (1959, 1964, 1965, 1967) tatsächlich gezeigt, daß Nervenzellen, die an Lernprozessen beteiligt sind, einen erhöhten RNS-Gehalt haben und daß gleichfalls häufig eine Zunahme des Quotienten Purin : Pyrimidinbasen (genauer Adenin : Uracil) beobachtet wird. Man wird ohne weiteres zustimmen, daß Nervenzellaktivität vermutlich mit einer erhöhten Proteinproduktion einhergeht, die natürlich von einem erhöhten RNS-Gehalt abhängt. Dies ist jedoch ein sehr ungenügender Beweis für HYDÉNs komplizierte Theorie, die zudem Schlüsse notwendig macht, die im Gegensatz zu einem Großteil neurophysiologischer Befunde stehen.

Die Theorie des molekularen Gedächtnisses beruht auf einer Serie von Postulaten, die in folgender Reihenfolge aufgezählt werden können (vgl. HYDÉN, 1965, S. 226–232): 1. In einer akuten Lernsituation werden in Neuronen spezifische Zeitmuster von Frequenz-Antworten ausgebildet. 2. In gewisser, nicht näher beschriebener Weise, kann jedes spezifische Frequenzmuster (auch modulierte Frequenz genannt) DNS zur Produktion hochspezifischer RNS anregen. 3. Diese RNS synthetisiert spezifische Proteine im Soma der Neuronen. 4. Diese Proteine induzieren wiederum die Produktion einer synaptischen Transmittersubstanz. Im wesentlichen wird postuliert, daß durch diese vier aufeinanderfolgenden Operationen eine besonders modulierte Aktivierungsfrequenz eine chemische Spezifizierung von Neuronen hervorbringt, so daß 5. zu einem späteren Zeitpunkt ein ähnliches zeitliches Muster durch eine resonanzähnliche Reaktion eine erhöhte Transmitterproduktion auslöst. HYDÉN (1964) erweitert diese Postulate wie folgt: Eine chemische Spezifizierung von Neuronen im Lernprozeß, die die Synthese chromosomaler RNS und spezifischer Proteine einschließt und die auf modulierte Frequenzen in Millionen von Neuronen in verschiedenen Teilen des Gehirns einwirken — in einigen stärker, in andern schwächer — würde auch zu der Vorstellung passen, daß eine komplizierte

Aufgabe nicht in Teilstücken gelernt und erinnert wird, sondern in ganzen Zusammenhängen. Leichter zu definierende Bezirke des Gehirns, wie z. B. der Hippocampus bei Säugern, würden eine dominierende Rolle im Lernprozeß spielen.

Für Neurophysiologen ist es offensichtlich, daß diese Spekulation auf dem Postulat basiert, daß die Frequenz der Entladungen von Nervenzellen eine außerordentliche Spezifität kodierter Information beinhalte. Eine intensive Studie vieler verschiedener Arten von Neuronen im Zentralnervensystem offenbart große Unterschiede im zeitlichen Ablauf ihrer Impulsentladungen, aber sie zeigt keine strenge Spezifität im Muster oder in der Häufigkeit der Entladungen. Besonders die Häufigkeit der Entladungen variiert sehr stark in Abhängigkeit von der Intensität der Aktivierung. Das Postulat, daß Spezifität durch Frequenzmodulationen irgendwelcher Art übertragen werde, in der Art wie HYDÉNs Theorie es fordert, muß abgelehnt werden. Eine ungeheure Zahl neuroanatomischer und neurophysiologischer Daten bilden den Rahmen für die Gesamtspezifität, die vom Gehirn verlangt wird, und es besteht absolut keine Notwendigkeit zu spekulieren, daß zusätzliche Spezifitäten, die auf Frequenzmodulationen beruhen, existieren. Ein zusätzliches nicht annehmbares Postulat in HYDÉNs Theorie des molekularen Gedächtnisses (Punkt 5 oben) ist, daß eine Art Resonanzphänomen im Rückruf eine Rolle spielt, das auf einer ähnlichen Frequenzmodulation beruht, wie sie für die initiale chemische Spezifität verantwortlich sein soll. Außerdem beruhen die Beweise für eine ungeheuer große Zahl von RNS-Molekülen verschiedener Spezifitäten nur auf einer signifikanten Veränderung des Quotienten von Purin : Pyrimidinbasen, was eigentlich nur ein Hinweis auf *zwei* verschiedene Typen von RNS ist, und doch wird angenommen, daß Milliarden spezifisch reagieren. Wir werden später sehen, daß HYDÉNs eleganter Nachweis einer RNS-Erhöhung während eines Lernprozesses nicht nur in die klassische Wachstumstheorie des Lernens eingegliedert werden kann, sondern sogar ein für diese Theorie notwendiges Postulat ist. Allerdings besteht dort keine Notwendigkeit für eine derartig hohe chemische Spezifität der RNS. Es muß allerdings gesagt werden, daß HYDÉN (1967) seine Hypothese jetzt verändert und einige ihrer weniger akzeptablen Charakteristika entfernt hat.

3. Synaptische Eigenschaften und Gedächtnis

Die neuronalen Mechanismen, die an der Tätigkeit des Nervensystems beteiligt sind, sind von besonderer Bedeutung für die Entwicklung von Theorien über das Lernphänomen, was mit einigen Verhaltensstudien belegt werden kann. Es ist bekannt, daß erlerntes Verhalten Veränderungen darstellt, die in der neuronalen Leitfähigkeit innerhalb des ZNS aufgetreten sind. In Kapitel II haben wir gesehen, daß die Kommunikation zwischen einzelnen Einheiten des Nervensystems (Neuronen) in hochspezialisierten Gebieten geschieht, die engsten Kontakt erlauben (Synapsen). Es wird heute allgemein angenommen, daß Veränderungen in der Übertragung zwischen Neuronen auf Veränderungen in der Leistungsfähigkeit der Synapsen beruhen (vgl. ECCLES, 1964, Kapitel 6, 7 u. 16). Diese angenommenen Veränderungen synaptischer Leistungsfähigkeit müssen notwendigerweise sehr lange andauern, z. B. Tage oder Wochen. Es gibt keine Mechanismen, durch die die relativ kurzfristig anhaltenden Veränderungen an Einzelsynapsen einer Serie zu einer andauernden Veränderung summiert werden könnten.

Die meisten anatomischen und physiologischen Lerntheorien schließen die Vorstellung ein, daß eine synaptische Aktivierung zu einer erhöhten Leistungsfähigkeit der Synapse führt und daß bei genügender Wiederholung dieser Aktivierung eine andauernde Stabilisierung dieser Leistungszunahme beobachtet werden kann (RAMÓN Y CAJAL, 1911; HEBB, 1949; TÖNNIES, 1949; YOUNG, 1951a; ECCLES, 1953, 1961, 1966b; KANDEL u. SPENCER, 1968). Eine ergänzende Vorstellung ist zudem, daß Nichtgebrauch zu einem Leistungsrückgang führt.

Nach LASHLEY (1950) ist es eine anerkannte Tatsache, daß das Erlernen selbst einfachster Verhaltensreaktionen einen komplexen Funktionsvorgang in Millionen von Neuronen hervorruft, das sogenannte Engramm. Abb. 10 und 12 sind der Versuch, Fragmente zweier solcher Engramme diagrammatisch darzustellen, die durch schwarze bzw. dunkelgraue Zellen repräsentiert werden. Die erhöhte Leistungsfähigkeit der Synapsen, die derart organisierte Neuronengruppen verbinden, verbürgt, daß als Reaktion auf einen gegebenen Rezeptorenreiz dieses funktionelle Neuronenmuster im Gehirn in einer sehr ähnlichen zeitlich-räumlichen Form nachvollzogen wird. Das geschieht immer dann, wenn eine erworbene Verhaltensweise abgerufen wird. Tatsächlich entsteht eine bestimmte Verhaltensform aus Muskelkontraktionen, die durch diese Neuronenaktivierungen induziert wurden. Wir müssen uns daher vorstellen, daß Lernen nicht einfach Veränderungen in ein paar Synapsen bedeutet, sondern daß eine Potenzierung in den Synapsen beobachtet werden kann, die riesige Neuronengruppen verbinden. Auf diese Weise werden die Basisbedingungen für räumlich-zeitliche Wirkungsmuster neuronaler Aktivitäten gebildet, wie sie in Abb. 10 und 12 dargestellt sind. Nur auf der Basis eines solchen Konzepts kann das Erlernen von Verhaltensreaktionen erklärt werden.

Betrachten wir nun die Eigenschaften einiger Synapsen, von denen ich glaube, daß sie von großer funktioneller Bedeutung sind und daß sie vermutlich in besonderer Beziehung zum Lernvorgang stehen.

4. Frequenzpotenzierung

Abb. 13A und B sind Beispiele intrazellulärer Ableitungen von EPSP von Neuronen, die monosynaptisch mit verschiedenen Frequenzen aktiviert wurden. Überraschenderweise zeigen die Resultate, daß einzelne Synapsen, selbst an der gleichen Zelle, sehr in ihrer Reaktion auf eine schnelle repetitive Reizung variieren.

Zum Beispiel verdoppeln sich die EPSP (vgl. Abb. 5), die durch die Synapsen in Abb. 13A erzeugt werden, wenn die Frequenz von 1 pro Sekunde auf 7, 10 usw. bis zu 100 pro Sekunde erhöht wird. Im Gegensatz dazu findet man am gleichen Neuron (B) bei den höheren Frequenzen eine leichte Abnahme der EPSP, die durch andere präsynaptische Fasern erzeugt wurden. Offensichtlich stellen diese sehr hohen Frequenzen eine große Belastung für den chemischen Transmittermechanismus dar. Bedenkt man, was an einer Synapse passiert, so erkennt man, daß komplizierte Mechanismen notwendig sind, damit eine effektive Hochfrequenzaktivierung sichergestellt ist. Die synaptischen Vesikel müssen bis zur „Schußlinie", die vor dem synaptischen Spalt verläuft (vgl. Abb. 3B, 4A,

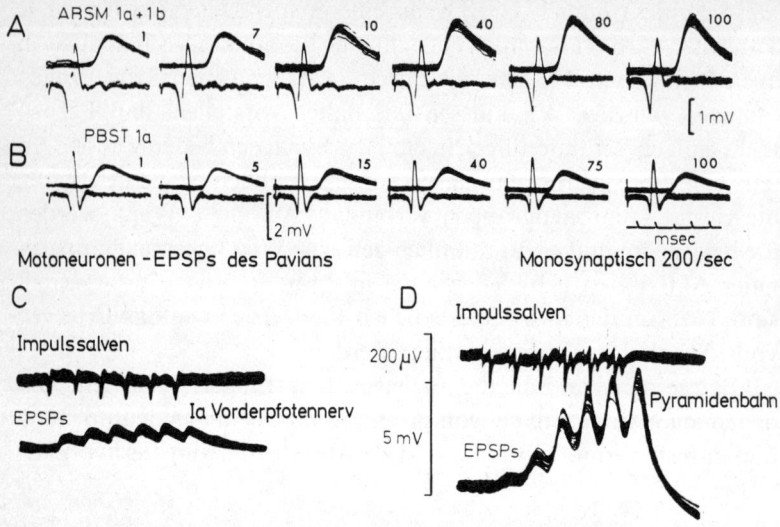

V.S.C.T. Monosynaptische EPSPs

A ABSM 1a+1b 1 7 10 40 80 100

[1 mV

B PBST 1a 1 5 15 40 75 100

[2 mV

msec

Motoneuronen –EPSPs des Pavians

Monosynaptisch 200/sec

C

Impulssalven

EPSPs Ia Vorderpfotennerv

D

Impulssalven

200 µV

Pyramidenbahn

5 mV EPSPs

Abb. 13 A–D. Die Wirkung wiederholter Aktivierungen auf die Höhe monosynaptisch hervorgerufener EPSP. A und B sind überlagerte Kurven intrazellulärer EPSP, die in einer Zelle des Tractus spinocerebellaris ventralis durch afferente Salven von einem Muskel-Nerven hervorgerufen wurden. ABSM: vorderer Biceps semimembranosus, PBST: hinterer Biceps semitendinosus. Die Kurven wurden photographiert, nachdem das Gleichgewicht nach den ersten paar Reizen (Frequenz pro Sekunde für jede Kurve angegeben) erreicht war. Die unteren Kurven zeigen die afferenten Salven, die über die dorsalen Wurzeln von L 7 ins Rückenmark eintreten (ECCLES, HUBBARD u. OSCARSSON, 1961). Die unteren Kurven von C und D sind überlagerte EPSP, die im gleichen Mononeuron der zervikalen Verbreiterung des Rückenmarks eines Pavians hervorgerufen wurden. In beiden Fällen erfolgten sechs Stimuli mit einer Frequenz von 200/sec und zwar an den muskel-afferenten Nerv in C und an den Pyramidaltrakt in D. Die oberen Kurven sind die präsynaptischen Ableitungen (LANDGREN, PHILLIPS u. PORTER, 1962)

B, D), wandern, geben dort ihren Inhalt ab und müssen wieder aufgeladen werden. Unterdessen müssen sie durch andere Vesikel ersetzt werden, die eventuell erst hergestellt werden müssen. Trotzdem kann all das bei einer Frequenz von 100 pro Sekunde geschehen, so daß entweder nur ein geringfügiger quantitativer Abfall an Transmittersubstanz, die bei jedem nachfolgenden Impuls freigesetzt wird, beobachtet wird (Abb. 13 B), oder sogar eine starke Potenzierung auftritt (Abb. 13 A). Wie Abb. 13 C zeigt, operiert der gleiche effektive Erhaltungsmechanismus an den monosynaptischen Bahnen zu motirischen Neuronen (vgl. Abb. 5 B–G).

Abb. 13 D zeigt, daß Synapsen an zerebralen Neuronen durch Hochfrequenzreizung sehr viel stärker potenziert werden als spinale Synapsen (LANDGREN, PHILLIPS u. PORTER, 1962). Die intrazellulären Ableitungen von Abb. 13 C und D stammen vom gleichen motorischen Neuron aus dem zervikalen Teil des Rückenmarks eines Pavians. In Abb. 13 D sind die exzitatorischen postsynaptischen Potentiale (EPSP) monosynaptisch durch absteigende Salven der mit einer Frequenz von 200 pro Sekunde gereizten Pyramidenbahn hervorgerufen. In der Serie von Abb. 13 C ist das gleiche motorische Neuron monosynaptisch durch Synapsen erregt, die von peripheren Streckrezeptoren eines Muskels stammen. Das erste EPSP in D hat ungefähr die gleiche Größe wie das durch den afferenten Nerv des Muskels erzeugte. In nachfolgenden Reaktionen ergibt sich jedoch ein Additionseffekt (ungefährer Faktor 10), der die Tendenz hat, sich auf dieser sehr potenzierten Höhe zu stabilisieren. Das zeigt, daß Synapsen von Zellen der Pyramidenbahn einen außerordentlich wirksamen Mechanismus zur Erhöhung ihrer Leistungsfähigkeit haben, wenn sie durch Hochfrequenzreizung unter Streß stehen. PORTER (1970) hat gezeigt, daß selbst bei niedrigen Aktivierungsfrequenzen eine signifikante Potenzierung dieser Pyramidenbahn-Synapsen auftritt und folgert daraus, daß es ein wichtiger Vorgang bei physiologischen Aktivierungsfrequenzen ist.

Der Vorgang zeigt natürlich nicht, daß diese zerebralen Synapsen irgend etwas gelernt haben. Mein Vorschlag lautet: Da Synapsen eine enorme Plastizität zu haben scheinen, ausgedrückt durch die Erhöhung der Leistungsfähigkeit bei Hochfrequenzreizung, bleibt vermutlich irgendein Rest zurück. Das könnte die Grundlage für eine Theorie des Lernens sein. Frequenzpotenzierung ist eine der Eigenschaften, die vermuten lassen, daß zerebrale Synapsen sich von Synapsen einer niedrigeren Ebene unterscheiden. Das kann wiederum mit einer größeren Lernfähigkeit zusammenhängen, wie man sie bei Experimenten mit bedingten Verhaltensweisen sieht.

Abb. 14 ist ein Beispiel von Frequenzpotenzierung für Synapsen von Körnerzellen des Hippocampus, die durch Reizung des entorhinalen Cortex aktiviert wurden (LØMO, 1970). Die intrazelluläre Ableitung bei 1 pro Sekunde zeigt eine sehr kleine initiale exzitatorische synaptische Wirkung, der eine ausgeprägte Hemmung folgt (vgl. Abb. 5H). Bei einer Reizung von 10 pro Sekunde sieht man schon innerhalb einer Sekunde eine enorme Potenzierung der Erregung, die der Hemmung bis zu einem gewissen Grad entgegenwirkt. Nach 3 Sekunden sieht man, daß die Reizung zwei Impulse in der Zelle hervorruft, die als scharfe Abwärtsablenkungen in der darunterliegenden extrazellulären Ableitung erscheinen. Wird die Reizung wiederum auf 1 pro Sekunde herabgesetzt, nimmt die Frequenzpotenzierung bereits nach 0,4 Sekunden beträchtlich ab und verschwindet nach 15 Sekunden ganz.

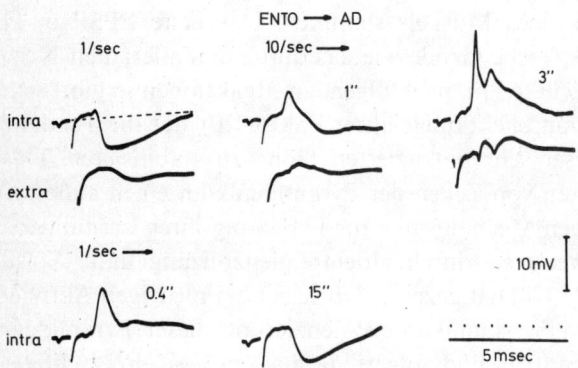

Abb. 14. Frequenzpotenzierung einer Körnerzelle der Fascia dentata des Hippocampus. Die entorhinale Region wurde anfänglich mit einer Frequenz von 1/sec gereizt, dann während mehrerer Sekunden mit einer Frequenz von 10/sec und schließlich — in der unteren Reihe — wiederum mit 1/sec. Intrazelluläre Ableitungen (intra) stammen von einer Körnerzelle. Extrazelluläre Ableitungen sind mit (extra) bezeichnet. Der Volt-Maßstab gilt nur für die intrazellulären Ableitungen. Weitere Beschreibung im Text (LØMO, 1970)

Es ist offensichtlich, daß noch viel zur Erforschung derart präzise definierter monosynaptischer Bahnen im zerebralen Cortex getan werden muß. Die Arbeit von LØMO (1970) bestätigt ältere Arbeiten von ANDERSEN, HOLMQVIST und VOORHOEVE (1966).

5. Posttetanische Potenzierung

Abgesehen von der Frequenzpotenzierung durch wiederholte Reizung gibt es eine zweite Möglichkeit der Potenzierung, die nach der Hochfrequenzaktivierung von Synapsen auftritt und oft über einen längeren Zeitraum erhalten bleibt. Seit dieses Phänomen der posttetanischen Potenzierung durch LLOYD (1949) entdeckt wurde, glaubte man, daß es ein mögliches Paradigma für den Lernprozeß auf Synapsen-Ebene sei (ECCLES u. MCINTYRE, 1953; CURTIS u. ECCLES, 1960; KANDEL u. SPENCER, 1968).

Abb. 15 (BLISS u. LØMO, 1970) zeigt, daß die Synapsen der entorhinalen Bahnen zu Körnerzellen des N. dentatus des Hippocampus durch konditionierende Tetanisierung sehr stark potenziert werden. Diese Potenzierungen können sich addieren und über viele Stunden in voll entwickelter Form erhalten bleiben. Tatsächlich wurde während des gesamten Experimentes keine Verringerung dieses stark potenzierten Niveaus beobachtet. Die ersten fünf Pfeile in Abb. 15 geben kurze konditionierende tetanisierende Reize (20 pro Sekunde für 15 Sekunden) an, denen jeweils eine Potenzierung der Impulsabgabe folgt (beachte die scharfe abwärts verlaufende Ablenkung in den drei oben eingefügten Aufzeichnungen). Die Zahl der impulsabgebenden Körnerzellen nimmt stufenweise zu, bis es zu einer extrem hohen Potenzierung nach dem letzten Tetanus kommt. Die Kontrollwerte der nichtkonditionierten Seite, die keine Potenzierung aufweist, werden in der Abbildung durch Kreise angegeben. Diese Kontrollseite wurde jedoch später in dieser Serie gereizt (s. die letzten vier Pfeile) und eine geringfügige verlängerte Potenzierung ausgelöst. Dieses Experiment von BLISS und LØMO ist für die Verfechter der Theorie des „synaptischen Gebrauchs" sehr wertvoll, zeigt es doch, daß die Synapsen in dem Teil des ZNS, von dem man glaubt, daß es an Gedächtnisleistungen ausschlaggebend beteiligt ist, einen hoch entwickelten Mechanismus für Potenzierung als Folgeerscheinung übermäßiger Reizung haben. Es zeigt außerdem die Dringlichkeit, mit der sehr viel mehr dieser gut durchdachten Experimente auf einer höheren Ebene des Nervensystems durchgeführt werden sollten.

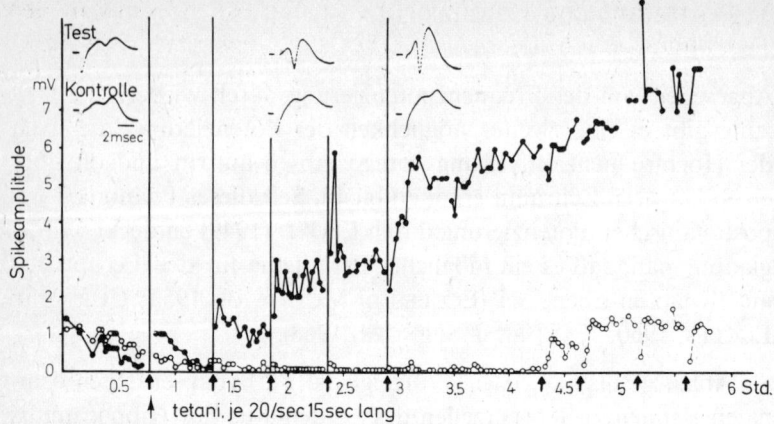

Abb. 15. Posttetanische Potenzierung einer monosynaptisch aktivierten Körnerzelle als Antwort auf entorhinale Reizung. Die durch Körnerzellen bewirkte Impulsentladung wird durch einen in der Testableitung registrierten „population spike" in Form einer kurzen (negativen) Abwärtsablenkung angezeigt, die während einer langsamen positiven Welle auftritt. Fünf konditionierende entorhinale Reize (20/sec während 15 sec) wurden zu den durch die vertikalen Linien angezeigten Zeitpunkten angewandt (s. Pfeile unterhalb der Basislinie). Drei mittlere Test-Ableitungen werden als Test-Reaktion gezeigt: eine vor, eine nach der dritten Konditionierung und eine nach der fünften Konditionierung. Die Kreise geben die Höhe des beobachteten Spike-Potentials in mV wieder, wobei die schwarzen Kreise zu der Seite gehören, die der initialen Konditionierung unterworfen war. Die kontralaterale Seite wurde zu den Zeitpunkten der vier späteren Pfeile auf gleiche Weise durch entorhinale Tetanisierung konditioniert und es wird eine langdauernde, wenn auch kleine, Potenzierung sichtbar (BLISS u. LØMO, 1970)

In LØMOs Experimenten handelte es sich um spinale Synapsen an den Dendriten von Körnerzellen. Sie gleichen ungefähr denen, die in Abb. 3B, a, b, c und 18A dargestellt sind. Es ist heute allgemein anerkannt, daß die spinalen Synapsen fast durchgehend exzitatorischen Charakters sind und daß sie runde Vesikel besitzen (COLONNIER, 1968). Es ist außerdem gezeigt worden, daß diese spinalen Synapsen in dem Sinn verformbar sind, daß sie unter entsprechenden experimentellen Bedingungen einen erheblichen Grad von Neubildungen und Regressionen aufweisen. Abb. 18B zeigt z. B. mehrere sekundäre Dornen (Spines) (SS), die an den Dendriten von Purkinje-Zellen im Kleinhirn entstehen. Jede dieser sekundären Dornen scheint an einer Synapse beteiligt zu sein.

6. Synaptische Rückbildung durch Nichtgebrauch

Es gibt heutzutage sehr schöne Aufnahmen, die die Rückbildung von spinalen Synapsen zeigen, wie sie unter experimentell bedingtem Nichtgebrauch entstehen. In Abb. 16A und C (VALVERDE, 1968) sind Dendriten der normalen Sehrinde von 24 bzw. 28 Tage alten Mäusen dargestellt. Im Gegensatz dazu zeigen die Abb. 16B und D die vollkommen verödeten Ansammlungen von Dornen entlang vergleichbarer Dendriten der Sehrinde kontralateral zu A bzw. C. Diesen Tieren war zum Zeitpunkt der Geburt ein Auge entfernt worden. Folglich wurden die Pyramidenzellen der kontralateralen Sehrinde im Beispiel B und D nicht durch sensorische Impulse gereizt. Der auffallende Mangel an Dornen in diesen beiden Beispielen zeigt, daß — zumindest in den frühen Lebensabschnitten — natürliche Reizung von größter Wichtigkeit für die Entwicklung und Erhaltung dendritischer Dornen ist. Der wesentliche trophische Effekt ist offensichtlich auf den exzitatorischen synaptischen Reiz auf Pyramidenzellen zurückzuführen. Dieser Versuch mit experimentell erzeugtem Nichtgebrauch ist das Gegenteil eines Lernexperiments. Er stützt jedoch ganz allgemein die Hypothese, daß Lernen aus Gebrauch resultiert, denn er zeigt die Rückbildung, die durch Nichtgebrauch entsteht. Abb. 17 gibt eine graphische Darstellung des Effekts von Nichtgebrauch, beobachtet an Tieren, die zwei intakte Augen hatten, aber im Dunkeln aufgezogen wurden (VALVERDE, 1967, RUIZ-MARCOS u. VALVERDE, 1969). In A sind die dendritischen Dornen der Pyramidenzellen der Sehrinde verödet (schwarze Kreise), verglichen zu den Kontrolltieren (Mäuse), die unter normalen Bedingungen gehalten wurden (offene Kreise). Abb. 17B zeigt hingegen, daß in einer Gewebsprobe aus dem nicht-visuellen Cortex, die zwei Mäusegruppen annähernd die gleiche Dichte von Dornen an ihren Pyramidalzelldendriten aufweisen.

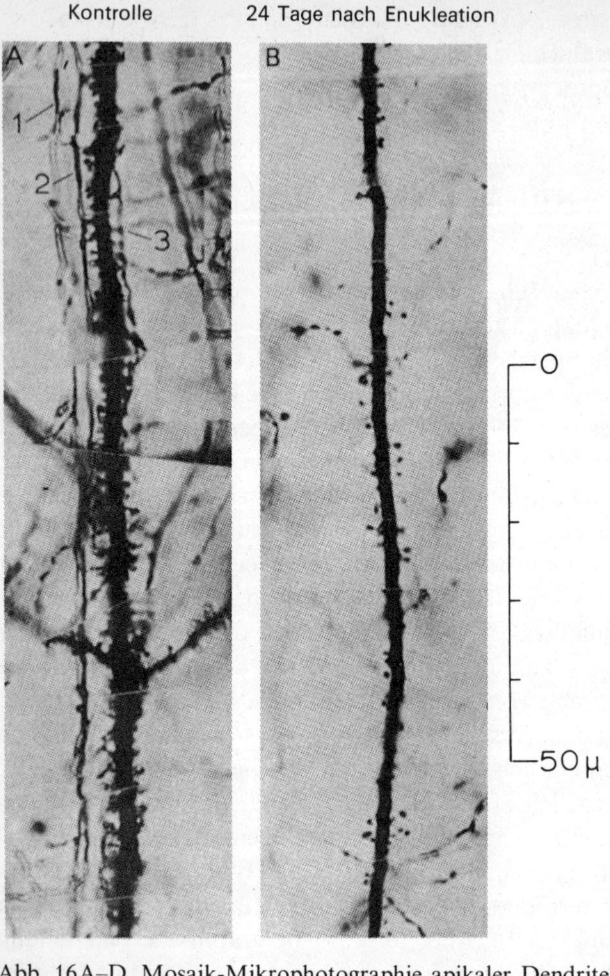

Kontrolle   24 Tage nach Enukleation

Abb. 16A–D. Mosaik-Mikrophotographie apikaler Dendriten von Pyramidenzellen der Area striata einer Maus. A und B sind Bilder von Golgi-Präpara-
ten der Hirnrinde einer 24 Tage alten Maus, der bei der Geburt ein Auge
enukleiert worden war. A stammt von der ipsilateralen, B von der kontralateralen Seite der Enukleation. Beachte die Parallelfasern 1, 2 und 3, die den
Dendriten in A begleiten. C und D entsprechen A und B; die Maus war
jedoch hier 48 Tage alt (VALVERDE, 1968)

Die Experimente von VALVERDE erinnern an die von WIESEL
und HUBEL (1963a, b), die sich mit histologischen und physiologi-

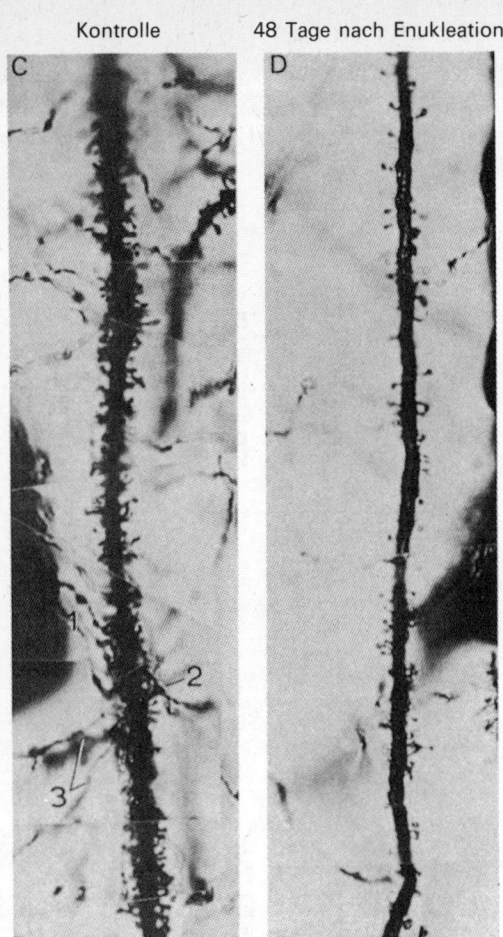

Abb. 16C und D

schen Untersuchungen von Nervenzellen der Sehbahn von jungen Katzen befaßten, deren eines Auge von Geburt an seiner normalen Sehkraft beraubt war. Die Autoren fanden, daß dieser Verlust zu einer Reaktionslosigkeit der Zellen der Sehrinde dieses Auges führte. Es scheint, daß die Verbindungen, die bereits bei der Geburt bestanden, sich zurückgebildet hatten. Trat der Sehverlust zu einem späte-

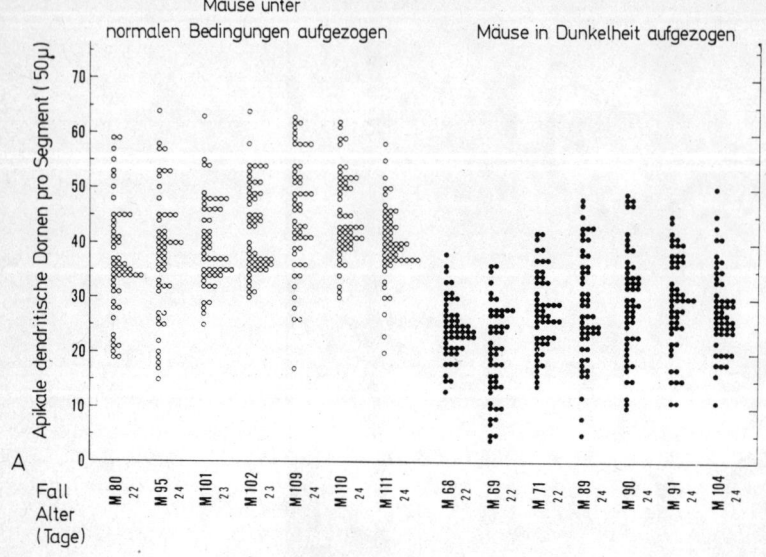

Area striata
Schicht IV

Mäuse unter
normalen Bedingungen aufgezogen   Mäuse in Dunkelheit aufgezogen

A

Fall
Alter
(Tage)

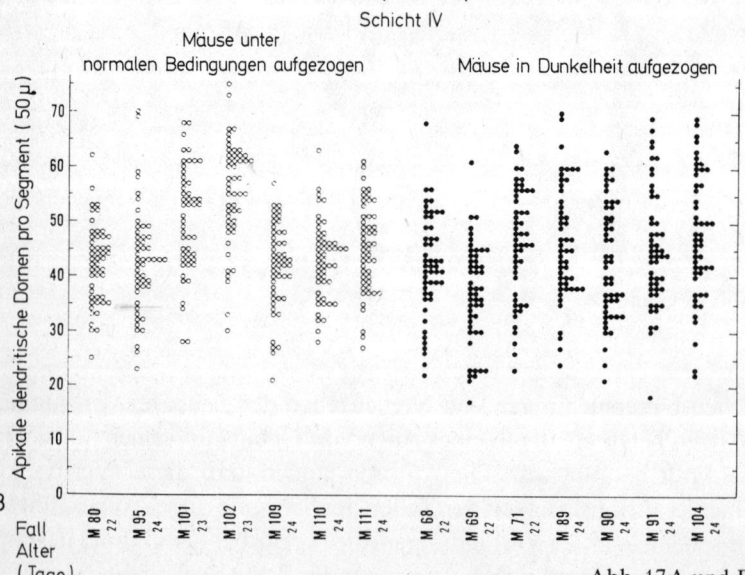

Area temporalis prima
Schicht IV

Mäuse unter
normalen Bedingungen aufgezogen   Mäuse in Dunkelheit aufgezogen

B

Fall
Alter
(Tage)

Abb. 17A und B

ren Zeitpunkt im Leben eines visuell bereits „erfahrenen" Kätzchens ein, wurde dadurch nur eine geringfügige bis gar keine physiologische Veränderung induziert.

Offensichtlich sind die „formbaren" Eigenschaften der Sehbahnen während der ersten Lebenswochen viel stärker ausgeprägt. Diese Befunde stimmen natürlich mit VALVERDEs Experimenten überein, die an sehr jungen Mäusen durchgeführt wurden.

7. Diskussion der Wachstumstheorie des Lernens

Die einfache Vorstellung, daß Nichtgebrauch von spinalen Synapsen zu Rückbildung (vgl. Abb. 18) und übermäßiger Gebrauch zu Hypertrophie führt, ist kritikanfällig, da heute bekannt ist, daß sich auf der höchsten Stufe des Nervensystems fast alle Zellen ständig entladen. Man kann sich deshalb vorstellen, daß unter diesen Umständen eine allgemeine Hypertrophie an den Synapsen auftritt und es auf diese Weise keine Möglichkeit für selektiv-hypertrophische Veränderungen gibt. Ganz offensichtlich kann eine häufige synaptische Erregung kaum eine befriedigende Erklärung für die Synapsenveränderungen sein, die der Lernprozeß mit sich bringt. Solche „erfahrenen" Synapsen wären dazu zu häufig. Diese Kritik ist besonders interessant im Hinblick auf einige neuere Vorschläge, die SZENTÁGOTHAI (1968) und MARR (1969) für das Lernen im Kleinhirn gemacht haben, und die man in MARRs Terminologie die Konjunktionstheorie des Lernens nennen könnte. Dieser Vorschlag ist ganz besonders

Abb. 17A u. B. Anzahl der Dornen pro 50 µ Längen der apikalen Dendriten der corticalen Pyramidenzellen der Maus. In A kennzeichnen die offenen Kreise Beobachtungen in der Area striata von 7 Kontrolltieren und die vollen Kreise Beobachtungen an 7 Mäusen, die in Dunkelheit aufwuchsen. Für jede betreffende Maus wurden die Dornen an 50 Abschnitten der apikalen Dendriten gemessen, die je 50 µ lang waren. Die entsprechende Anzahl ist in der betreffenden Säule wiedergegeben (über der Nummer der Maus). B stellt die Kontrolluntersuchung dar, die ähnliche Messung an den gleichen Tieren betrifft, jedoch an den Dendriten der Pyramidenzelle in der Area temporalis prima (VALVERDE, 1967)

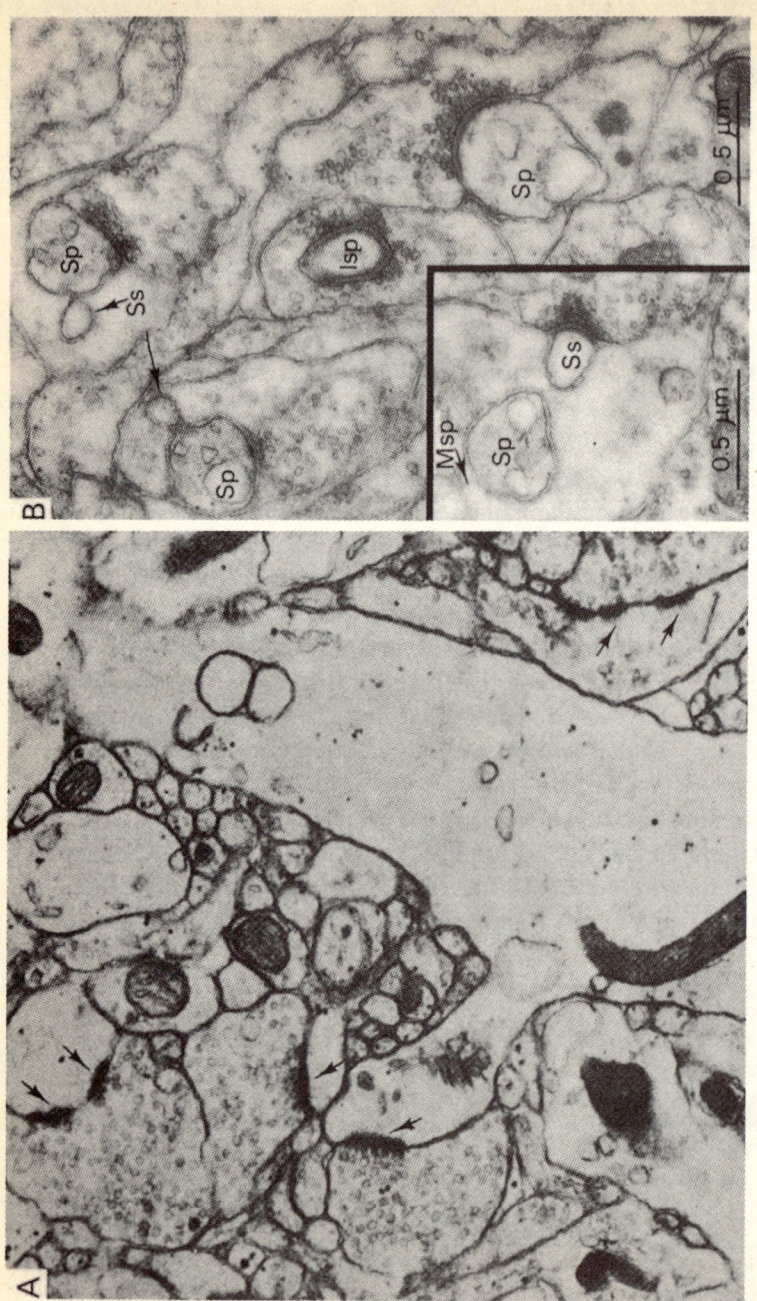

Abb. 18A und B. Elektronenmikroskopische Bilder von Dornsynapsen. In A ist ein großer Dendrit einer Pyramidenzelle der Großhirnrinde einer Katze dargestellt, mit einem Dorn, der eine synaptische Endigung mit runden Vesikeln und dem charakteristisch dichten Bezirk (Pfeil) der aktiven Synapse zeigt. Beachte den Dornapparat auf halber Distanz entlang des Dornes. Andere Dornen mit Synapsen sind durch die übrigen Pfeile angedeutet (COLONNIER, 1968). In B werden dendritische Dornen (Sp) cerebellärer Purkinje-Zellen mit prä-

faszinierend, da er das ansonsten unerklärliche Überlappen zweier vollkommen verschiedener Systeme von Reizzufuhr zum Kleinhirn erklärt: nämlich durch Moosfasern und Kletterfasern (vgl. ECCLES, ITO u. SZENTÁGOTHAI, 1967). Der Reiz der Moosfaser wirkt über die Körnerzellen und Parallelfasern und erregt Purkinjezellen durch Dornen-Synapsen an deren Dendriten. Nach der Konjunktionstheorie gibt es keine Nachwirkungen solch einer synaptischen Aktivierung von Purkinje-Zellen. Findet jedoch eine Konjunktion der Erregung der spinalen Synapse mit einem durch eine Kletterfaser zugeführten Reiz einer Purkinje-Zelle statt, so verbleibt — nach der Konjunktionstheorie — eine erhöhte Leistungsfähigkeit in der Synapse. Man kann sich vorstellen, daß dieser Effekt mit wiederholten gleichzeitig zusammenfallenden Erregungen wächst und länger andauert. Auf diese Weise kann ein bestimmter Weg der Reizzufuhr durch Moosfasern zu einem starken und selektiven Erreger für die so beeinflußten Purkinje-Zellen werden.

Die Konjunktionstheorie des Lernens braucht nicht auf das Kleinhirn beschränkt zu werden, denn es ist heute bekannt, daß die Pyramidenzellen der Großhirnrinde ebenfalls Fasern besitzen, die genauso an ihren apikalen Dendriten entlanglaufen wie die Kletterfasern der Purkinje-Zellen (vgl. Abb. 16A, 1, 2, 3; COLONNIER, 1966; VALVERDE, 1968; SZENTÁGOTHAI, 1969).

Die Art der Aktivierung der zerebralen Kletterfasern ist jedoch noch nicht bekannt.

8. Biochemische Mechanismen im synaptischen Wachstum

Jeder Versuch, den Lernvorgang zu erklären, indem man synaptisches Wachstum mit Aktivierung verbindet, setzt voraus, daß eine geeignete Stoffwechselmaschinerie vorhanden ist, damit die postulierten strukturellen Veränderungen entstehen können. Dazu ist es nötig, die Ergebnisse von HYDÉN (1964) und MORRELL (1961a, 1969) in Erinnerung zu rufen, die besagen, daß Neuronen, die einer übermäßigen Reizung ausgesetzt sind, einen erhöhten RNS-Gehalt aufweisen. Ferner muß man für die synaptische Wachstumstheorie des Lernens postulieren, daß RNS für die Synthese der Proteine verantwortlich ist, die für das Wachstum benötigt werden (vgl. ECCLES, 1966b; STENT, 1967). Dieses postulierte Wachstum wäre jedoch nicht identisch mit dem hochspezifischen chemischen Phänomen, das in HYDÉNs molekularer Theorie des Lernens verankert ist. Die Spezifitäten sind in der Struktur und in den synaptischen Verbindungen der Nervenzellen kodiert, die wiederum in einem unvorstellbar komplexen Muster, das schon während der Entwicklung vorhanden war, arrangiert sind. Von da ausgehend ist alles, was für die funktionelle Entwicklung, die wir „Lernen" nennen, noch nötig ist, das Mikrowachstum bereits vorhandener synaptischer Verbindungen, z. B. der Dornsynapsen der Pyramiden- und

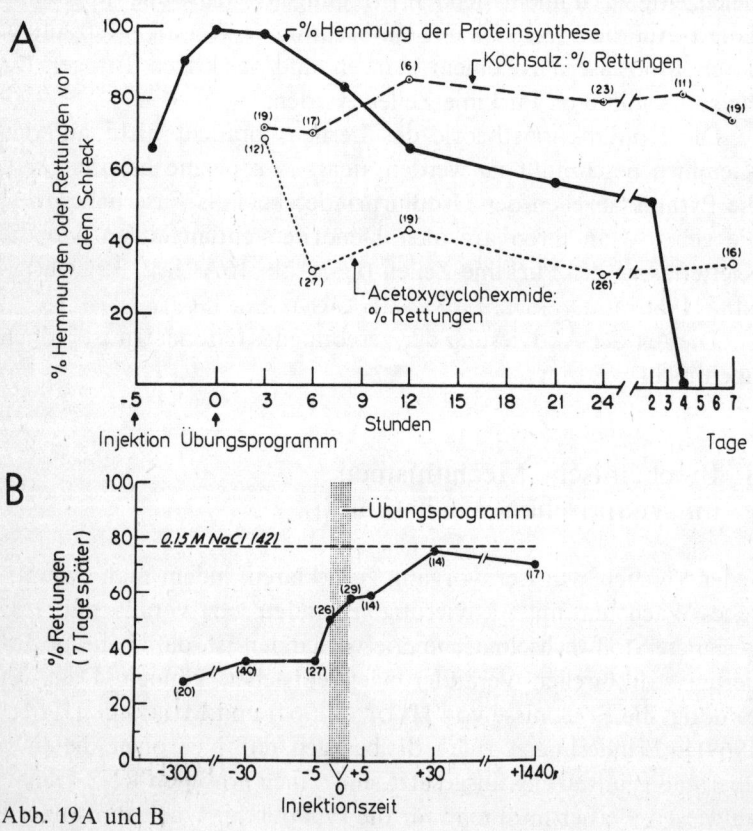

Abb. 19A und B

Purkinje-Zellen (ECCLES, 1966 b). Der Fluß spezifischer Informationen von Rezeptoren zum Nervensystem (vgl. Abb. 6, 7 und 8) resultiert in der Aktivierung spezifischer räumlich-zeitlicher Muster von Impulsentladungen. Die derart aktivierten Synapsen bekommen auf diese Weise eine größere Wirksamkeit. Je öfter also ein spezielles räumlich-zeitliches Muster im Cortex abläuft, umso effektvoller werden die Synapsen im Verhältnis zu anderen. Kraft dieser synaptischen Wirksamkeit werden später ähnliche sensorische Reize die Tendenz haben, entlang den gleichen Neuronenbahnen zu verlaufen und auf diese Weise die gleichen offensichtlichen und psychischen Reaktionen hervorzurufen, wie der ursprüngliche Reiz.

DINGMAN und SPORN (1964) haben einige Experimente zusammengetragen, die eine Verbindung zwischen dem RNS-Gehalt des Nervensystems und der Lernfähigkeit andeuten. Erstens beschreibt

Abb. 19 A. Wirkung einer intrazerebralen Injektion von Acetoxycycloheximid auf die zerebrale Proteinsynthese und auf das Gedächtnis. Mäuse erhielten eine intrazerebrale Injektion von 20 µg Acetoxycycloheximid. 5 Stunden später wurden sie einem Übungsprogramm unterzogen, bei dem sie lernten, durch Wahl des linken Schenkels eines T-Irrgartens bei 3 von 4 aufeinanderfolgenden Malen einem Schock zu entgehen. Die Gruppen wurden zu der auf der Abszisse angegebenen Zeit daraufhin getestet, wie weit sie das Gelernte behalten hatten. Anzahl der Mäuse pro Gruppe in Klammern (BARONDES u. COHEN, 1967)
B. Wirkung der subkutanen Injektion von Acetoxycycloheximid zu verschiedenen Zeiten vor und nach dem Übungsprogramm auf das Gedächtnis. Mäuse erhielten subkutane Injektionen von 240 µg Acetoxycycloheximid zu dem auf der Abszisse in Beziehung zum Übungsprogramm angegebenen Zeitpunkt. Ungefähr 10 Minuten nach der Injektion war eine Hemmung der Proteinsynthese von ungefähr 90 % festzustellen. Das Übungsprogramm — mit 0 markiert — beanspruchte im Mittel 8 Minuten. Die Mäuse wurden 7 Tage später auf Behalten des Gelernten getestet. Die Zahlen in Klammern geben die Anzahl Mäuse pro Gruppe an. Mäuse, die vor oder während 5 Minuten nach Trainingsbeginn mit Acetoxycycloheximid behandelt worden waren, konnten sich alle signifikant weniger häufig vor den Schocks retten als die Kochsalz-Kontrolltiere. Behandlung 5 oder mehr Minuten vor dem Übungsprogramm bewirkte signifikant stärkere Störungen als Behandlung unmittelbar nachher. 30 oder mehr Minuten nach dem Training hatten Acetoxycycloheximid-Injektionen keine signifikante Wirkung mehr auf das Gedächtnis (BARONDES u. COHEN, 1968)

MORRELL (1961a) eine Erhöhung der RNS von Nervenzellen, die einen epileptogenen „Spiegel-Fokus" in der Großhirnrinde bildet, was man als neurophysiologisches Gedächtnismodell ansehen könnte. Zweitens beschreiben DINGMAN und SPORN (1964), daß ein Abfall in funktioneller RNS die Fähigkeit von Ratten, den Weg durch ein unbekanntes Labyrinth zu finden, einschränkt. CHAMBERLAIN, HALICK und GERARD (1963) berichten, daß unter den gleichen Bedingungen die „Fixierung einer Erfahrung" einen längeren Zeitraum benötigt, während eine erhöhte RNS-Konzentration den Fixierungs-Zeitraum verkürzt. Eine Reihe von Arbeiten berichten, daß die Langzeitverabreichung von RNS (Hefe) die Gedächtnisleistung verbessert. Die Wirkungsweise ist jedoch noch unbekannt (vgl. QUARTON, 1967). Es gibt auch eine Reihe von Arbeiten über die Übertragung von Erinnerungen durch Gehirnextrakte, die mit einer RNS-Wirkung erklärt werden. Vermutlich werden diese Effekte jedoch durch einen unspezifischen Mechanismus hervorgerufen (vgl. QUARTON, 1967).

Experimentelle Untersuchungen an Mäusen, die direkt mit der Wachstumstheorie des Gedächtnisses zu tun haben, wurden von BARONDES (1969) berichtet. Im wesentlichen gleiche Resultate wurden von AGRANOFF (1967) an Goldfischen erzielt. Bei Mäusen wird die zerebrale Proteinsynthese durch intrazerebrale oder subkutane Injektion von Cyclohexamid oder von Acetoxycycloheximid auf etwa 5 % ihres Normalwertes reduziert. Direkt nach der Injektion zeigten die Tiere gleichartige Trainingsleistungen wie die Kontrollgruppen, vorausgesetzt sie wurden innerhalb von 3 Stunden nach Abschluß des Trainingsprogramms getestet. Betrug das Intervall jedoch 6 und mehr Stunden, zeigte sich ein großer Gedächtnisverlust. Die gute Leistung innerhalb der ersten 3 Stunden ging offensichtlich auf Kurzzeit-Gedächtnisleistungen zurück, während die Langzeit-Erinnerung stark beeinträchtigt war (Abb. 19A). In einem zweiten Typ von Experiment (Abb. 19B) wurde gezeigt, daß kein Defekt im Langzeitgedächtnis auftrat, wenn die Injektion frühestens 30 Minuten nach Abschluß der Trainingsperiode gemacht wurde und daß, wenn sie vor oder bis zu 5 Minuten nach der Trainingsperiode appliziert wurde, schwere Ausfälle im Langzeitgedächtnis auftraten. Diese Ergebnisse zeigen, daß für das Langzeitgedächtnis eine Proteinsynthese nötig ist und daß diese Synthese praktisch innerhalb von 30 Minuten nach Beendigung der Trainingsperiode abgeschlossen ist.

Auf der Basis der von AGRANOFF (1967) in seinen Goldfisch-Experimenten gelieferten Ergebnisse schlägt BARONDES vor, daß eine Neuronenaktivierung zuerst zu einer RNS-Synthese führt (DROZ u. BARONDES, 1969), die wiederum eine Proteinsynthese einleitet (vgl. GLASSMAN, 1969). Diese Arbeit bringt hervorragende experimentelle Beweise für die Wachstumstheorie des Lernens. Sie deutet überdies an, daß die Proteinsynthese durch neu synthetisierte Messenger oder ribosomale RNS eingeleitet wird, eine These, die wiederum mit HYDÉNs (1959, 1964, 1967) experimentellen Befunden in Einklang stünde. In Wechselbeziehung dazu stehen die Befunde von MORRELL (1961a, 1969), die zeigen, daß es zu einer RNS-Erhöhung im „Spiegel-Fokus" einer epileptogenen Läsion der Großhirnrinde kommt, die vermutlich durch ein ausgedehntes Impulsbombardement entsteht, das von der epileptogenen Läsion über das Corpus callosum weitergeleitet wird.

9. Das Engramm und seine Aktivierung

Wir haben gesehen, daß das Langzeitgedächtnis von einer fortdauernden Steigerung der synaptischen Leistung abhängt, die in einem spezifischen Neuronenmuster aufgebaut wurde und die von einem initialen sensorischen Reiz ausging. Man mag mit HEBB (1949) vermuten, daß eine signifikante synaptische Veränderung einen vielfach wiederholten Impulskreis durch ein spezifisches Neuronenmuster verlangt. In diesem Zusammenhang ist von Bedeutung, daß eine Erfahrung nicht erinnert werden kann, wenn ein Gehirntrauma (Commotio cerebri oder Elektroschock) bis zu 20 Minuten danach gesetzt wird. Allerdings ist nur ein Teil dieser retrograden Amnesie durch den Ausfall reverberierender Impulse bedingt. Sie ist nämlich viel kürzer, wenn die Gehirnaktivität durch eine schnell wirkende Anästhesie blockiert wird. Man könnte vermuten, daß die Ausbildung von Synapsen einige Zeit nach dem Aufhören der reverberierenden Erregung weiterbesteht und daß das Gehirntrauma diesen Ausbildungsprozeß blockiert.

Bedingt durch die andauernde Steigerung der Synapsenleistung haben bestimmte Wirkungsmuster neuronaler Aktivität die Tendenz, durch eine besondere prädisponierte oder auslösende Neuronenaktivität und/oder exzitatorische afferente Reize hervorgerufen zu werden. Man könnte sagen, daß das Gedächtnisbild „erlebt" wird, während sein spezifisches räumlich-zeitliches Muster im Cortex abläuft. Man könnte also postulieren, daß die anfängliche Leistungsentwicklung in gewissen synaptischen Knotenpunkten eine Folge des ursprünglichen Ereignisses ist, das erinnert wird. Diese Leistung wird erhalten und sogar mit jedem folgenden „Abspielen" im Gehirn (und Erinnern mit dem Verstand) erhöht.

Das physiologische Äquivalent zum Gedächtnis ist der bedingte Reflex, der nach GASTAUT (1958) und JASPER, RICCI und DOANE (1958) charakteristische Veränderungen im Elektroenzephalogramm bewirkt. Diese Veränderungen werden oft über großen Gebieten des Cortex beobachtet und sind vermutlich bedingt durch räumlich-zeitliche Muster von Neuronenaktivierungen, die sich über spezifische speziell ausgebildete Bahnen weit über den Cortex ausbreiten.

Diese Postulate über Engramme korrespondieren gut mit eigenen Erfahrungen von Erinnerungsbildern. Die weitaus beste Auslösesituation erwächst durch eine eng verwandte Erfahrung. Die resultierenden räumlich-zeitlichen Muster zeigen dann die Tendenz, dem ursprünglichen „erstarrten" Muster sehr ähnlich zu sein. Also ist die Bühne frei für den Auftritt und das Wiederablaufen dieses alten Musters, wie es z. B. in Abb. 12 für das graue, nicht aber für das schwarze Muster gezeigt ist. Unter weniger günstigen Umständen werden wir versuchen, uns eines Bildes durch Gedächtnistricks zu erinnern, indem wir absichtlich spezifische sensorische Reize oder Gedankengänge benutzen. Wie oft benutzen wir diese Techniken, um uns an etwas zu erinnern, und wie gewandt bedienen wir uns ihrer! Beispiele dafür wären Versuche, sich einer Melodie, eines visuellen Bildes, eines Namens oder eines Ereignisses zu erinnern. Wir sind uns alle der Macht bestimmter prädisponierender Bedingungen bewußt. Die Sprache — gleichgültig ob gesprochen oder geschrieben — ist in dieser Hinsicht von überwältigender Wichtigkeit, die mit zunehmender Bildung und kultureller Entwicklung noch wächst. Auf diese Weise lernen wir, die Bilderwelt von

Dichtern und Künstlern stellvertretend zu erleben. Poesie ist ein besonders eindrucksvolles Medium für die Übermittlung einer Vorstellungswelt, die Zeit und Raum durcheilt und die alle jene anspricht, die sich dazu erzogen haben, in ihrem Cortex Engramme zu haben, die in Harmonie mit den kortikalen Mustern stehen, die durch das Lesen oder besser noch Hören einiger besonders erinnerungsträchtiger Verse von neuem erweckt werden. Der Gebrauch des Wortes „trächtig" ist beweisend für die Kenntnisse, die wir vom Reichtum der Bildersprache haben.

10. Zusammenfassung

Man kann diese Diskussion über die strukturelle Basis des Gedächtnisses zusammenfassen, indem man sagt, daß die Erinnerung an irgendein Ereignis von einer spezifischen Reorganisation neuronaler Assoziationen (Engramm), in einem riesigen Neuronensystem, das sich weit über die Großhirnrinde und die subkortikalen Gangliensysteme erstreckt, abhängt. LASHLEY (1950) hat überzeugend argumentiert, daß „die Mitwirkung von buchstäblich Millionen von Neuronen" für den Rückruf jeder Erinnerung benötigt wird. Seine experimentellen Untersuchungen über den Effekt kortikaler Läsionen auf das Gedächtnis zeigen, daß jede Erinnerungsspur (Engramm) im Cortex mehrfach vorhanden ist. LASHLEY glaubt ferner, daß kein kortikales Neuron ausschließlich zu einem bestimmten Engramm gehört, sondern daß im Gegenteil jedes Neuron und sogar jeder synaptische Knotenpunkt in viele Engramme eingebaut ist (vgl. Abb. 10, 12). Wir haben außerdem gesehen, daß die systematische Untersuchung der Reaktionen individueller Neurone im Cortex und den subkortikalen Nuclei viele Beispiele für diese multiple Wirkungsweise liefert. Außerdem haben psychologische, anatomische und biochemische Untersuchungen den Nachweis für die postulierte Plastizität einiger Synapsentypen, für ihre Bildung durch Gebrauch und Rückbildung durch Nichtgebrauch geliefert. Diese neueren Erkenntnisse sind eine eindrucksvolle Bestätigung der ursprünglichen Postulate über die synaptische Wachstumstheorie des Lernens.

IV. Das erfahrende Selbst[1]

1. Das Konzept des Selbst

Zuerst werde ich zu Ihnen ganz allgemein über den Titel dieser Vorlesung sprechen. Und während ich dies tue, möchte ich, daß jeder von Ihnen gemeinsam mit mir den Versuch unternimmt, die Bedeutung dessen, was ich zu sagen versuche, zu verstehen und auf sich selbst anzuwenden. Wenn Sie das mit mir gemeinsam tun, dann werden wir eine Art gedanklichen Dialogs führen, so daß meine in Worte gefaßten Gedanken Ihnen Gedanken eingeben, die mit meinen parallellaufen. Sie werden dann nicht meine Zuhörer, sondern meine Mitarbeiter in diesem gemeinsamen Bestreben sein, eine Erklärung für das zu finden, was den Mittelpunkt unseres Wesens bildet: nämlich das erfahrende Selbst. Wir wollen sehen, wie weit wir die Frage: Was bin ich?, beantworten können. Das ist eine Frage, die jeder von uns sich fragen kann und die einem unerschrockenen Blick in unser Inneres gleichkommt — eine Haltung, die als subjektiv und introspektiv bezeichnet wird.

Ich bin nicht der einzige, der diese Frage stellt und sie zu beantworten versucht. Der Physiker SCHRÖDINGER (1951), der den Nobelpreis für seine Wellenmechanik bekam, schrieb z. B. in seinem Buch "Science and Humanism":

> „Wer sind wir? Die Beantwortung dieser Frage ist nicht nur eine, sondern *die* Aufgabe der Wissenschaft."

---

[1] Dies ist der Text einer Vorlesung, die am 12. 1. 1968 vor einer großen Hörerschaft von Studenten des Gustaphus Adolphus College, St. Peter, Minnesota, gehalten wurde. Diese "Fourth Annual Nobel Conference" stand unter dem Motto „Die Einzigartigkeit des Menschen". Die Originalform des Vorlesungstextes wurde beibehalten und der Text ist fast identisch mit dem der Kongreß-Publikation (ECCLES, 1969a).

Diese Aussage wäre von SHERRINGTON, dem Begründer der modernen Neurophysiologie, unterstützt worden und viele andere Wissenschaftler würden zustimmen. Ich erwähne nur EUGENE WIGNER, CYRIL HINSHELWOOD und MICHAEL POLANYI.

Ich habe mich entschlossen, zu Ihnen über die Philosophie der Person zu sprechen, denn ich habe den Wunsch, alles was in meiner Macht steht zu tun, um der Menschheit den Sinn für das Wunder und Geheimnis wiederzugeben, das aus dem Versuch entsteht, die Realität unserer Existenz als bewußte Wesen zu meistern. Zu oft hören wir die Behauptung, daß der Mensch nichts weiter als ein kluges Tier sei, das rein materiell vollständig erklärbar sei. Dann wieder wird uns erzählt, daß der Mensch nichts als eine extrem komplizierte Maschine sei und daß Computer bald mit ihm um die Herrschaft als die komplexeste existierende Maschine wetteifern werden und daß sie Leistungen bieten werden, die den Menschen auf allen wichtigen Gebieten übertreffen werden. Ich möchte solche dogmatische Behauptungen bezweifeln und Sie soweit bringen, daß Sie sich bewußt werden, wie überwältigend das Geheimnis der Existenz eines jeden von uns ist.

Meine Ansicht über bewußte Wahrnehmung basiert in erster Linie auf den direkten Wahrnehmungen meines Selbst-Bewußtseins. Ich möchte, daß Sie begreifen, daß diese meine Ausgangsposition im Hinblick auf mein eigenes Bewußtsein von jedem von Ihnen im Hinblick auf sein eigenes Selbst-Bewußtsein angenommen werden muß. Ich bin mir darüber im klaren, daß eine derartige philosophische Haltung oft kritisiert wird, denn es wird behauptet, daß sie zur ausschließlichen Beachtung der eigenen bewußten Wahrnehmung führt — eine Haltung, die Solipsismus genannt wird. Zu Beginn jedoch möchte ich, daß jeder das Problem dieser Vorlesung auf diese Weise angeht. Dann wird schnell offensichtlich werden, daß wir uns von diesem eingeschränkten Gesichtswinkel wegbewegen zu einer umfassenderen Betrachtungsweise, in der wir die Existenz anderer bewußter Selbst erkennen. Dieses Erkennen schafft auf natürliche Weise die Basis des Zusammenlebens und ist die Verneinung des Solipsismus.

Sie werden erkennen, daß jeder von uns mit Hilfe des Gedächtnisses sein Leben in eine Art Kontinuität innerer Erfahrung verwebt hat. Das meinen wir, wenn wir von einem Selbst oder einer Person sprechen. Es schließt eine Anerkennung von Einheit und Identität durch alle vergangenen Veränderungen ein. Wir besitzen natürlich keine Kontinuität der bewußten Erfahrung. Die Kontinuität wird jedesmal unterbrochen, wenn wir schlafen gehen oder das Bewußtsein auf eine unangenehmere Art verlieren. Aber wir erwachen nach jeder Periode der Bewußtlosigkeit, erkennen dank unseres Gedächtnisses unsere Kontinuität mit dem Ich des vergangenen Tages und verlängern die Kette unserer Erfahrungen. Ist es nicht eine seltsame Erfahrung, daß wir beim morgendlichen Erwachen uns erst langsam bewußt werden, daß wir uns in demselben Raum befinden, in dem wir am vorhergehenden Abend das Bewußtsein verloren? Auf diese Weise überbrücken wir die Perioden der Bewußtlosigkeit und identifizieren uns mit der Person, die am vorhergehenden Abend zu Bett ging. Es ist das gleiche Ich, das zu einem neuen Strom von Bewußtsein eines neuen Tages erwacht.

Der Titel dieser Vorlesung „Das erfahrende Selbst" bezieht sich auf das zentrale Thema dieser Konferenz, die Einzigartigkeit des Menschen. Der Mensch ist ohnegleichen, denn er allein hat es soweit gebracht, seine Existenz als Ich zu erkennen. Das bildet für jeden von uns den Mittelpunkt unserer Erfahrung als bewußte Wesen und ist auf dem reichen und faszinierenden Teppich der Erinnerungen gebaut, der aus den Erfahrungen eines Menschenlebens gewoben ist. Natürlich leben wir normalerweise ziemlich oberflächlich dahin und — vielleicht erfreulicherweise — durchforschen nicht sehr oft unsere eigene Tiefe durch Introspektion. Das tun wir aber sicherlich in Lebenskrisen. Sehr viele Leistungen großer Literaten gehen auf solche Vorfälle zurück, wie z. B. die Monologe in Shakespeare's Dramen, besonders im Hamlet. In „Sein oder Nichtsein, das ist die Frage" drückt sich z. B. eine betont introspektive Erforschung des Selbst aus.

Sie werden auch das Konzept des Selbst im Gebrauch der Worte „selbstsüchtig" und „selbstlos" erkennen. Am einen Ende des Spektrums denken wir an Beispiele, in denen ein Individuum unablässig nur nach seinem eigenen Profit und Vorwärtskommen trachtet. Seine Beziehungen sind auf zwei Klassen reduziert: die Gruppe derer, die seinem Ehrgeiz dienen, die Bauern im Spiel der Lebenskunst;

und die Gruppe derer, die ihm potentiell gefährlich werden könnten (seine vermeintlichen Gegner), oder die, die seinem geplanten Aufstieg im Wege stehen. Der norwegische Bildhauer VIGELAND hat diesen Kampf der Menschheit in einer großen Säule dargestellt, die buchstäblich aus menschlichen Leibern besteht, einige niedergetrampelt, andere, die die Säule aus Menschen bis zur Spitze erklimmen. Das andere Extrem sind die Selbstlosen, die buchstäblich nicht am Spiel der Lebenskunst teilnehmen. Sie sind die wahren Sanftmütigen und Demütigen des Evangeliums. Man sollte sie nicht verwechseln mit ihren Nachahmungen, die von C. S. LEWIS so gut beschrieben werden: „Sie ist eine von jenen, die gerne für andere lebt. Man erkennt die anderen an ihrem gehetzten Gesichtsausdruck".

2. Bewußte Erfahrung

So lassen Sie mich nun mit der Erfahrung beginnen, daß jeder von uns eine Art innere Erleuchtung besitzt, von der Professor DOBZHANSKY in seiner Vorlesung sprach (1969). Ich erkläre kategorisch, daß diese bewußte Erfahrung alles ist, womit ich für die Aufgabe ausgestattet wurde, mich selbst zu erkennen, und das gilt gleichermaßen für jeden von Ihnen. Außerdem möchte ich behaupten, nur durch und mit Hilfe meiner bewußten Erfahrungen lerne ich eine Welt von Dingen und Ereignissen kennen und kann dann mit dem Versuch beginnen, sie zu verstehen, wie ich es z. B. in meiner Arbeit als Wissenschaftler tue. All dies ist wiederum wahr für jeden von Ihnen und für alles, was Sie in Ihrem eigenen Leben tun.

Während ich die Wichtigkeit dieser bewußten Erfahrung herausarbeite, möchte ich aus der kürzlich gehaltenen Vorlesung "Two Kinds of Reality" von EUGENE WIGNER (1964) zitieren. Diese Zitate erläutern, wie wichtig und dringend das Problem des Bewußtseins für einen der hervorragendsten theoretischen Physiker der heutigen Welt ist. Ich zitiere: „Es gibt zwei Arten von Realität oder Existenz — die Existenz meines Bewußtseins und die Realität oder Existenz alles anderen. Diese letztere Wirklichkeit ist nicht absolut, sondern relativ. Abgesehen von unmittelbaren Sinneseindrücken ist der Inhalt meines Bewußtseins, wie ist alles andere konstruiert: nur sind einige Konstruktionen näher, andere weiter von direkten Sinneseindrücken entfernt."

Sie sehen an diesem Zitat, daß all das, was wir materielle Welt nennen, die Konstruktion, so von WIGNER betrachtet wird, als sei es eine Realität zweiter Ordnung im Gegensatz zur absoluten Realität unserer bewußten Erfahrungen, und er erweitert dieses Thema im Laufe seiner Vorlesung. WIGNER fährt fort:

> „Wie ich sagte, ist unsere Unfähigkeit, unser Bewußtsein adäquat zu beschreiben, ein befriedigendes Bild von ihm zu geben, das größte Hindernis für die Gewinnung eines abgerundeten Weltbildes".

Ich möchte das Konzept des Vorranges unserer bewußten Erfahrung durch das Zitat eines anderen hervorragenden Wissenschaftlers unterstreichen. Sir CYRIL HINSHELWOOD (1962) sagt in seiner Vorlesung "The Vision of Nature":

> „Die Wirklichkeit der inneren Welt zu verneinen, ist eine glatte Ablehnung all dessen, was unmittelbar im Dasein ist: ihre Bedeutung zu verkleinern heißt, den Zweck des Lebens zu vermindern; es als ein Produkt natürlicher Auswahl wegzuerklären, ist ein schlichter Trugschluß."

3. Die Welt der Sinneswahrnehmungen

Nur durch Sinneswahrnehmungen wie Sehen, Hören und Berührung lerne ich die äußere Welt von Dingen und Ereignissen kennen. Es ist eine Welt, die anders als das Selbst meiner bewußten Erfahrungen ist. Es wird Sie verwundern, mich sagen zu hören, daß ein besonderer Teil dieser äußeren Welt mein eigener Körper ist, den ich nur durch Sinneserfahrungen wie Sehen und Berühren kennenlerne. Auf die gleiche Weise lerne ich unzählige andere menschliche Körper kennen, die zu Ichs wie mein eigenes Ich zu gehören scheinen.

Das ist natürlich so selbstverständlich, daß es Ihnen als eine abgedroschene Behauptung erscheinen mag. Es ist nichtsdestoweniger von großer Bedeutung, da es mich dazu führt, an die Existenz anderer Personen oder Ichs zu glauben, die mir ähneln und die Körper und bewußte Erfahrungen haben. Es führt zur Ablehnung des Solipsismus. Von den frühesten Tagen unserer Kindheit an haben wir gelernt, mit anderen Ichs Nachrichten auszutauschen durch alle Arten von Bewegungen und Signalen. Im Kleinkindesalter tun wir das z. B. mit Gesten, mit fortschreitendem Lernprozeß gebrauchen wir die Sprache und das geschriebene Wort. Später lernen wir uns noch kultivierterer und kunstreicherer Kommunikationsarten zu bedienen, wie die gemeinsame Freude an ästhetischen Empfindungen und Vorstellungen, die sogar Worte als zu grob erscheinen lassen.

Das führt uns in die Welt der Kommunikation durch künstlerisches Gestalten und gemeinsame Wertschätzung. Ganz gleichgültig aber, wie innig unsere Bindung an eine geliebte Person ist, bleiben wir doch auf eine herzzerreißende Art von ihr getrennt. Wir sind von irgendeiner Bewegung, wie z. B. Sprache oder Geste abhängig, die beim Partner eine Sinneserfahrung hervorruft. Niemals scheint es eine direkte Verbindung von einem bewußten Ich zu einem anderen zu geben. Zumindest möchte ich sagen, daß die direkte Gedankenübertragung, wie sie für die Telepathie postuliert wird, ein sehr ungenügendes Kommunikationsmittel zwischen zwei Ichs zu sein scheint. Ich lehne die Möglichkeit der Telepathie nicht ab, doch glaube ich auch nicht, daß sie bewiesen ist. Wir brauchen weitere genaue Untersuchungen auf diesem sehr schwierigen wissenschaftlichen Gebiet.

Auf diese Weise kommen wir zu dem Glauben, daß es eine Welt von Ichs gibt, von denen jedes die Erfahrung gemacht hat, in einem Körper zu leben, der in einer materiellen Welt existiert, die aus unzähligen Körpern gleicher Art, einer ungeheuren Ansammlung anderer lebender Formen und einer Unendlichkeit toter Materie besteht. Ich stimme mit WIGNER (1964) darin überein, daß diese materielle oder gegenständliche Welt den Status einer abgeleiteten oder Realität zweiter Ordnung hat.

Ich werde nun zwei Fragen stellen: Was weiß ich von dieser materiellen Welt, in die ich sogar meinen eigenen Körper einschließen muß, und: wie weiß ich, daß sie nicht nur in meiner bewußten Erfahrung existiert?

Wenn ich einen mir unbekannten Raum, wie z. B. diesen Hörsaal ansehe, bin ich ziemlich sicher, daß ich seine Dimensionen schätzen und diese visuelle Schätzung durch eine effektive Untersuchung verifizieren kann. Natürlich könnte meine visuelle Erfahrung von Pseudoräumen, wie AMES sie gebaut hat, in die Irre geführt werden. Diese Räume sind so entworfen, daß sie den Beobachter verwirren, wenn er sie von einer bestimmten Position aus betrachtet. Aber sonst — bei normalen Räumen — kann ich fragen: Wie kann ich ihre geometrische Gestaltung erkennen, wenn ich mich nur nach meinem Sehvermögen richten kann?

Die allgemein gültige Erklärung ist, daß ich auf meiner Retina ein Abbild habe, das durch Nervenimpulse in die ungefähr eine Million einzelnen Nervenfasern jedes meiner Sehnerven geleitet wird und daß die Information, die auf diese Weise zum visuellen Cortex meines Gehirns gelangt, bestimmte Aktivitätsmuster auslöst, die durch die Aktivität von Nervenzellen in Raum und Zeit gewoben wurden. Auf eine mysteriöse Weise wird dieses Muster in Erfahrungen verwandelt, die in den Raum projiziert werden, und siehe da, da ist das Zimmer, das ich betrachte. Diese Erklärung ist jedoch nur teilweise wahr. Was wir sagen können ist, wenn eine spezifisch geartete Aktivierung der Nervenzellen meines Gehirns stattfindet, mache ich die bewußte Erfahrung, die auf irgendeine Weise von diesen spezifischen Ereignissen erzeugt worden ist. So entsteht das Problem: wie kann dieses zerebrale Aktivitätsmuster mir ein gültiges Bild der Außenwelt vermitteln?

Normalerweise wird dieses Problem im Zusammenhang mit visueller Wahrnehmung diskutiert, von der man annimmt, daß sie eine angeborene Eigenschaft des Nervensystems sei. Dabei ist im Gegenteil die visuelle Welt eine Interpretation retinaler Daten, die durch Assoziation mit Informationen von Sinnesorganen, besonders von Muskeln, Gelenken und vom Innenohr erlernt wurde und die das Endprodukt einer langjährigen Anstrengung progressiven Lernens durch Erfahrung ist (vgl. DEWEY, 1898).

Mir gut geübtem Erwachsenen fällt es schwer zu begreifen, daß mein frühester Lernvorgang im Kinderbett durch die Bewegung meiner Glieder und der visuellen Beobachtung stattfand. Und danach wurde das Gebiet kinästhetischer und visueller Erziehung durch Krabbeln, Gehen und andere Arten von Eigenbewegung bereichert, so daß meine Beobachtungssphäre fortwährend erweitert wurde. Auf diese Weise kannte ich die Dimensionen eines visuell erfaßten Raumes, weil ich während verschiedener Stadien meines Lebens durch ähnliche Räume gekrabbelt, getappt, gegangen bin, sie erfühlt habe und so meine visuellen Beobachtungen auf kinästhetische Erfahrungen aufbauen konnte. Das gleiche gilt natürlich auch für Sie. Ich schätze Entfernungen und Raum als Entfernung und Richtung, die bereist werden könnten, wenn ich es so wollte. Auf diese Weise ordne ich die Welt um mich herum an. Daher ist meine dreidimensionale Begriffswelt im Grunde genommen eine „kinästhetische Welt". Sie wurde anfangs vom Kinderbett begrenzt, danach wurde sie im Hinblick auf Spielraum und Feinheit enorm erweitert. Die Lernprozesse der frühen Kindheit sind größtenteils in Vergessenheit geraten, aber ich kann mich sowohl an viele frühe Versuche, Entfernungen und Größen zu schätzen, als auch an die Fehlurteile erinnern, die mir unterliefen, wenn ich mit fremden Landschaften und Seelandschaften konfrontiert wurde, in denen bekannte Anhaltspunkte fehlten.

Glücklicherweise brauche ich mich nicht nur auf Erinnerungen aus der Kindheit zu verlassen. In seinem Buch "Space and Sight" zitiert VON SENDEN (1960) viele wohldokumentierte Berichte von Erwachsenen, die — nach der Entfernung angeborener Katarakte — zum erstenmal strukturierte Bilder erlebten. Sie erzählten, daß ihre anfänglichen visuellen Erlebnisse bedeutungslos gewesen seien und in gar keiner Beziehung zu den Raumvorstellungen standen, die sie sich durch Tasten und Bewegung aufgebaut hatten. Es bedurfte vieler Wochen — Monate sogar — ununterbrochener Anstrengungen, um aus visuellen Erfahrungen eine Begriffswelt zu bauen, die ihrer „kinästhetischen Welt" entsprach und in der sie sich in der Folge mit Vertrauen bewegen konnten.

Eine weitere Illustration dafür, wie der Lernprozeß die Interpretation visueller Informationen beeinflussen kann, sind STRATTONS (1897) Experimente. In diesen Versuchen wurde ein Linsensystem vor einem seiner Augen angebracht (das andere Auge war abgedeckt), so daß das Bild auf der Retina umgekehrt zur normalen Richtung erschien. Mehrere Tage lang war seine visuelle Welt hoffnungslos durcheinandergebracht. Da alles umgekehrt erschien, entstand der Eindruck von Unwirklichkeit. Auch waren die Bilder für das Verstehen und Manipulieren von Gegenständen nutzlos. Aber als Resultat einer acht Tage andauernden ständigen Anstrengung konnte er die visuelle Welt wieder korrekt erahnen, so daß sie wiederum ein verläßlicher Führer für Manipulationen und Bewegungen wurde. Es gibt mehrere experimentelle Bestätigungen für STRATTONs außerordentliche Befunde und viele zusätzliche Beobachtungen, besonders die von KOHLER (1951). Personen mit invertierten Retinabildern haben sogar gelernt Ski zu fahren, was eine sehr genaue Korrelation von visuellen und kinästhetischen Erfahrungen voraussetzt[2].

Diese und viele ähnliche Beobachtungen zeigen, daß als Folge eines aktiven Lernprozesses die Vorgänge im Gehirn, die durch sensorische Information von der Retina hervorgerufen worden sind, so interpretiert werden, daß sie ein gültiges Bild der äußeren Welt geben, die durch Fühlen und Bewegung erahnt werden kann. Das heißt, meine Welt visueller Wahrnehmungen wird zu einer Welt, in der ich mich wirklich bewegen kann. Es ist wichtig, zu erkennen (TEUBER 1966), daß wir nicht von einem lockeren Kaleidoskop von Erfahrungen lernen, sondern viel mehr von etwas, was man als „teilnehmendes Lernen" bezeichnen könnte. Diese Begriffswelt ist übrigens viel synthetischer als wir uns das vorstellen. Zum Beispiel

---

[2] Es ist darauf hinzuweisen, daß HARRIS (1965) Belege dafür beigebracht hat, die nach seiner Meinung zeigen, daß bei Prisma-Desorientierungsversuchen der Gesichtssinn die Kinästhesie vollständig überwiegt. Diese dogmatische und ausschließende Interpretation einer Fülle neuer experimenteller Daten wurde kritisiert, indem darauf hingewiesen wurde, daß die Kompensation einer Prisma-Desorientierung die adaptive Wiedereinstellung visueller und kinästhetischer Daten erfordert (TAUB, 1968). Als Neurophysiologe stimme ich der Auffassung bei, daß im Gehirn eine Koordination sämtlicher sensorischer Impulse und eine Reaktion stattfindet, die durch den einen oder anderen verhältnismäßig überwiegen kann, je nach den Erfordernissen der Situation, der das Subjekt gegenübersteht. Zudem sind alle diese Reaktionen tastend und ständiger Korrektur durch dynamische Rückkopplungsvorgänge im Gefolge aller bedeutungsvollen sensorischen Impulse unterworfen, wobei eine Rückkopplungszeit von ungefähr 0,1 Sekunde für zielgerichtete Bewegungen besteht (ECCLES, 1970a). Die Bestrebungen von HARRIS (1965) sind nicht gerechtfertigt, die künstlichen Bedingungen von Prisma-Verzerrungsversuchen bei Erwachsenen zu der Forderung zu extrapolieren, daß beim Kinde „propriozeptive Wahrnehmung von Körperteilen (und deshalb der Lage von betasteten Objekten) sich mit Hilfe angeborener visueller Wahrnehmung entwickelt und nicht umgekehrt".

bleibt sie normalerweise fixiert und stabil, wenn die Bilder auf der Netzhaut durch natürlich auftretende Körper-, Kopf- oder Augenbewegungen in die verschiedensten Richtungen verschoben werden. Das ist hingegen nicht der Fall, wenn das Auge durch einen seitlichen oder von unten auf das Augenlid ausgeübten Druck bewegt wird. Sie können das jetzt gleich an sich ausprobieren, so daß Sie selbst den Unterschied zwischen natürlichen und künstlich erzeugten Augenbewegungen feststellen können.

Die kinästhetische Information aus all diesen natürlichen Bewegungen, wie auch die sensorischen Informationen von den Rezeptoren des Innenohres für die Orientierung im Raum, werden mit der retinalen Information integriert. Das Wirken dieser automatischen Korrekturvorrichtung für die visuelle Wahrnehmung kann man am besten würdigen, wenn Funktionsstörungen am Innenohr vorliegen. Dann nämlich kommt es zu starken Bewegungen der visuell empfundenen Welt, was wiederum zu Schwindelgefühlen führt.

Normalerweise nehmen wir an, daß wir die visuelle Welt objektiv empfinden, so wie sie wirklich existiert, in drei Dimensionen und mit all ihren Eigenschaften von Farbe, Form und Struktur. Auf Grund dieser Haltung von naivem Realismus betrachten wir unsere bewußten Erfahrungen als subjektiv, persönlich und abgeleitet. Wie ich oben jedoch darlegte, ist das Gegenteil der Fall. Die wesentlichen Dinge sind unsere eigenen bewußten Erfahrungen. Solche begriffliche Erfahrungen entstehen durch die kodierte Information, die von unseren Sinnesorganen an das Gehirn weitergeleitet wird, wo sie räumlich-zeitliche Aktivierungsmuster in den Gehirnzellen erzeugt, die wir ein ganzes Leben lang zu interpretieren lernen, so daß wir ein gültiges Bild der Welt in der wir leben, geben können. Das Kriterium der Gültigkeit ist, daß wir in der Lage sind, in dieser Welt mit Sicherheit und Erfolg zu agieren. Wir vergessen z. B. leicht die unglaublichen Lernanstrengungen, die uns in die Lage versetzen ein Auto zu fahren, es bei hoher Geschwindigkeit durch dichten Verkehr zu manövrieren, Entfernungen, Richtungen, Dimensionen sofort richtig zu schätzen und entsprechend mit Geschick und Finesse zu handeln, wie wir es z. B. auch beim Spielen tun.

Deshalb können wir jetzt zum Anfang unserer Geschichte zurückkehren, mit dem Wissen, wie die Außenwelt mit Hilfe unserer sensorischen Mechanismen, den Rezeptororganen und ihren Bahnen zum Gehirn begriffen werden kann. Wir können uns außerdem im Hinblick auf die Interpretation unserer sensorischen Erfahrung miteinander in Verbindung setzen und entdecken, daß wir zu einem sehr großen Teil in unseren Interpretationen, die uns das geben, was wir objektive Welt nennen, übereinstimmen.

Der Grad der Übereinstimmung wird vielleicht am besten gewürdigt, wenn man sich auf Situationen bezieht, in denen keine Übereinstimmung bestand. Zum Beispiel unterscheiden sich viele Leute in ihrer Interpretation von Farbe, und wir klassifizieren sie entweder als farbenblind oder als mit einem mangelhaften Farbsinn begabt. Ähnlich beobachten wir eine „Geschmacksblindheit" (wenn man es so nennen kann), vieler Leute gegenüber einer Substanz, Phenylthiocarbamid, die ungefähr von 75% als sehr bitter und von 25% als geschmacklos empfunden wird und „Geruchsblindheit" bei ca. 18% der männlichen Bevölkerung, wenn die extrem giftige Substanz Cyanwasserstoff als Testsubstanz benutzt wird (vgl. HUXLEY, 1962).

Wiederum erfährt jemand, der unter dem Einfluß halluzinogener Drogen — wie z. B. Meskalin oder LSD — steht, eine unendliche Bilderwelt, die andere Beobachter, selbst wenn sie sehr nahe sind, nicht erleben. Es ist leicht verständlich, daß eine solche Diskrepanz keine Zweifel an der Gültigkeit der Außenwelt aufkommen läßt, die aus den gemeinsamen Begriffswelten dieser Beobachter entstanden ist. Statt dessen werden die ungewöhnlichen Erfahrungen, die unter dem Einfluß von Meskalin oder bei abnormer Gehirnfunktion entstehen, als Halluzinationen bezeichnet. Man muß aber bedenken, daß, wenn jemand das eine oder andere ungewöhnliche Merkmal seiner Begriffswelt meldet, die Situation normalerweise mit „gesundem Menschenverstand" behandelt wird, so daß kein Schatten eines Zweifels auf den Status einer realen Außenwelt fällt, deren Existenz und Natur derart eine Angelegenheit allgemeiner Übereinstimmung sind, daß sie als unabhängig vom Beobachter angesehen werden.

Das Beispiel von der Farbenblindheit illustriert überdeutlich die erstaunliche Dominanz des Mehrheitsbeschlusses und die fast normale Art, den Widerspruch einer Minderheit zu unterdrücken.

Diese Methode funktioniert gut bei gröberen Wahrnehmungsstufen, wenn einfache Kriterien von Wahrnehmungsvermögen angewendet werden, die nichts Feineres als Farbübereinstimmung einschließen. Aber es existieren riesige Unterschiede im Wahrnehmungsvermögen von Einzelpersonen, wenn es um so hochentwickelte Leistungen geht wie die philosophische Diskussion, das ästhetische Beurteilen von Musik, darstellender Kunst und Literatur oder sogar um erlernte Fähigkeiten, wie z. B. das Schmecken von Tee oder Wein oder die Beurteilung von Entwürfen oder Dekorationen.

Darf ich vielleicht — mit gesenkter Stimme — hinzufügen, daß diese Divergenzen auch unter Wissenschaftlern bestehen, wenn es um die Beurteilung und Interpretation experimenteller Daten geht und um die Entscheidung, wie diese Daten benutzt werden können, um wissenschaftliche Hypothesen zu testen, so daß auf diese Weise unser Wissen um die natürliche Welt erhellt wird? Spannungen und Konflikte, die aus den Differenzen über Interpretation, Beurteilung und Glauben entstehen, sind hingegen für das kreative Abenteuer und für unsere Leistungen in Kunst und Wissenschaft erst die treibende Kraft und Freude.

4. Die objektive — subjektive Dichotomie

Es hat den Anschein, als ob der Status der Außenwelt gesichert sei, denn sie besitzt eine Wirklichkeit, die offensichtlich alle Mängel im Wahrnehmungssystem des Beobachters überwindet. Auf diese Weise entstand der Kontrast zwischen der Wirklichkeit der äußeren oder objektiven Welt einerseits und der Subjektivität unserer Wahrnehmungen mit all unseren persönlichen Voreingenommenheiten und Verzerrungen andererseits. Es wird allgemein angenommen, daß nur die erstere eine gesunde Basis für wissenschaftliche Untersuchungen bildet. Diese Unterscheidung von objektiv — subjektiv ist jedoch illusorisch und geht auf falsche Interpretationen und Mißverständnisse zurück, wie SCHRÖDINGER (1958) so überzeugend argumentiert. Er sagt z. B.:

„Ohne daß wir uns dessen bewußt sind, und ohne daß wir unerbittlich systematisch vorgehen, schließen wir das Subjekt der Erkenntnis aus dem Bereich der Natur aus, den wir versuchen zu verstehen. Wir ziehen uns in die Rolle des Zuschauers zurück, der nicht in diese Welt gehört und die durch diesen Vorgang eine objektive Welt wird. Die Situation ist die gleiche für jeden Verstand und seine Welt, trotz des unermeßlichen Überflusses von „Kreuzverweisen", die zwischen ihnen bestehen. Die Welt wird mir nur einmal gegeben, es gibt nicht eine die existiert und eine deren man gewahr wird. Subjekt und Objekt sind eins. Man kann nicht sagen, daß die Barriere zwischen beiden auf Grund neuerer Erkenntnisse in physikalischen Wissenschaften zusammengebrochen ist, denn diese Barriere existiert gar nicht."

Die illusorische Natur der objektiven — subjektiven Dichotomie der Erfahrung wird weiterhin deutlich durch das, was man das Spektrum von Sinneserfahrungen nennen könnte: a) Das Aussehen eines Objekts kann durch Anfassen bestätigt werden, wobei es eine Form erhält. Auf diese Weise können andere Beobachter es wahrnehmen und darüber berichten. So erhält die Wahrnehmung des Objekts einen allgemein gültigen Status. b) Ein Nadelstich in einen Finger kann sowohl von einem Beobachter als vom Subjekt gesehen werden. Der Schmerz aber wird nur vom Subjekt empfunden. Jeder Beobachter kann jedoch ein ähnliches Experiment an sich selber durchführen und seine Schmerzbeobachtungen weitergeben, die auf diese Weise mit anderen geteilt werden und so Allgemeingut werden. c) Der dumpfe Schmerz viszeralen Ursprungs kann nicht ohne weiteres von einem anderen Beobachter nachempfunden werden und doch haben klinische Forscher eine Unzahl von Angaben geliefert über die Schmerzen, die für viszerale und sogar projizierte Krankheiten charakteristisch sind, so daß Berichte über viszeralen Schmerz indirekt einen allgemein bekannten Status erlangt haben. Ähnliche Überlegungen beschäftigen sich mit solchen Gefühlen wie Hunger und Durst. d) Im Gegensatz zu den drei vorangegangenen Beispielen sind geistige und Seelenqualen nicht die Folge der Reizung von Rezeptoren. Trotzdem kann man diesen rein persönlichen Erfahrungen eine Art Allgemeinstatus geben, denn es gibt gewisse Übereinstimmungen in den Berichten derer, die unter diesen Zuständen gelitten haben. Ähnliche Überlegungen beziehen sich auf andere emotionelle Erfahrungen: Ärger, Freude, Vergnügen an der Schönheit, Angst, Furcht. e) Träume und Erinnerungen sind noch persönlicherer Natur, da sie noch ausschließlicher in den Bereich innerer Erfahrung gehören. Und doch ist eine Art von Allgemeinstatus entstanden durch die Unzahl von Verbindungen, die zwischen einzelnen Beobachtern existieren.

Man kann sagen, daß restlos alle Übergänge zwischen zwei aufeinanderfolgenden Beispielen dieses Spektrums bestehen. Das stimmt gut überein mit dem Postulat, daß jede der verschiedenen Erfahrungen mit spezifischen Mustern von Neuronenaktivität im Gehirn verbunden ist. Offenbar können solch spezifische Muster manchmal durch elektrische Reizung des Gehirns epileptischer Patienten hervorgerufen werden. PENFIELD und JASPER (1954) und PENFIELD (1968) haben faszinierende Berichte abgegeben, wie elektrische Reizung des Schläfenlappens des Gehirns lebhafte und detaillierte Erinnerungen an längst vergessene Vorkommnisse hervorruft.

Die Folgerung ist, daß jede Beobachtung der sogenannten objektiven Welt in erster Linie von einer Erfahrung abhängt, die ebenso persönlich ist wie die sogenannte subjektive Erfahrung. Das Allgemeinwissen um eine Beobachtung wird durch eine symbolische Verständigung zwischen Beobachtern weitergegeben, im besonderen natürlich durch das Medium der Sprache. Auf die gleiche Weise können unsere inneren oder subjektiven Erfahrungen ebenfalls Allgemeinwissen werden.

Wenn ich meine sensorischen Wahrnehmungen überprüfe, ist es offensichtlich, daß sie mir die sogenannten Tatsachen einer unmittelbaren Erfahrung liefern und daß die äußere oder „objektive Welt" ein Abkömmling oder eine Darstellung gewisser Typen dieser persönlichen und direkten Erfahrung ist. Aber diese „repräsentative Theorie der Wahrnehmung" (BELOFF, 1962) darf nicht mit idealistischem Monismus verwechselt werden, denn die Folge wäre, daß meine Welt der Wahrnehmungen mein symbolisches Bild der „objektiven Welt" ist und daher einer Landkarte ähnelte. Diese Landkarte, bzw. dieses symbolische Bild, ist unentbehrlich, damit ich innerhalb dieser „objektiven Welt" entsprechend agieren kann. Es wurde, wie wir gesehen haben, aus sensorischen Daten synthetisiert, damit es für gerade diese Zwecke benutzt werden kann. Es ist auf räumlichen Verhältnissen aufgebaut, besitzt aber auch symbolische Information, was sekundäre Qualitäten, wie z. B. Farben, Geräusche, Gerüche, Hitze und Kälte angeht, die nur zur Welt der Wahrnehmungen gehören.

5. Wahrnehmung und der neuronale Mechanismus des Gehirns (vgl. Kapitel II)

Man kann ein paar spekulative Ideen über die Neuronenfunktion bekommen, wenn man bedenkt, daß viele, fast gleichzeitige exzitatorische synaptische Bombardements nötig sind, damit irgendeine Zelle einen Impuls hervorbringt und auf diese Weise zur weiteren Verbreitung neuronaler Aktivität beiträgt. Für eine effektive Weiterleitung der Aktivität muß jedes Neuron eine synaptische Aktivierung durch vermutlich Hunderte von Neuronen erhalten und sie an Hunderte weitergeben. Auf diese Weise entstand das Konzept der Wellenfront (s. Abb. 10 u. 12), die eine Art vielspurigen Verkehr in Hunderte neuronale Kanäle leitet, so daß die Wellenfront Hunderttausende von Neuronen in einer Sekunde durchqueren kann und so eine Art von Muster in Zeit und Raum webt, was SHERRINGTON (1940) in seiner poetischen Weise mit dem Wirken eines „verzauberten Webstuhls" verglichen hat. Wenn außerdem mit Hilfe einer Mikroelektrode einzelne zerebrale Neurone untersucht werden, wird oft gefunden, daß ein einzelnes Neuron durch mehrere verschiedene sensorische Reize aktiviert werden kann (Abb. 11).

Es mag helfen, wenn man sich das Nervensystem als eine ungeheuer komplizierte Telephonzentrale vorstellt, die aus 10 Milliarden Grundelementen oder Nervenzellen konstruiert ist, aber natürlich auf eine völlig andere Art als eine Telephonzentrale funktioniert. Das liegt schon darin begründet, daß die Notwendigkeit einer Summation unserem Gehirn seine große Gabe für die Wechselwirkung von Daten gibt, die durch eine ungeheuer große Zahl von Kanälen von den Sinnesorganen zum Gehirn fließen. Als Beispiel: Es gibt ca. eine Million einzelner Nervenfasern, die von jedem Auge zum Gehirn ziehen. Außerdem ist da die Wechselwirkung der Information, die von verschiedenen Sinnesorganen einlaufen, wie zum Beispiel, wenn wir unsere Augen und unseren Tastsinn dazu benutzen, unsere Bewegungen zu leiten und zu kontrollieren, oder wenn wir etwas das wir sehen, mit etwas das wir hören korrelieren wollen.

Während der letzten Dekade wurden große Fortschritte in der Erforschung der Großhirnrinde mit Hilfe der Elektronenmikroskopie gemacht (Abb. 3 B, 4 A, B, 18, 32 C). Auch elektrische Ableitungen von einzelnen Nervenzellen — zum Studium des Wirkungsmechanismus der synaptischen Kontakte, die sie miteinander eingehen (Abb. 5, 13, 14) — wurden möglich. Als Resultat dieser intensiven wissenschaftlichen Studien sind wir bisher nur auf der ersten Stufe des Verstehens der Vorgänge angelangt, die am sensorischen Bewußtsein beteiligt sind und haben buchstäblich all die komplexeren Probleme sensorischer Erkennung und sensorischen Urteils noch nicht angegangen.

Es gibt sehr viele neurophysiologische Beweise, die zeigen, daß eine bewußte Erfahrung nur entsteht, wenn eine spezifische zerebrale Aktivität abläuft. Man glaubt, daß ein spezifisches räumlich-zeitliches Muster (Abb. 12) vom „verzauberten Webstuhl" der Nervenzellaktivierung im Gehirn gewoben wird (vgl. FESSARD, 1961). Bei der sensorischen Wahrnehmung ist die Sequenz der Abläufe, daß ein Reiz an einem Sinnesorgan die wiederholte Abgabe von Impulsen entlang der sensorischen Fasern zum Gehirn bewirkt (vgl. Abb. 6, 31 A), die — nach Durchquerung mehrerer synaptischer Schaltstationen (Abb. 7, 8, 9) — schließlich spezifische räumlich-zeitliche Impulsmuster im Neuronennetzwerk der Großhirnrinde hervorrufen (Abb. 10, 12). Der Leitungsmechanismus vom Sinnesorgan zur Großhirnrinde benutzt ein kodiertes Muster von Nervenimpulsen, das mit einem Morsekode verglichen werden kann, nur kommen die Punkte in verschiedenen zeitlichen Sequenzen. Natürlich unterscheidet sich diese kodierte Übertragung sehr vom ursprünglichen Reiz den das Sinnesorgan empfing, und das räumlich-zeitliche Muster neuronaler Aktivität, das in der Großhirnrinde durch das Weben des „verzauberten Webstuhls" entsteht (vgl. Abb. 12), ist wiederum ganz anders. Und doch — als Folge dieser zerebralen Aktivitätsmuster im Gehirn — erfahre ich Empfindungen, die ich gelernt habe, irgendwohin außerhalb des Cortex zu projizieren. Das kann auf die Oberfläche meines Körpers sein oder sogar in ihn hinein; meistens aber, wie z. B. beim Sehen, Hören und Riechen in die Außenwelt.

Es kann nicht stark genug betont werden, daß die Untersuchungen des Neuronenmechanismus der Großhirnrinde noch auf primitiver Stufe stehen. Daher geben sie nur ein verwaschenes und schattenhaftes Bild der erstaunlichen Feinheit des Musters, das in Zeit und Raum durch die aufeinanderfolgende Aktivierung über vielspurige Bahnen von über 10 Milliarden Zellen des kortikalen Bereichs gewebt wird. Es wird vermutet, daß viele Millionen Zellen sich an der kortikalen Reaktion beteiligen, die zur einfachsten bewußten Erfahrung führt. Wir können außerdem annehmen, daß die menschliche Großhirnrinde die aller Tiere übertrifft, was die Ausbildung feinster und komplexester Neutronenmuster in größter Vielfalt anbelangt, denn daraus könnte der Reichtum menschlicher Leistungen, verglichen mit denen selbst des intelligentesten Tieres, entspringen.

Die direkte Verbindung zwischen Gehirnaktivität und Wahrnehmungsvermögen wurde zuerst von dem französischen Wissenschaftler und Philosophen DESCARTES[3] im 17. Jahrhundert erkannt. Obwohl seine Erklärungen der Details der Gehirntätigkeit falsch waren, hatte er in wesentlichen Punkten recht. Es ist unwichtig, ob Gehirnvorgänge durch lokale Reizung der Großhirnrinde oder

---

[3] DESCARTES war sowohl Philosoph als auch Arzt. Eine seiner Entdeckungen stand in Zusammenhang mit der Natur des Phantomgliedes und wurde durch ein für das 17. Jahrhundert äußerst bemerkenswertes Experiment gemacht. Bis dahin hatte man geglaubt, das Phantomglied-Phänomen entstehe, weil sich die Patienten mit amputierten Gliedern vorstellen wollten, ihre Glieder seien noch intakt. DESCARTES nahm nun die notwendige Amputation eines schwer gangränösen Armes bei einem Mädchen vor, ohne ihm zu sagen, was er tat, indem er mit Hilfe einer Aderpresse das Glied unempfindlich machte. Verbände und Bandagen wurden so arrangiert, daß es glauben konnte, daß es seinen Vorderarm und seine Hand immer noch habe. Es erlangte die Empfindung in dem Glied wieder und fühlte, daß die Hand noch da war, ja beschrieb sogar, wie sich jeder einzelne Finger anfühlte.
DESCARTES führte dies auf die Reizung von Nervenendigungen im amputierten Stumpf zurück, die das Gehirn erreichten, das diese Reize so interpretierte, wie wenn sie normalerweise aus dem Glied gekommen wären; daher die Illusion des Phantomgliedes. Diese Erklärung ist im wesentlichen dieselbe, die man auch heute annimmt. (DESCARTES, R., 1644, The Principles of Philosophy, Part 4, Principle 196, Übersetzung 1931.)

eines Teiles der sensorischen nervösen Bahnen ausgelöst werden, wie im Phantomglied, oder ob sie, wie es normalerweise geschieht, durch Impulsentladungen in Sinnesorganen entstehen. Wie PEN-FIELD (1966) jedoch berichtet, rufen elektrische Reize, die an den sensorischen Zonen der Großhirnrinde wirksam werden, normalerweise nur chaotische Sensationen hervor: Kribbeln oder Gefühllosigkeit im Hautbereich, Lichter und Farben im visuellen Bereich, Geräusche im Gehörbereich. Solche chaotischen Reaktionen sind zu erwarten, da elektrische Reizung des Cortex Tausende von Neuronen direkt erregen muß, unabhängig von ihren funktionellen Verhältnissen. Auf diese Weise also entsteht ein sich weit ausbreitendes Feld neuronaler Aktivierung, das sehr verschieden von dem feinen und spezifischen Muster ist, das durch das Weiterleiten eines Reizes von den Sinnesorganen zum Cortex entsteht. Eine altbekannte chaotische Reaktion, die Berührung, Hitze, Kälte und Schmerz einschließt, entsteht, wenn ein sensorischer Nerv direkt erregt wird, wie z. B., wenn der Nervus ulnaris am Ellenbogen („Musikknochen") durch einen plötzlichen Schlag stimuliert wird.

Wie im folgenden Kapitel beschrieben wird, beträgt die Zeit, die für die Ausarbeitung des neuronalen Substrates für eine sehr einfache bewußte Erfahrung benötigt wird, mindestens 1/5 Sekunde (LIBET, 1966; CRAWFORD, 1947). Die Übertragung von einer Nervenzelle zur andern dauert nicht länger als 1/1000 Sekunde. Es könnte daher eine Serienschaltung von bis zu 200 synaptischen Verbindungen zwischen Nervenzellen vorliegen, bevor eine bewußte Erfahrung erzeugt wird. Viele Tausend Nervenzellen würden anfangs aktiviert und jede Nervenzelle würde durch synaptische Schaltungen ihrerseits zahlreiche Nervenzellen aktivieren, so daß in 1/5 Sekunde Millionen Zellen aktiviert werden könnten.

Die Unendlichkeit dieses vorgezeichneten Ausbreitens über neuronale Bahnen, die von Millionen von Nervenzellen im Gehirn gebildet werden, kann man sich am besten vorstellen, wenn man an die Muster mittelalterlicher Gobelins oder orientalischer Teppiche denkt. Aber wie SHERRINGTON (1940) mit dem ihm eigenen seltenen Scharfblick sagt, webt der Webstuhl „ein sich auflösendes Muster, ein stets bedeutsames Muster, aber niemals ein bleibendes.

Es ist eine wechselnde Harmonie von kleinen Mustern". Diese unglaubliche Verflechtung neuronaler Aktivität in meinem Gehirn ist nötig, damit ein sensorischer Reiz, selbst in seiner unausgebildetsten Form, von mir empfangen wird. Reaktionen, die Vergleiche, Werte, Urteile, Korrelationen mit erinnerten Erfahrungen, ästhetischen Auswertungen usw. erfordern, dauern sehr viel länger. Die Konsequenz ist, daß ganz phantastische Verflechtungen neuronaler Wirkungen in den räumlich-zeitlichen Mustern, die in der Gehirnrinde gewoben sind, vorhanden sein müssen.

Es gibt jetzt Beweise dafür, daß wir zu einem beliebig angenommenen Zeitpunkt uns nur eines extrem kleinen Teils der Unzahl sensorischer Reize, die in unser Gehirn strömen, bewußt sind (MORUZZI, 1966a). Es ist vielmehr so, daß der größere Teil der Aktivität im Gehirn und sogar der Großhirnrinde, im Unbewußten bleibt. Wir haben jedoch die Fähigkeit, unsere Aufmerksamkeit willentlich auf das eine oder andere Reizelement, das von unseren Sinnesorganen kommt, zu leiten.

Um beim Thema „subjektive Eindrücke" zu bleiben, wende ich mich den Träumen zu, die wie Erinnerungen das Zurückverfolgen einiger spezifischer räumlich-zeitlicher Muster neuronaler Aktivität notwendig machen, die in der Vergangenheit die Grundlage für verschiedene Sinneswahrnehmungen waren. Jede Nacht haben wir in 2–3stündigen Intervallen einen Traumzyklus (KLEITMAN, 1961, 1963). Das kann durch die Augenbewegungen des Probanden gezeigt werden, die durch elektrische Ableitungen von den Augenlidern sichtbar gemacht werden. So können wir einen Probanden während des Schlafes beobachten und ihn wecken, sobald wir die Augenbewegungen bemerken. Er wird dann von einem Traum berichten. Läßt man ihn aber weiterschlafen und weckt ihn erst zehn Minuten später, wird er sagen, daß er nicht geträumt habe. Er hat den Traum offensichtlich vergessen. Zur Zeit des Traumes besteht, wie man das durch Elektroenzephalogramme beweisen kann, eine besonders große Hirnaktivität.

Wir können also daraus schließen, daß beim Vorhandensein organisierter Muster von Nervenzellaktivität, die in einer gewissen zeitlichen Folge entstehen, eine bewußte Erfahrung entstehen kann, sei es ein Traum oder — falls wir wach sind — ein Tagtraum, eine Erinnerung, eine Sinneswahrnehmung oder ein Gedanke.

Ein anderes Problem bezieht sich auf die Aufmerksamkeit, da ein Großteil der organisierten kortikalen Aktivität im Unterbewußtsein ablaufen kann. Wie kommt es, daß unsere Aufmerksamkeit einmal dieser strukturierten Aktivität zugewendet wird, die dann ihre spezifische bewußte Erfahrung liefert und dann einer anderen?

Ist die Höhe der kortikalen Aktivierung wichtig für das Erreichen bewußter Aufmerksamkeit? Diese fundamentalen Probleme bleiben bisher sogar hinter der vagesten Formulierung fragmentarischer Hypothesen zurück.

Unsere Spekulationen wurden so ausgedehnt, daß sie im Prinzip die einfachsten Aspekte von Vorstellung, Bild, Sprache oder das Wiedererleben von Bildern decken. Gehen wir über diesen Punkt hinaus, so sollten wir zuerst eine seltsame Tendenz zur Bildassoziation überdenken. Dort ruft das „Erleben" eines Bildes andere Bilder hervor, die wieder andere Bilder hervorrufen und so weiter. Zeigen Bilder Schönheit und Zartheit, die sich in Harmonie befinden und in irgend einer Sprache, durch Worte, Musik, Bilder beschrieben werden können, so daß eine vorübergehende Erfahrung in anderen hervorgerufen werden kann, so sprechen wir von einer künstlerischen Schöpfung einfacher oder lyrischer Art. Auf der anderen Seite können überwältigende Bilder von großer Schönheit und Klarheit von ganz gewöhnlichen Leuten erlebt werden, wenn sie unter dem Einfluß halluzinogener Drogen wie LSD oder Meskalin stehen. Ganz nebenbei muß bemerkt werden, daß sehr wenige Umwandlungen der transzendenten ästhetischen Erfahrungen, die Drogensüchtige angeblich haben sollen, in Literatur oder Kunst existieren. Man könnte vermuten, daß unter diesen Umständen eine besondere Tendenz zur Bildung von noch komplexeren und wirksamer verknüpften Mustern neuronaler Aktivität bestünde, die große Teile der kortikalen Neuronenansammlung einschlösse. Das wäre die Erklärung dafür, daß der Proband während der Dauer dieser fesselnden Erfahrung sich so völlig von normalen Aktivitäten abwendet. Nicht ganz unverwandt mit diesem Zustand sind die verschiedenen Psychosen, bei denen die inneren Vorgänge die Patienten ebenfalls zur Abschließung gegen außen bewegen.

6. Zerebrale Vorgänge und bewußte Erfahrung

Ich komme nun auf das Schlüsselproblem des Wahrnehmungsvermögens zurück: Wie kann irgendein spezifisches räumlich-zeitliches Muster von Neuronenaktivität in der Gehirnrinde individuelle sensorische Erfahrung hervorrufen? Wir können uns ungefähr eine Beziehung zwischen Aktivitätszuständen des Gehirns und Bewußtseins vorstellen, wenn wir die Neuronenaktivität des Cortex im Zustand der Bewußtlosigkeit betrachten, das heißt, wenn eine Reizung von Sinnesorganen keine sensorische Reaktion hervorruft. Das Elektroenzephalogramm zeigt, daß in solchen Situationen entweder ein sehr niedriges Niveau neuronaler Aktivität besteht, wie z. B. im Koma, bei Gehirnerschütterung, Anaesthesie oder Tiefschlaf, oder andererseits ein sehr hohes Niveau stereotyper und sich jagender Aktivität, wie z. B. im Krampfzustand. Im Gegensatz dazu zeigt die elektrische Aktivität des wachen Gehirns, daß ein großer Teil der Neurone sich im Zustand verschiedenster intensiv-dynamischer Aktivität befindet (vgl. FESSARD, 1961). Es wurde postuliert, daß unter solchen Bedingungen zu irgendeinem gegebenen Zeitpunkt ein beachtlicher Teil der Neurone durch Erregungsniveaus gingen, bei denen eine Impulsabgabe eine gewisse Unberechenbarkeit hervorriefe. Diese Neurone sind in einer „kritischen Schwebe", was die Generation von Impulsen anbelangt (vgl. Kapitel VIII; ECCLES, 1953, Kapitel 8). Diagramme aktivierter Neuronennetze, wie in Abb. 10 und 12, können die Grundlage imaginärer Konstruktionen von räumlich-zeitlichen Mustern bilden, die entstünden, wenn solche Reize eine schon vorhandene hohe Aktivität überlagerten. Es ist außerdem postuliert worden, daß Bewußtsein vom Vorhandensein einer genügenden Zahl solcher im kritischen Schwebezustand befindlicher Neurone abhängt. Nur unter solchen Umständen sind Aufnahmevermögen und Wahrnehmung möglich (vgl. Kapitel VIII). Es ist jedoch nicht notwendig, daß der gesamte Cortex sich in diesem speziellen dynamischen Zustand befindet. Es gibt klinische Beweise die zeigen, daß das Entfernen großer Teile des Cortex das Bewußtsein nicht unterbricht. Bei Krampfzuständen wiederum tritt keine Bewußtlosigkeit auf, bevor die konvulsive Aktivität nicht einen großen Teil des Cortex befallen hat. Ich würde zudem sagen, daß die überragende Leistung des Zentralnervensystems eine Folge seiner erstaunlichen Komplexität ist, die nicht nur struktureller, sondern auch dynamischer Art ist und die auf einer viel höheren Ebene steht, als jedes andere organisierte System im Universum.

Auf der Basis dieses Konzepts können wir uns von neuem den außergewöhnlichen Problemen zuwenden, die einem strengen Dualismus eigen sind, dem Zusammenwirken von Gehirn und bewußtem Verstand: das Gehirn empfängt vom bewußten Verstand in einer gewollten Handlung, und umgekehrt erfolgt die Weiterleitung einer bewußten Erfahrung an den Verstand. Wir müssen uns aber völlig darüber im klaren sein, daß für jeden von uns das Bewußtsein die oberste Realität ist — alles andere ist abgeleitet und besitzt eine Realität zweiter Ordnung. Wir finden eine unglaubliche intellektuelle Aufgabe bei unseren Versuchen, die verwirrenden Probleme zu verstehen, die im Zentrum unseres Seins liegen. Aber wie EUGENE WIGNER (1964) fragt: „Haben wir irgendein Recht, eine Lösung zu solch fundamentalen Problemen zu erwarten, wenn die Anstrengungen, die gemacht wurden, im Verhältnis zu der ungewöhnlichen Art des Problems trivial sind?"

7. Das Prinzip des Entstehens

Offensichtlich hat die unvorstellbare organisierte Komplexität des Cerebrums das Entstehen von Eigenschaften bewirkt, die ganz anders geartet sind, als alles, was bisher mit Materie in Beziehung gebracht wurde, mit ihren Eigenschaften, die durch Chemie und Physik definiert werden können.

Um dieser herausfordernden Einsicht nachgehen zu können, ist es nötig, die hierarchischen Reihenfolgen unserer Konzepte der fundamentalen Eigenschaften von Materie nachzuzeichnen, die Gegenstand von Chemie und Physik sind. Zuerst werden wir eine Maschine überdenken, wie z. B. eine Uhr. Jede Maschine ist durch ihre Arbeitsprinzipien definiert, die sowohl Struktur als auch Art und Zweck ihrer Arbeit einschließen. POLANYI (1966, S. 40) erhebt die Frage:

„Aber wie kann eine Maschine, die als unbelebter Körper den Gesetzen von Physik und Chemie gehorcht, aufhören, von diesen Gesetzen bestimmt zu werden? Wie kann sie sowohl den Naturgesetzen als auch ihren eigenen Arbeitsprinzipien als Maschine gehorchen? Wie kann die Gestaltung unbelebter Materie in einer Maschine sie zu Erfolg oder Mißerfolg befähigen? Die Antwort liegt in dem Wort „Gestaltung". Naturgesetze mögen unbelebte Materie in ausgeprägte Formen pressen, wie z. B. die Sonnen- oder Mondkugel, oder in Systeme, wie sie das Sonnensystem darstellt. Andere Formen können der Materie künstlich aufgezwungen werden und trotzdem brauchen die Naturgesetze nicht verletzt zu werden. Die Arbeitsprinzipien von Maschinen werden durch solch künstliche Gestaltung in die Materie eingebettet. Von diesen Prinzipien kann gesagt werden, daß sie die Grenzbedingungen eines unbelebten Systems beherrschen — Bedingungen, die ausdrücklich von den Naturgesetzen ausgenommen sind. Die Technik bildet die Möglichkeit für eine Kontrolle solcher Grenzbedingungen. Das Prinzip, nach dem ein unbelebtes System einer Doppelkontrolle auf zwei Ebenen unterliegen kann, ist folgendes: Die Arbeitsabläufe der höheren Ebene werden künstlich in die Grenzen der niedrigeren Ebene mit eingebaut, von der man weiß, daß sie den Gesetzen der unbelebten Natur gehorcht, nämlich der Physik und Chemie.

Wir können die Kontrolle, die das organisierende Prinzip der höheren Ebene auf die Einheiten ausübt, die die niedrigere Ebene bilden, das *Prinzip der marginalen Kontrolle* nennen."

POLANYI (1967a) entwickelt diese Konzepte noch weiter im Hinblick auf Bücher und andere Kommunikationsmöglichkeiten:

„Nichts wird über den Inhalt eines Buches durch seine chemisch-physikalische Topographie ausgesagt. Alle Objekte, die Informationen weiterleiten, sind nicht auf die Elementarbegriffe von Physik und Chemie zurückzuführen."

Besonders interessant aber ist seine Aussage über das allgemeine Prinzip des Entstehens im Hinblick auf das Leben (POLANYI, 1966, S. 44; vgl. POLANYI, 1968b):

„Die hierarchische Struktur der höheren Lebensformen macht die Annahme weiterer Entstehungsprozesse notwendig. Wenn jede höhere Ebene die Grenzbedingungen kontrollieren soll, die durch die Funktion der nächst niedrigeren Ebene offengelassen werden, so impliziert das, daß diese Grenzbedingungen tatsächlich durch die Funktionen, die auf der niedrigeren Ebene vor sich gehen, offengelassen werden. Mit anderen Worten: keine Ebene kann die Kontrolle über ihre eigenen Grenzbedingungen erlangen und ist daher nicht imstande, die Funktionen auf einer höheren Ebene entstehen zu lassen, die diese Grenzbedingungen kontrollieren würden. So beinhaltet die logische Struktur dieser Hierarchie, daß eine höhere Ebene durch einen Prozeß entstehen kann, der auf der niedrigeren Ebene nicht offenkundig ist: ein Prozeß, der demnach als Entstehungsprozeß betrachtet werden muß.

Kein biologischer Prozeß spielt sich in einem unstrukturierten Medium ab .... DNS liefert neu entstehenden Zellen eine gewisse Menge von Information, die dem Ausmaß der organischen Differenzierung entspricht ... und daraus folgt, daß die Struktur von Lebewesen die Struktur einer Information besitzt. Das stellt die biologische Gestaltung der Nachkommenschaft durch DNS auf die gleiche Stufe wie die Gestaltung einer Maschine durch den Ingenieur." (POLANYI, 1967a, 1968b).

Als letztes Zitat bringe ich POLANYIs (1967a) Schlußfolgerung:

„Es mag unglaublich erscheinen, aber es ist trotzdem eine Tatsache, daß 300 Jahre lang Schriftsteller, die die Möglichkeit bestritten, Leben durch Physik und Chemie zu erklären, argumentierten, daß Lebewesen *nicht* oder nicht völlig maschinenähnlich seien, statt darauf hinzuweisen, daß die bloße Existenz maschinenartiger Funktionen in Lebewesen beweist, daß Leben nicht mit physikalischen und chemischen Begriffen erklärt werden kann."

Ich behaupte daher: genau wie in der Biologie neu auftauchende Eigenschaften der Materie entstehen, so entsteht auf der höchsten Stufe organisierter Verflechtung der Großhirnrinde eine weitere neue Eigenschaft, nämlich die Assoziation mit bewußten Erfahrungen. Diese sind natürlich die primäre Realität.

8. Wissenschaft und Realität

All unsere Erfahrungen mit Materie, die die Basis für Erklärungsversuche der Natur in der Sprache von Physik und Chemie bilden, wie auch all unsere Erfahrungen mit menschlichen Erfindungen, sei es mit Maschinen oder mit Kommunikationsmitteln, haben den Status einer Realität zweiter Ordnung. Das bezieht sich auch auf unser Verhältnis zur Weiterentwicklung der Materie zu lebendigen Formen und auf unseren eigenen Körper.

Aus diesem Grunde zeigen unsere Anstrengungen, eine Darstellung der Welt zu geben, wie wir sie erleben, eine unmögliche und tragische Verkennung, denn wir beachten die primäre Realität nicht. In einem bereits früher angeführten Zitat hat SCHRÖDINGER (1958) eine lebendige Darstellung dieser Selbstverleugnung gegeben. Das „Subjekt der Erkenntnis" zieht sich aus der Domäne der Natur zurück und nimmt die Rolle des Beobachters einer objektiven Welt an. Dadurch schneidet es sich selbst vom Hauptgegenstand ab, der in die totale oder universelle Wirklichkeit der Erfahrung eingeschlossen werden sollte. Bei unseren elementaren Anstrengungen, die Welt und uns selbst zu verstehen, womit ich nicht nur die sekundäre Realität der erlebten Welt, sondern auch die primäre Realität unseres erlebenden Ichs meine, müssen wir als bewußte Wesen im Mittelpunkt aller Erklärungen stehen, da jede andere Erfahrung peripherer oder abgeleiteter Natur ist. Damit meine ich, daß die letzte Erfahrung offensichtlich von der Art abhängt, in der wir mit Hilfe unserer Sinnesorgane Informationen erhalten, wobei wir natürlich durch technische Hilfsmittel von höchster Feinheit und höchstem Auflösungsvermögen Hilfe erhalten.

Wir schauen nun von neuem auf das Problem des erfahrenden Ichs, das eine Welt von Dingen und Vorkommnissen und die Wirkungsweise des Gehirns kennenlernt, von dem es wegen seiner zweiseitigen Beziehungen zu seiner Erlebniswelt abhängt: nämlich Wahrnehmung und dem Ausdruck gewollter Handlung.

Es gibt gar keine Basis für irgendwelche dogmatischen Behauptungen über die menschliche Natur, solange wir uns im gegenwärtigen Zustand bodenloser Ignoranz befinden. Wir müssen die Unendlichkeit des Problems erkennen, bevor wir hoffen können eine Hypothese zu bauen, die helfen könnte, die Kluft zu schließen, die die zwei ganz verschiedenen Erfahrungen von Wirklichkeit trennt, mit denen jeder von uns lebt. Ich meine die primäre Realität der bewußten Erfahrung einerseits und die sekundäre Realität der ganzen Welt, ausgedrückt durch sensorische Erfahrung, andererseits.

SCHRÖDINGER (1968, S. 43) sagt:

„Die Sackgasse ist eine Sackgasse. Sind wir daher nicht die Ausführenden unserer Taten? Trotzdem fühlen wir uns verantwortlich für sie, wir werden für sie gelobt oder getadelt, wie der Fall gerade liegt. Es ist eine schreckliche Antinomie. Ich bin der Meinung, daß sie auf der Ebene der heutigen Wissenschaft, die — ohne es zu wissen — noch vollkommen ins „Ausschlußprinzip" verbohrt ist, gelöst werden kann. Daher der Widerspruch. Das zu wissen ist wertvoll. Es löst jedoch nicht das Problem. Man kann das „Ausschlußprinzip" nicht durch einen Parlamentsbeschluß beseitigen. Die Stellung der Wissenschaft muß neu etabliert werden, die Wissenschaft muß neu geformt werden. Vorsicht ist geboten."

Man kann vorhersagen, daß, wenn wissenschaftliche Entwicklungen durch ihre Rekonstruktion entstanden sind, die Wissenschaft selber völlig verwandelt sein wird. Daher ist der gegenwärtige Dogmatismus des Reduktionismus irrelevant oder bedeutungslos. Die Wissenschaftsrevolution, die entstehen muß, damit das Vorhandensein von Materie in einer Welt bewußter Erfahrung erklärt werden kann, wird in einem Verstehen resultieren, das unsere gegenwärtigen inadäquaten Konzepte der Wissenschaft — sogar in ihren höchstentwickelten Aspekten — primitiv und naiv erscheinen läßt. Nachdem diese Sätze geschrieben waren, hat EUGENE WIGNER (1969) das Irreführende des Postulats: „daß das Leben ein physikochemischer Prozeß sei, der auf der Basis der normalen chemischen und physikalischen Gesetze erklärbar sei", gezeigt. Er fährt fort: „daß, um das Phänomen Leben erklären zu können, Gesetze der Physik geändert und nicht nur neu interpretiert werden müßten".

Ich zitiere WIGNER (1964) zum Thema der notwendigen Veränderungen in der Wissenschaft:

„Wenn mein Bewußtsein die einzige absolute Wirklichkeit wäre, würde man erwarten, daß es unabhängig von abgeleiteten Dingen ist, die die Realitäten des zweiten Typs sind. Das ist nicht der Fall. Es stimmt, daß ich in einen dunklen und stillen Raum gehen und denken kann. Aber das würde aufhören, wenn ich ohne Luft, Nahrung und Wasser für eine gewisse Zeit dort bliebe. Man würde erwarten, daß mein Bewußtsein, die einzige absolute Wirklichkeit, permanent sein sollte. Es sollte immer existiert haben und für immer existieren. Das ist aber offensichtlich nicht der Fall. Es gibt im Gegenteil Wirklichkeiten der zweiten Art, die wir für permanent halten — elektrische Ladungen, schwere Partikel ... Es ist für mich nützlich, so zu denken und zu handeln, als ob meine Empfindungen nicht immer existiert hätten und als ob mein Bewußtsein sich eines Tages in nichts auflösen würde. Von den zwei Endpunkten aller Wirklichkeit ist der in der Zukunft liegende der, an den man sich erinnern sollte, denn seine mögliche Ankunft hat einen größeren Einfluß auf meine Gefühle, als der der Vergangenheit, zumal ich sein Auftreten bis zu einem gewissen Punkt beeinflussen kann. Das stimmt mit der Tatsache überein, daß wir viel mehr über unseren Tod als über unsere Geburt nachdenken.

Nichtsdestoweniger ist die Wahrheit über die zwei Realitäten unwiderlegbar. Wird es je möglich sein, diesen fürchterlich unbefriedigenden Konflikt zwischen bekannten Phänomenen und unseren Erwartungen zu lösen und zu verstehen? Wir wissen es nicht. Wenn es jedoch jemals möglich sein sollte, das Erwachen des Bewußtseins bei der Geburt und sein Auslöschen beim Tode zu „verstehen", dann nur durch das Erforschen dieser Phänomene auf breiter Ebene. Es stünde im Gegensatz zu all unserer Erfahrung, die wir mit der Wissenschaft in der Vergangenheit uns aneigneten, wenn wir die Phänomene, die die Realitäten der ersten Art so tief beeinflussen, verstanden hätten — bei den oberflächlichen Anstrengungen, die wir bis jetzt gemacht haben."

Sicherlich ist eines der brennendsten Probleme jedes Menschen, daß er sich während seines Lebens mit seinem unentrinnbaren Ende im Tod aussöhnt. Das kann natürlich zu seinem entwicklungsgeschichtlichen Ursprung in Beziehung gesetzt werden. Er stirbt, wie andere Tiere auch, aber die Unabänderlichkeit des Todes quält nur den Menschen, da er während seiner Entwicklung ein Selbstbewußtsein entwickelt hat (DOBZHANSKY, 1967, 1969). Das Erkennen dieses furchtbaren Problems des Todeswissens war verantwortlich für die Mythen und Religionen, die zum großen Teil entwickelt wurden, um dem Menschen einen Rückhalt zu geben, wenn er vor dem Ende seines kurzen Lebens steht. Jetzt, wo der Mensch diesen Mythen und Religionen fast ganz entsagt hat, fühlt er sich einsam und verängstigt. Es gibt jedoch sehr viel Unbekanntes in unserem Ursprung als bewußte Wesen, und dieser Ursprung transzendiert unseren evolutionären Ursprung. Wir dürfen daraus nicht ableiten, daß das Leben, abgesehen von dem Drama, das sich auf dieser Erde abgespielt hat, bedeutungslos ist. Wie ich letztes Jahr in meinem Vortrag an dieser Konferenz (ECCLES, 1967) und auch in meiner EDDINGTON Lecture (ECCLES, 1965a) dargelegt habe, ist der evolutionäre Ursprung unserer Körper und ihr Aufbau, der durch die einzigartigen Anweisungen der DNS-Vererbung bestimmt wird, im besten Fall nur eine teilweise und sicherlich keine genügende Erklärung für unsere Existenz als bewußte Wesen.

So komme ich zu dem Schluß, daß jeder von uns als bewußtes Wesen die Einzigartigkeit des Menschen belegt. Der Versuch des Menschen die Welt zu verstehen, ist ein Zeichen seiner Einzigartigkeit, aber er ging fehl als er sich, das bewußte Wesen, aus der Totalität der Erfahrungen, für die er wissenschaftliche und philosophische Erklärungen entwickelt, ausließ. Ich möchte schließen mit dem Hinweis, daß SOKRATES eine ähnliche Vorstellung vom Ich und dem Körper hatte. Das folgende Zitat stammt aus *Phädon*.

„Wir werden unser Bestes geben, das zu tun, was du gesagt hast", sagte Kriton.

„Aber wie sollen wir dich begraben?"

„Wie ihr wollt", erwiderte Sokrates, „das heißt, wenn ihr mich fangen könnt und ich euch nicht durch die Finger schlüpfe."

Er lachte leise, während er sprach und fuhr fort, während er sich uns zuwendete: „Ich kann Kriton nicht überzeugen, daß ich dieser Sokrates bin, der zu euch spricht ... Er glaubt, daß ich der sei, den er sehr bald tot daliegen sehen wird ... Du mußt Kriton eine Bürgschaft geben ..., daß ich, wenn ich tot bin, nicht bleibe, sondern weggehe und wegbleibe. Das wird Kriton helfen es leichter zu tragen ..., wenn er sieht, daß mein Körper verbrannt oder beerdigt wird, als ob etwas Furchtbares mit mir geschähe ... Nein, ihr müßt guten Mutes bleiben und sagen, daß es nur mein Körper ist, den ihr begrabt. Und ihr könnt ihn begraben, wie ihr wollt ..."

V. Das Gehirn und die Einheitlichkeit bewußter Erfahrung[1]

1. Die Realität bewußter Erfahrung

Ich glaube, daß das Problem, über das ich heute zu Ihnen sprechen werde, für Sir ARTHUR EDDINGTON von besonderem Interesse gewesen wäre. In seinen Büchern wies er wiederholt auf das Problem des Bewußtseins im Verhältnis zur physikalischen Welt hin, über die er mit so viel Vorstellungskraft und Verstehen sprach. Ich kann seine Haltung bewußter Erfahrung gegenüber mit zwei Zitaten aus seiner Swarthmore Lecture (1929) *Science and the Unseen World* belegen:

> „Vergleicht man die Gewißheit geistiger und zeitlicher Dinge, so lassen Sie uns eins nicht vergessen: der Geist ist das erste und direkteste Ding in unserer Erfahrung; alles andere ist eine vage Schlußfolgerung.
> Stellen Sie sich Bewußtsein zuerst als ein Bündel von Sinneswahrnehmungen und nichts anderes vor.... Aber stellen Sie sich Bewußtsein nochmals vor, diesmal aber nicht als Bündel von Sinneswahrnehmungen, sondern so, wie wir es so eingehend kennen: verantwortungsvoll, strebsam, verlangend, zweifelnd und in sich selbst solche Impulse hervorrufend, wie die, die den Wissenschaftler auf seiner Suche nach Wahrheit antreiben."

In seinem großartigen Buch "The Philosophy of Physical Science" (1939, S. 195) sagt er:

> „Das einzige Subjekt, das sich mir zum Erforschen anbietet, ist der Inhalt meines Bewußtseins. Nach gängigen Vorstellungen ist dies eine heterogene Ansammlung von Eindrücken, Gefühlen, Vorstellungen, Erinnerungen und so weiter. Das Rohmaterial des Wissens und die Produkte intellektueller Tätigkeit existieren in dieser Ansammlung Seite an Seite".

---

[1] Dieses Kapitel ist in großen Teilen die Wiedergabe der 19th Eddington Memorial Lecture (ECCLES, 1965a), die ich am 15. 10. 1965 in der Universität Cambridge hielt.

Und sein Ausspruch (S. 206): „Die Einheit des Bewußtseins zeigt sich, weil es Teile gibt, die vereinigt werden können", ist für mein heutiges Thema von besonderer Relevanz.

Aber EDDINGTON war nicht der einzige unter den großen Physikern dieses Jahrhunderts, der die Wichtigkeit und Dringlichkeit des Problems des Bewußtseins erkannt hätte. Ich kann z. B. SCHRÖDINGERs Beiträge in seinen Monographien: *Science and Humanism* (1951) und *Mind and Matter* (1958) sowie WIGNERs (1964) Vorlesung: *Two Kinds of Reality* anführen.

Im Gegensatz dazu war es bis vor kurzem bei Philosophen und Physiologen Brauch, alle Probleme, die sich vom Konzept des Geistes oder des Bewußtseins ableiten, zu bezweifeln oder sogar zu verlachen (vgl. RYLE, 1949). Die neueste Reaktion auf diesen Obskurantismus kann jedoch mit Büchern wie *The Existence of Mind* (BELOFF, 1962) und *On Having a Mind* (KNEALE, 1962) belegt werden. BELOFF z. B. beginnt sein Buch mit folgender Erklärung:

„Der Leitsatz dieses Buches, falls er in zwei Worten ausgedrückt werden kann, ist, daß der Geist existiert, oder, um es ausführlicher zu sagen, daß Geist, geistiges Wesen und geistige Phänomene als elementare Bestandteile der Welt, in der wir leben, existieren". Und weiter: „Jenen, die die Existenz des Geistes ernst nehmen, wird oft vorgeworfen, daß sie vor einem „Gespenst in der Maschine" Angst hätten. Ich schlage vor, daß wir uns weigern, unsere kritischen Fähigkeiten noch länger durch solch vorlauten Spott paralysieren zu lassen."

Dieser Gegenschlag ist für Neurophysiologen und Neurologen ermutigend, denn viele von uns fuhren, philosophischer Kritik zum Trotz, fort, mit dem Problem von Gehirn und Geist zu ringen und erkannten es schließlich als das schwierigste und fundamentalste, das die Menschheit betrifft. Trotz dieser Klärung habe ich jedoch das Gefühl, daß noch Unsicherheit im Gebrauch der Worte „Geist", „geistig", „Geisteshaltung" herrscht, von denen man sogar sagt, daß sie in extrem primitiver Form sogar Bestandteil anorganischer Materie seien! Ich habe daher davon Abstand genommen, sie zu gebrauchen und benutze statt dessen „bewußte Erfahrung" oder „Bewußtsein".

Es gibt eine Einheit des Selbst durch alle bewußten Erfahrungen eines Lebens hindurch, von denen jede mit dem Selbst assimiliert ist. Das geschieht, wie Sie zugeben werden, sogar in unseren Träumen, denn in Träumen finden wir uns immer als Schlüsselfigur im Spiel der Vorstellungswelt. Das gleiche geschieht bei Halluzinationen und den Phantasien des Wachzustandes, die wir Tagträume nennen können. Ich möchte, daß Sie sich darüber klar werden, daß jeder von Ihnen in der Erinnerung auf eine Reihe in langen Jahren akkumulierter Erfahrungen zurückblicken kann, die Ihr Leben ausmachen. Schließlich kommen wir zu den frühesten Erinnerungen, wo Sie retrospektiv die erstaunliche Erfahrung machen, in der sehr beschränkten Umgebung eines Kleinkindes zum Leben erwacht zu sein. Jeder von Ihnen hat eine persönliche Identität aus dieser frühesten Zeit, die aus erinnerten Erfahrungen aufgebaut ist.

Ich glaube ferner, daß wir in der Literatur nicht nur Beschreibungen von Verhalten von Leuten finden, die vorbestimmte stereotype und von außen beobachtete Bewegungsabläufe durchlaufen. Statt dessen haben wir — im Mittelpunkt der Literatur — Beschreibungen innerer Erfahrungen, mit Gedanken und Motiven und Gefühlen der Charaktere, die der Autor auf diese Weise zum Leben erweckt. Sie können sich selbst an die Skala von Gefühlen in Liebe und Freundschaft, Haß und Antipathie erinnern, genauso wie an Ihre Erfahrungen von Furcht und Terror und Freude am Schönen. All das trägt zum Reichtum Ihrer inneren Erfahrungen bei.

Der Reichtum unserer Erfahrungen wird enorm vergrößert, wenn wir unsere unmittelbaren sensorischen Erfahrungen mit einer imaginären Reihe innerer Erfahrungen verbinden. Das geschieht besonders bei ästhetischen Erfahrungen. Der Künstler versucht nicht, eine exakte Darstellung dessen was er sieht zu geben, sondern seine Vision, die durch seine Vorstellungskraft eine schöpferische Bereicherung erhält. In der großen Kunst ist die künstlerische Schöpfung für den Künstler eine zwingende Notwendigkeit. Unglücklicherweise geben sich viele Nachahmungen als Kunst aus, obwohl sie selbst nur ein künstlicher Beitrag sind. Oberflächlich gesehen gibt es sicher Ähnlichkeiten zwischen diesen Nachahmungen und echter künstlerischer Leistung. Aus diesem Grunde brauchen wir Kunstkritiker und Historiker, die uns bei ästhetischen Bewertungen führen und informieren, uns aber nicht — lassen Sie mich das anfügen — zu etwas zwingen.

SHERRINGTON (1940) hat in seinen Gifford-Lectures *(Man on his Nature)* sehr anregend über das Selbst geschrieben:

„Dieses ‚Ich‘, dieses Selbst, das so lebhaft vorschlagen kann zu ‚tun‘, welche Attribute glaubt es selber im Hinblick auf das ‚Tun‘ zu besitzen? Es zählt sich selbst als Ursache. Hält nicht jeder von uns sein Ich für eine ‚Ursache‘ in seinem Körper? ‚In seinem Körper‘ insofern, als er im Zentrum der räumlichen Welt steht, die von unserer Wahrnehmung aus unserem Körper heraus betrachtet wird. Der Körper erscheint als eine diesem Zentrum unmittelbar benachbarte Zone. Dieses ‚Ich‘ gehört unmittelbarer zu unserer Erkenntnis als sogar die räumliche Welt um uns, denn es wird direkt erfahren. Es *ist* das ‚Selbst‘.“

2. Sensorische Erfahrung

Im Gegensatz zu dieser inneren Erfahrung habe ich Erfahrungen oder Wahrnehmungen, die durch Aktivierung meiner sensorischen Rezeptoren entstehen. Nur durch solche sensorischen Erfahrungen erhalte ich das Konzept einer äußeren Welt von Dingen und Vorkommnissen. Diese Welt ist anders als die Welt meiner inneren Erfahrungen. Es gehört außerdem zur Interpretation meiner sensorischen Erfahrung, daß mein ‚Selbst‘ mit einem Körper assoziiert ist, der in der objektiven Welt lebt; und ich finde zahllose andere Körper, die gleichartig erscheinen. Ich kann durch Körperbewegungen Informationen mit ihnen austauschen, die im Beobachter sensorische Veränderungen hervorrufen, z. B. durch Gesten, oder auf einer höherentwickelten Ebene, durch Sprache, die gehört, oder durch Geschriebenes, das gelesen wird. Auf diese Weise entdecke ich durch reziproke Kommunikation, daß auch Sie bewußte Erfahrungen haben, die meinen ähneln. Solipsismus ist für mich nicht länger eine haltbare Überzeugung.

EDDINGTON (1939, S. 198) stellte zu diesem Thema eine wertvolle Behauptung auf:

„Das Erkennen von anderen Gefühlen als unseren eigenen, obwohl wir das erst später in der Diskussion brauchen, ist essentiell für die Ableitung eines *äußeren* physischen Universums. Die direkte Erkenntnis gewisser audiovisueller Gefühle (gehörte und gelesene Worte) wird als indirekte Kenntnis ganz anderen Gefühlen (die von den gehörten/gelesenen Worten beschrieben werden) zugeordnet, die irgendwo außerhalb unseres eigenen Bewußtseins auftreten. Solipsismus würde dies verneinen; und durch Annahme dieses Postulats erklärt die Physik sich selbst als anti-solipsistisch."

So glauben wir an eine Welt von „Selbsts", jedes mit der Erfahrung, einen Körper zu bewohnen, der in einer materiellen Welt bestehend aus zahllosen gleichartigen Körpern, einer ungeheuren Vielzahl anderer Lebewesen und einer Unmenge offenbar unbeseelter Materie lebt. Ich stimme mit WIGNER (1964) darin überein, daß diese materielle oder objektive Welt den Status einer zweiten Ordnung oder einer abgeleiteten Realität hat. Wie, so fragt man sich, können meine sensorischen Erfahrungen mir solche effektiven Kenntnisse der objektiven Welt übermitteln, daß ich mich in ihr zurechtfinden und sie sogar mit großem Erfolg manipulieren kann? Diese praktische Tätigkeit ist so effektiv, daß ich mir dieses Problems innerhalb meiner Erfahrung vom praktischen Leben nicht bewußt bin. Mein Körper und seine Umgebung scheinen mir *direkt* bekannt zu sein. Diese Haltung gegenüber sensorischen Erfahrungen kann als naiv oder als direkter Realismus bezeichnet werden, was sich durch moderne Neurophysiologie natürlich als unhaltbar erwiesen hat.

Als Reaktion auf sensorische Reize erfahre ich eine persönliche sensorische Welt, die neurophysiologisch als Interpretation spezifischer Vorgänge in meinem Gehirn betrachtet werden muß. Ich bin daher mit folgendem Problem konfrontiert: Wie können mir diese verschiedenartigen zerebralen Aktivitätsmuster ein gültiges Bild der Außenwelt vermitteln? Dieses Problem wird normalerweise im Verhältnis zu visueller Wahrnehmung diskutiert (vgl. Kapitel IV u. X). Die Erklärung, wie Information von der Retina nach Übertragung auf und Aktivierung von meiner Großhirnrinde diese dann veranlaßt, mir ein Bild der äußeren Welt mit ihren verschiedenen Objekten in dreidimensionaler Anordnung, mit Helligkeit und Farbe zu vermitteln, scheint ein großes Problem zu sein. Dieses epistemologische Problem hat zu großer philosophischer Verwirrung geführt, wenn es unter der Voraussetzung diskutiert wurde, daß vollausgebildete visuelle Wahrnehmung eine angeborene Eigenschaft des Nervensystems sei. Meine visuellen Wahrnehmungen sind im Gegenteil eine Interpretation retinaler Daten, die ich in lebenslanger Erfahrung zu machen gelernt habe — und zwar mit Hilfe sensorischer Information von den Rezeptoren in Muskeln, Gelenken, Haut und dem vestibulären Apparat — und der zentralen Erfahrung einer Willensanstrengung.

3. Wahrnehmung in Abhängigkeit von aktivem Lernen

Es ist natürlich seit langem bekannt, daß der visuelle Wahrnehmungsprozeß eine bemerkenswerte Plastizität aufweist. In Kapitel IV fand sich eine kurze Beschreibung von Experimenten mit umgekehrten Linsen und der Rolle, die die Aktivität zur Adaption an solche visuelle Verzerrungen spielt. Das eleganteste und faszinierendste Beispiel für die Rolle der Aktivität im visuellen Lernprozeß wird von den Experimenten von HELD und HEIN (1963) geliefert. Kätzchen aus demselben Wurf verbringen täglich mehrere Stunden in einem Apparat (Abb. 20), der dem einen Kätzchen fast völlige Freiheit zur aktiven Erkundung seiner Umgebung läßt, wie jedes normale Kätzchen sie hat. Das andere Kätzchen sitzt in einer Gondel, die über eine einfache Mechanik durch das explorierende Kätzchen bewegt wird. Der Passagier in der Gondel wird auf diese Weise mit der gleichen visuellen Bilderwelt konfrontiert, wie das aktive Kätzchen, nur geht diese Aktivität nicht vom Passagier aus. Seine visuelle Welt wird ihm geliefert, genau wie sie uns auf einer Fernsehmattscheibe geliefert wird. Beide Kätzchen werden mit ihrer Mutter in dunkler Umgebung gehalten, wenn sie sich nicht in dem Apparat befinden. Nach Ablauf mehrerer Wochen zeigen Teste, daß das aktive Kätzchen gelernt hat, seine Blickfelder zum Erlangen eines gültigen Bildes der externen Welt zu gebrauchen, so daß es sich wie jedes normale Kätzchen bewegen kann, während der Gondelpassagier nichts gelernt hat. Ein einfaches Beispiel für diesen Unterschied wird gegeben, wenn die Kätzchen auf ein schmales Bord gesetzt werden, das sie entweder auf der einen Seite mit einem kleinen Sprung oder auf der andern Seite mit einem furchterregenden Fall verlassen können. Auf der gefährlichen Seite schützt übrigens ein durchsichtiges Bord vor Schaden. Das aktiv trainierte Kätzchen wählt in jedem Fall die leichte Seite, das passive wählt beide ohne Unterschied.

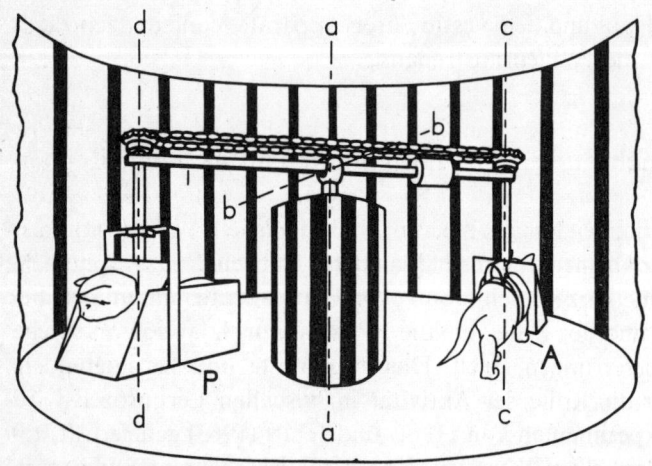

Abb. 20. Apparat für den Ausgleich von Bewegung und resultierender visueller Rückkopplung zwischen einer sich aktiv bewegenden Katze (*A*) und einer passiv bewegten (*P*) (HELD u. HEIN, 1963)

Die Folgerung aus diesem und vielen anderen Experimenten an Tieren und Menschen ist, daß dauernde aktive Erkundung nötig ist, wenn Erwachsene ihre bereits vorhandene visuelle Diskriminierung erhalten wollen. Die unglaublichsten physiologischen und anatomischen Probleme stellen sich durch diese faszinierenden Experimente über Wahrnehmung und Verhalten, aber im Moment können wir sie nur sehr vage formulieren.

4. Die anatomische und physiologische Basis bewußter Erfahrung

Als Resultat dieses intensiven sensorischen Trainings über Jahre unseres Lebens und seiner Konzentration in den Methoden wissenschaftlicher Forschung, haben wir etwas über Sinnesorgane und

Gehirn gelernt. Allmählich wurden die primitiven Konzepte ihrer Wirkungsart bei Sinneswahrnehmungen klarer, nicht nur die Wirkungsart der Sinnesorgane als hochspezifische Detektoren physikalischer oder chemischer Reize, sondern auch die Art, wie Information in Form von Signalen (Nervenimpulsen) von ihnen an die Gehirnrinde weitergegeben wird. Sie sind sich aber sicher dessen bewußt, daß dieses Verständnis sich als Konsequenz sehr komplexer und spezifischer intellektueller Prozesse entwickelt hat — Denken, Beobachten, Bewerten, Korrelieren, Kritisieren, Urteilen, Vorstellen.

Hier in der Stadt von KEITH LUCAS, ADRIAN, RUSHTON, HODGKIN, HUXLEY und KEYNES ist es nicht notwendig, Ihnen irgendetwas über Nervenimpulse zu erzählen, denn gerade in Cambridge wurde die fundamentale Arbeit über diese grundsätzliche Kommunikationsart des Nervensystems geleistet. Ich muß Ihnen jedoch einen kurzen Einblick in die allgemeinen strukturellen und funktionellen Charakteristika des Zentralnervensystems geben. Die menschliche Gehirnrinde hat eine Fläche von 2000 cm^2 und eine Dicke von ungefähr 3 mm. Sie wird von einer dicken Schicht von Nervenzellen vieler Arten und Größen gebildet — insgesamt etwa 10 Milliarden an der Zahl — und wird oft mit einer riesigen Telephonzentrale verglichen. Während der letzten Jahre wurden mit Hilfe der Elektronenmikroskopie riesige Fortschritte in der Erforschung der Gehirnrinde gemacht. Zudem benutzte man intra- und extrazelluläre Ableitungen von Pyramidenzellen um die Art, wie Nervenzellen sich mit Hilfe von synaptischen Kontakten in Verbindung setzen, zu untersuchen (vgl. Kapitel II). Ein Impuls, der von einer Zelle abgegeben wird, bewirkt eine momentane Aktivierung der vielen exzitatorischen und inhibitorischen Synapsen, die jede Zelle mit anderen Zellen bildet. Manchmal sind es viele Hundert. Eine spekulative Vorstellung neuronaler Wirkungsweise kann man erhalten, wenn man bedenkt, daß viele fast synchrone exzitatorische synaptische Bombardements nötig sind, damit die Zelle einen Impuls abgibt, um auf diese Weise selbst an der weiteren Ausdehnung neuronaler Aktivität teilzunehmen (Abb. 5). Für eine effektive Ausbreitung der Aktivität muß jedes Neuron synaptische Aktivierung von vermutlich Hunderten von Neuronen empfangen und selbst zu Hunderten übertragen. Auf diese Weise trifft man auf das Konzept der Wellenfront (vgl. Abb. 10), die eine Art von vielspurigem Verkehr in Hunderten von Neuronenbahnen darstellt, so daß die Wellenfront innerhalb einer Sekunde über mindestens Hunderttausend Neurone hinweggeht. Außerdem sprechen viele Befunde dafür, daß ein und dasselbe Neuron an Aktivitätsmustern teilhaben kann, die aus vielen verschiedenen Reizen entstehen (vgl. Abb. 11). Die Wirkungsweise der Bahnen, die an Sinneswahrnehmungen beteiligt sind, wurde in den Kapiteln II und IV beschrieben. Sie besteht in der Weiterleitung von Information von Rezeptororganen in der kodierten Form von Impulsen. RUSSEL BRAIN (1951) hat kurz und bündig gesagt: „Die einzige Bedingung, die erfüllt werden muß, damit der Beobachter Farben sieht, Töne hört, seinen eigenen Körper fühlt, ist, daß die richtigen physiologischen Vorgänge in den richtigen Gehirnregionen ablaufen."

5. Der Schwellenwert bewußter Erfahrung

Es ist seit langem bekannt, daß Sinneseindrücke durch elektrische Reizung des Gehirns bewußter Probanden hervorgerufen werden können, worüber eine sehr sorgfältige Studie von PENFIELD u. Mitarb. gemacht wurde (PENFIELD u. JASPER, 1954). Diese Sinneseindrücke sind meistens ungeordnete Erfahrungen oder Parästhesien. Licht oder Farben von der visuellen Region, Kribbeln oder Taubheit von der somästhetischen Region (die Gegend, die für allgemeine körperliche Sinnesempfindungen verantwortlich ist), Geräusche von der Gehörregion. LIBET u. Mitarb. (1966) haben die Reaktionen der somästhetischen Region benutzt, um die Natur neuronaler Aktivität, die zu bewußten Erfahrungen führt, zu ergründen. Sie applizierten sehr schwache Ketten kurzer elektrischer Impulse, normalerweise mit einer Frequenz von 30 bis 60 pro Sekunde auf die freigelegte Gehirnrinde bewußter Personen, die sich großzügigerweise freiwillig während eines therapeutischen Eingriffs zur Verfügung stellten. Der Zweck des Experiments war, den Reiz festzustellen, der gerade genügt, um bei ihnen eine bewußte Erfahrung hervorzurufen, die natürlich somästhetischen Charakters und normalerweise anomal war. In ungefähr einem Drittel der Fälle war sie jedoch normal — z. B. das Gefühl von Druck, Berührung oder Bewegung und sogar Wärme und Kälte. Es war sehr interessant zu beobachten, daß mit zunehmender Zahl der Reize in der Salve die Stärke, die zur Erzeugung einer bewußten Erfahrung nötig war, stark zurückging und daß mindestens eine halbe Stunde wiederholter Reizung für den schwächsten Reiz nötig war. Wie Abb. 21 zeigt, war

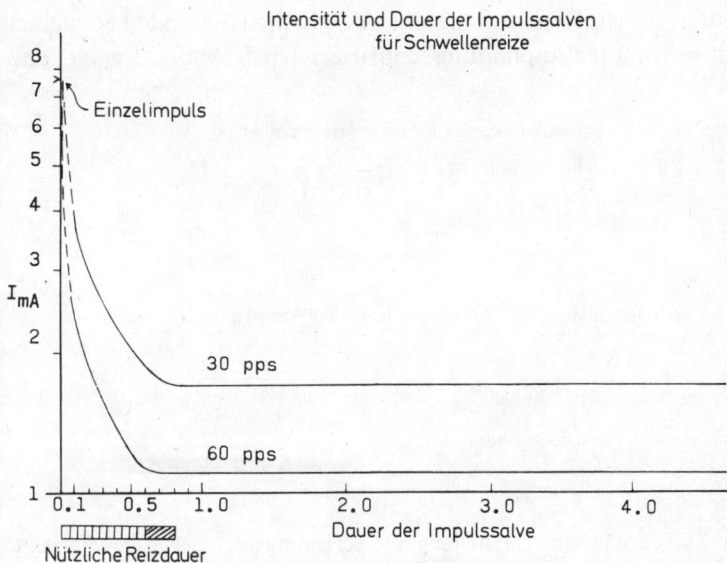

Abb. 21. Intensität-Dauer-Kombinationen für Reize (im Bereich des Gyrus postcentralis), die gerade noch eine bewußte somatische Empfindung auszulösen vermögen. Es werden Kurven für zwei verschiedene Puls-Wiederholungsfrequenzen wiedergegeben, wobei Rechteckimpulse von 0,5 msec Dauer und der auf der Ordinate in mA angegebenen Intensität zur Verwendung kommen. Wenn die Dauer der Reizkette auf weniger als die „nützliche Reizdauer" (Utiliz. T. D.) verkürzt wird, ist ein stärkerer Reiz nötig, um die Reizschwelle zu erreichen (LIBET, 1966)

der Effekt der Dauer praktisch gleich für eine Reizung von 60 bzw. 30 pro Sekunde. Das Fortdauern des schwächsten Reizes über die Zeit hinaus, die für das Auftreten einer Sinnesempfindung nötig war, steigerte diese Empfindung nicht, sondern verlängerte sie nur am Schwellenwert des Fühlens.

Allgemeine Übereinstimmung herrscht wohl darüber, daß jeder elektrische Impuls der Reizsalve die Entladung von Impulsen der Nervenzelle zur Folge hat und daß der Effekt der Dauer — nämlich die Herabsetzung des Schwellenwertes — zeigt, daß ein räumlich-zeitliches — Muster von Impulsentladungen hervorgebracht werden muß, bevor eine bewußte Erfahrung entsteht. Es wird weiterhin angenommen, daß unter den Bedingungen der Schwellenwertreizung eine Verzögerung von mindestens einer halben Sekunde beobachtet wird, bevor die Empfindung registriert wird. Abb. 22 zeigt, daß

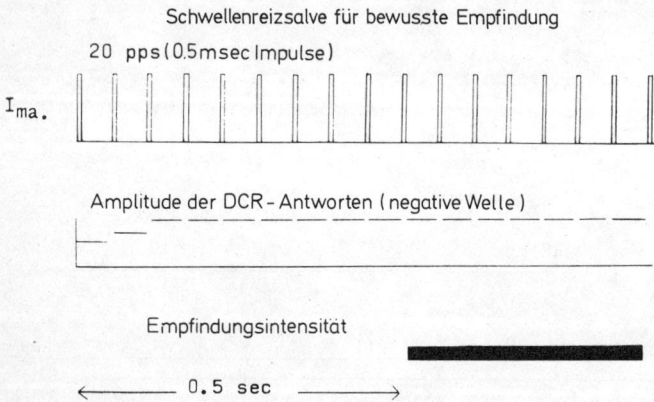

Abb. 22. Schematische Darstellung der Beziehungen zwischen der Reizkette von 0,5 msec-Impulsen mit Schwellenintensität im Bereich des Gyrus postcentralis und den Amplituden der direkten kortikalen Reaktionen (DCR), die daneben wiedergegeben sind. Die dritte Linie zeigt, daß eine bewußte sensorische Wahrnehmung erst ausgelöst wird, wenn die ersten 0,5 Sekunden verstrichen sind und daß die dann auftretende Wahrnehmung während der ganzen weiteren Reizdauer dieselbe subjektive Intensität behält (LIBET, 1969)

sogar der erste Impuls der Reizsalve eine elektrische Reaktion des Cortex hervorruft. Nach den drei ersten Reizen war keine weitere Erhöhung der Reaktion zu beobachten, obwohl die bewußte Erfahrung erst nach dem zehnten Reiz auftrat. Offenbar gibt es eine Möglichkeit für den Aufbau einer Neuronenaktivität in komplexe räumlich-zeitliche Muster während der „Inkubationszeit" einer an der Wahrnehmungsgrenze liegenden bewußten Erfahrung.

Die gleichen zeitlichen Charakteristika zeigen sich, wenn die subkortikale weiße Substanz oder der Thalamus gereizt werden, so daß man annehmen kann, daß die Ausarbeitung aktivierter Neuronenmuster ein grundsätzlicher Faktor für das Erleben einer Sinnesempfindung ist. Diese Interferenz bestätigt die Befunde von JASPER (1966), daß die ersten elektrischen Antworten, die durch afferente Salven zum Cortex erzeugt werden, nichts mit bewußter Erfahrung zu tun haben. Zum Beispiel bleiben diese ersten Antworten in relativ tiefer Narkose unverändert. Nach der ersten Antwort treten allerdings ungefähr eine Sekunde lang kleine Nachwellen auf, die sehr empfindlich auf die Tiefe der Narkose reagieren und die in der Tat mit dem Erleben des Sinneseindrucks korrelierbar sind.

Für das visuelle System existieren ebenfalls Befunde (CRAWFORD, 1947), daß mindestens 0,2 Sekunden kortikaler Aktivität nötig sind, bevor der Schwellenwert für einen Lichtstrahl erreicht wird. Diese Aufbauzeit für eine bewußte Erfahrung kann bis zu einer Sekunde betragen. Ein sensorischer Reiz kann schnelle motorische Reaktionen auf unterbewußter Ebene hervorrufen, bevor er tatsächlich wahrgenommen wird. Es ist wichtig, daß man sich bewußt ist, daß Messungen der Reaktionszeit nicht als Maß für die Zeit benutzt werden können, die für den Aufbau einer bewußten Erfahrung nötig ist.

6. Neuronenaktivität und bewußte Erfahrung

Die Zeit von mindestens 1/5 Sekunde für den Aufbau des Neuronensubstrates einer bewußten Erfahrung ist sehr lang. Die Zeit für die Übertragung von einer Nervenzelle zur anderen beträgt nicht mehr als 1/1000 Sekunde; daher könnte eine serienartige Schaltung von bis zu 200 synaptischen Verbindungen zwischen Nervenzellen bestehen, bevor eine bewußte Erfahrung hervorgerufen ist. Tausende von Nervenzellen würden anfangs aktiviert, die ihrerseits durch eine synaptische Schaltstation viele Nervenzellen aktivierten. Die Größe dieser vorgezeichneten Ausdehnung über die Neuronenbahnen des Gehirns ist jenseits aller Vorstellungskraft. Die ungeheure Verflechtung neuronaler Aktivität in meinem Gehirn ist nötig, bevor ein sensorischer Reiz selbst in seiner unausgebildetsten Form von mir empfunden werden kann. Reaktionen, die Vergleiche, Werte, Urteile, Korrelation mit erinnerten Erfahrungen, ästhetischen Beurteilungen nötig machen, brauchen zweifelsohne viel länger. Das hat zur Folge, daß recht phantastische Verflechtungen neuronaler Wirkung in den räumlich-zeitlichen Mustern, die mit dem „verzauberten Webstuhl" gewebt werden — um SHERRINGTON zu zitieren — ablaufen müssen.

MOUNTCASTLE (1966a) betont, daß wir noch sehr wenig über den Wahrnehmungsmechanismus wissen, daß wir aber bedeutende Fortschritte sowohl im Hinblick auf das neuronale Substrat als auch auf das Verhaltensprodukt gemacht haben. Wie zudem in den Experimenten von LIBET u. Mitarb. (1966) gezeigt wird, schließt sich die Kluft zwischen diesen beiden Gebieten immer mehr. MOUNTCASTLE glaubt jedoch:

„... daß Untersuchungen der Gehirnrinde nur die Grundmauern erstellen, von denen sehr viel komplexere Aktivitäten abhängen. Irgendwann in der langen Kette der Ereignisse vom Reiz zur introspektiven Einschätzung, müssen die Zeichen von Platz und Qualität besser kodiert werden. Der Mechanismus entzieht sich uns; soviel ich weiß, gibt es noch nicht einmal sinnvolle Modelle für experimentelle Untersuchungen. Ich nenne das als Beispiel für neu auftauchende Neuroneneigenschaften, Eigenschaften, die ich nicht einfach als additive Eigenschaften der Funktion von Einzelzellen, soweit wir sie gegenwärtig kennen, ansehe."

MOUNTCASTLE (1966b) fährt fort:

„Die Wahrheit ist, daß physiologische Untersuchungen nur zu dem Beiträge geleistet haben, was wir über das anatomische Substrat für die Funktion wissen — und das ist das, was ich mit dem Ausdruck „statische Eigenschaften" bezeichne. Die Flutwelle von Experimenten bewegt sich in Richtung auf eine Abklärung der zeitabhängigen dynamischen Aspekte kortikaler Funktion. Man kann vermuten — und in der Tat zeigen einige Beobachtungen es schon —, daß das aufeinanderfolgende Formen und Neuformen neuer und sehr komplexer Aktivitätsmuster, die sowohl kortikale Zellen, die ursprünglich durch einen sensorischen Reiz aktiviert wurden, als auch andere reizunabhängige Zellen einbezieht, in funktionellen Mustern resultiert, die wesentlich komplexer sind als die, die durch eine säulenartige Organisation allein vorhergesagt wurden. Ich glaube, daß das der Aspekt neuronaler Funktion ist, zu dem wir die neuronalen Korrelate des Wahrnehmungsprozesses suchen müssen.

Als Beweis für seine oben angeführte Behauptung zitiert MOUNT-CASTLE die bemerkenswerten Befunde von PENFIELD und anderen, daß elektrische Reizung einer kortikalen sensorischen Region nicht nur eine Parästhesie hervorruft, die für diese Region charakteristisch ist, sondern auch ihre normale Funktion stillegt. Die künstlich erzeugten neuronalen Aktivitätsmuster müssen die Bildung komplexer „sinnvoller" Muster stören, die zu einer bewußten Erfahrung gehören. Er schließt (1966b):

„Integrierendes Handeln, neurale Diskriminierung, Wahrnehmung und eventuell bewußtes Handeln können als neu auftretende Eigenschaften großer Neuronenansammlungen angesehen werden, Eigenschaften, die nur durch anhaltende Experimente geklärt werden können".

MORUZZI (1966b) präsentiert eine beeindruckende Menge von Daten, die das Postulat stützen, daß nur ein extrem kleiner Teil aller sensorischen Reize auch erlebt wird — im Schlaf z. B. beobachtet man eine allgemeine Aktivität kortikaler Nervenzellen und EVARTS (1964) berichtet, daß man sogar erhöhte Aktivitäten in einigen kortikalen Neuronen findet. Genauso kann man feststellen, daß nur ein sehr kleiner Teil des ungeheuren Angebotes an visueller Wahrnehmung von einem Moment zum andern benutzt wird. MORUZZI vermutet, daß nur ein extrem kleiner Teil der bereits vorprogrammierten Neuronenaktivität, die in einem Gehirn zu einem beliebigen Zeitpunkt vorhanden ist, am Zustandekommen einer bewußten Erfahrung beteiligt ist, obwohl wir in gewissen Grenzen offensichtlich unsere Aufmerksamkeit auf andere Neuronenmuster lenken können, die dann als Folge bewußt erlebt werden. Genauso kann nur ein sehr kleiner Teil der sensorischen Reize, die zum Gehirn gelangen, im Erinnerungsprozeß zurückgerufen werden, noch nicht einmal für die wenigen Minuten des Kurzzeitgedächtnisses. MORUZZI (1966b) sagt:

„All diese Überlegungen führen zu der Folgerung, daß die neuralen Prozesse, die Lernen und Vergessen, Speichern und Rückruf von Gedächtnisspuren zugrundeliegen, im Hinblick auf die Background-Aktivität des Gehirns relativ gering sind, obwohl die höchsten menschlichen Leistungen, von künstlerischer Kreativität bis zur wissenschaftlichen Entdeckung, von ihnen abhängen."

Die großen subkortikalen Nuclei und besonders das retikuläre Aktivierungssystem haben, wie MAGOUN und MORUZZI sowie auch

BREMER zeigten, den Cortex durch ein kontinuierliches Sperrfeuer von Impulsentladungen mit Energie zu versorgen, um auf diese Weise das Niveau kortikalen Bewußtseins zu erhalten. Obwohl jedoch diese Hintergrund- oder Erhaltensaktivierung für die Aufrechterhaltung des Bewußtseins unerläßlich ist, muß sie vom Prozeß der Aufmerksamkeit getrennt werden, der in einer selektiveren Art arbeitet, als sie von diesen unspezifischen Systemen geleistet wird. In Übereinstimmung mit MOUNTCASTLE würde ich sagen, daß die kleinste bewußte Erfahrung, die wir im Zustand der Aufmerksamkeit erleben, im großen und ganzen gesehen im Cortex entsteht.

7. Die Einheit der bewußten Erfahrung und die zerebralen Kommissuren

Ganz beachtliche Probleme entstehen aus der Tatsache, daß wir zwei zerebrale Hemisphären haben, von denen jede eine Unmenge lokalisierter Aufgaben zu erfüllen hat, von denen die eine oder die andere allgemeine körperliche Sinneswahrnehmungen und Sehvorgänge aufnehmen muß, während Bewegungsabläufe gleicherart von der einen oder anderen Seite des motorischen Cortex abhängen. Wir durchleben jedoch das, was BREMER (1966) so treffend „geistige Einheit" nennt. Wir können fragen: wie kann die Mannigfaltigkeit und die unglaubliche Aktivitätsstreuung in den räumlich-zeitlichen Mustern des Gehirns zu so einer Einheit führen und von einer Minute zur anderen zur relativen Einfachheit unserer bewußten Erfahrung, so daß das Spiel der Erfahrung sozusagen auf der Bühne vor einem einzigen bewußten Selbst erscheint?

Unzweifelhaft ist ein wesentliches neurologisches Korrelat dieser Vereinheitlichung der Erfahrung von neuronalen Vorkommnissen in den zwei Hemisphären der enorme kommissurale Trakt, das Corpus callosum, das die zwei spiegelbildgleichen Regionen der beiden Hemisphären verbindet. Eine kleinere Rolle spielt die kommissurale Verbindung durch die Commissura anterior und die Massa intermedia. Es ist wohlbekannt, daß die geistige Einheit beim Menschen intakt bleibt, selbst bei großen Verletzungen oder chirurgischer Zerstörung der zerebralen Hemisphären, selbst wenn die interpretatorischen Regionen für die symbolische Ausdrucksweise der Sprache zerstört sind (Abb. 25, 30); und wir können alle in Träumen die fragmentarische und chaotische Bilderwelt, die Teil unseres erfahrenden einheitlichen Selbsts ist, durchleben. Vielleicht sind die Beobachtungen von PENFIELD (1966, 1969) noch bemerkenswerter; er konnte durch elektrische Reizung des Schläfenlappens

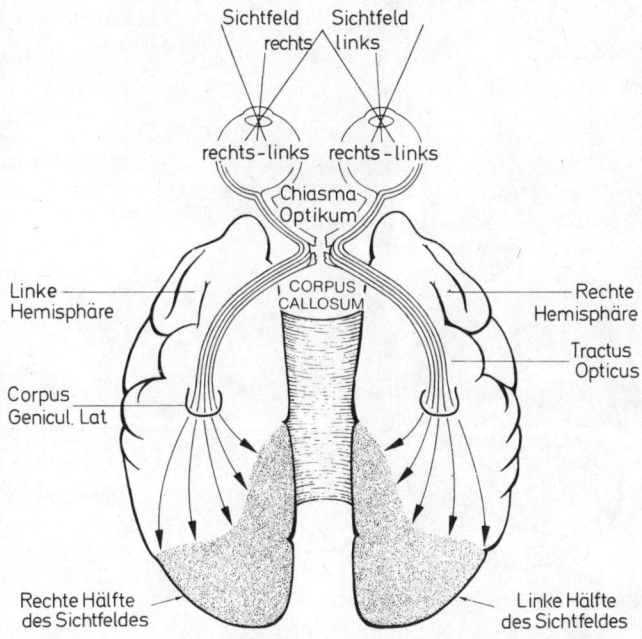

Abb. 23. Schema eines Affen-Gehirns, das die vollständige Trennung der visuellen Bahnen des linken und rechten Auges nach Durchtrennung des Chiasma opticum zeigt (modifiziert nach SPERRY, 1964)

schwache audio-visuelle Erinnerungen illusorischen Charakters hervorrufen. Diese eigenartigen Erfahrungen wurden trotzdem von Probanden assimiliert und als Erinnerungen an lang vergessene Vorfälle im Leben des gleichen Selbst anerkannt.

Die gleiche außerordentliche Fähigkeit des erfahrenden Selbst, eine Einheit aus Mannigfaltigkeit zu bauen, wird durch das Phänomen der drogeninduzierten Halluzination illustriert. Ganz gleich wie bizarr die Erfahrungen auch sind, sie werden als zum Selbst gehörig betrachtet und nicht irgendeinem privilegierten Einblick in geistige Ereignisse irgendeines anderen Selbst zugeschrieben — oder aber einem Teilstück des ursprünglichen Selbst; das heißt, es existiert keine geistige Diplopie.

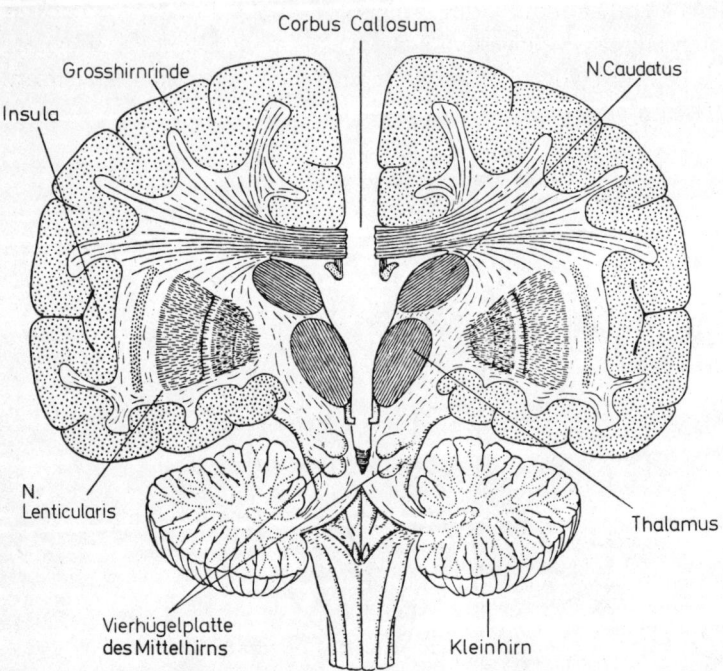

Abb. 24. Schematische Darstellung der Trennung der beiden Großhirnhemisphären infolge Durchtrennung des Corpus callosum, das als der große, beide Hemisphären verbindende Trakt dargestellt ist. Das Schema zeigt im weiteren eine mediane Durchtrennung des Cerebellums, die jedoch für die vorliegende Diskussion gegenstandslos ist (SPERRY, 1964)

Das Postulat, daß die Gehirnkommissuren eine Schlüsselposition in der Verbindung der beiden Gehirnhälften besitzen, wurde in der letzten Dekade von MYERS und SPERRY u. Mitarb. (MYERS, 1961; SPERRY, 1964, 1966) in bemerkenswert klug angelegten Experimenten getestet. Bei Katzen und Affen wurde das Chiasma opticum getrennt, so daß jedes Auge Reize an die zerebrale Hemisphäre seiner Seite abgab (Abb. 23). In den Tieren mit gespaltenem Chiasma wurde das, was durch visuelle Reize an einer Hemisphäre gelernt wurde, zur anderen Hemisphäre weitergeleitet, wo es nach einer Spaltung des Gehirns wiederentdeckt werden konnte. Das heißt also, daß die Information, die durch das eine Auge zur Hemisphäre gelangt, zum Zeitpunkt des Anlegens von Gedächtnisspuren zur anderen Hemisphäre weitergeleitet wird. Im Gegensatz dazu wurde nichts Erlerntes von einer zur anderen Seite weitergeleitet, nachdem das Gehirn gespalten worden war (Abb. 24).

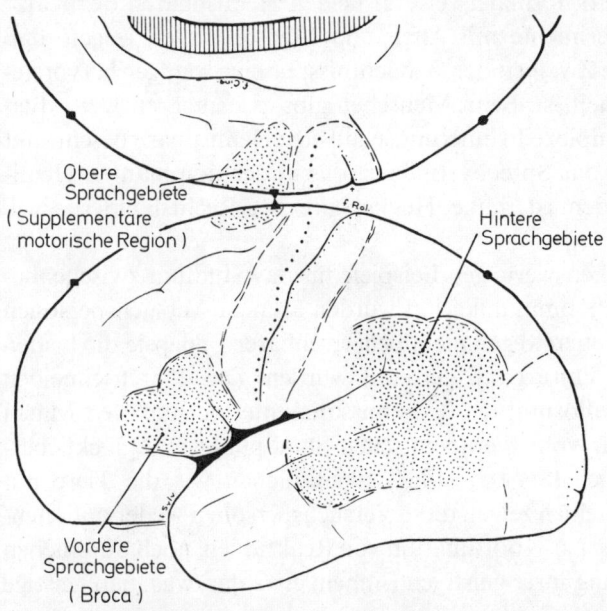

Abb. 25. Kortikale Sprachzentren der dominanten Hemisphäre, wie sie anhand der durch elektrische Störung ausgelösten Aphasie bestimmt werden können (PENFIELD, 1966)

Beide Seiten des Gehirns konnten so trainiert werden, daß sie diametral entgegengesetzte Reaktionen auf Reize gaben. Auf so einem Versuchsniveau ist das Tier in zwei unabhängig voneinander sich verhaltende und lernende Organismen gespalten. Im Gegensatz dazu rief der Versuch, verschiedene Reaktionen auf Informationen hervorzurufen, die vor der Gehirndurchtrennung in beiden Augen eines Tieres mit gespaltenem Chiasma geleitet worden waren, schwere Verhaltensstörungen des Tieres hervor. Die gleichen Verhaltensstörungen wurden beobachtet, wenn versucht wurde, Tiere mit Hilfe von Signalen, die Berührung und Kinästhesie einschlossen, in entgegengesetzter Weise zu trainieren. Daraus kann geschlossen werden, daß die Kommissuren wesentlich an der Weiterleitung von Informationen zwischen den beiden Hemisphären beteiligt sind, so daß sie beide am Lern- und Erinnerungsprozeß teilnehmen können. Das neurologische Lernsubstrat, Erinnerung genannt (LASHLEY, 1950), wird normalerweise in beiden Hemisphären der Katze angelegt. Experimente mit Affen und Menschenaffen zeigen, daß bei ihnen diese Zweiheit der Gedächtnisspur eine weniger hervorstechende Eigenheit ist. Beim Menschen gibt es bemerkenswerte Beispiele, daß komplexe Erinnerungen auf eine Hemisphäre beschränkt sind, wie z. B. das Sprechvermögen, das in der dominanten Hemisphäre zu finden ist (linke Hemisphäre bei Rechtshändern; vgl. Abb. 25).

Die bemerkenswertesten Beispiele für das Studium zwischenhemisphärischer Kommunikation wurden an neun Versuchspersonen gemacht, bei denen wegen nicht beherrschbarer Epilepsie die beiden Gehirnhälften chirurgisch getrennt wurden. Das Durchschneiden des Corpus callosum, der Commissura anterior und der Massa intermedia war vom therapeutischen Standpunkt aus glücklicherweise erfolgreich (SPERRY, 1964, 1966). Genau wie die Tiere mit gespaltenem Gehirn zeigen diese Versuchspersonen weder auffallende Zeichen falscher Koordination von Reaktionen, noch durchleben sie eine Spaltung ihrer geistigen Einheit, etwa das, was man geistige Diplopie nennen könnte. Sie zeigen jedoch schwere Störungen von Reaktion und Erfahrung, wenn sie entsprechend getestet werden. Die bemerkenswertesten Befunde stammen von dem fast immer unilateral vorhandenen Sprachsinn in der dominanten kortikalen Hemisphäre (Abb. 25, 30); in allen beschriebenen Fällen ist es die linke. Die Versuchspersonen können z. B. nicht mit der linken Hälfte des Blickfeldes lesen, das ausschließlich die rechte Hemisphäre beschickt (die nicht-dominante Hemisphäre) und verbale Befehle werden nur mit der rechten Seite ausgeführt. Sie reagieren manchmal richtig auf Reize aus dem Bereich des linken Blickfeldes, aber ohne sagen zu können, was sie tun. Ähnlich haben sie keine detaillierten Kenntnisse von Berührung oder Bewegung auf der linken Seite und wissen nicht, was die linke Seite tut, wenn ihre Augen verbunden werden. Ganz offensichtlich kennt oder „erinnert" die dominante Hemisphäre die Erfahrungen und Aktivitäten der anderen Hemisphäre nicht. Die Schwierigkeiten dieser Versuchspersonen erwachsen aus dem unkontrollierbaren Verhalten der linken Seite, besonders der linken Hand. Oft versuchen sie, die linke Hand mit der rechten zu lenken.

Alle Befunde dieser neun Fälle können durch das Postulat erklärt werden, daß die nicht-dominante Hemisphäre, wenn sie ihrer kommissuralen Verbindungen zur dominanten Hemisphäre beraubt ist, sich wie ein Computer mit eingebauten Fähigkeiten zur Bewegung verhält, mit Erkennungsmöglichkeiten für die Form und Funktion von Gegenständen und mit der Fähigkeit zu lernen. Die dominante Hemisphäre aber, die die Fähigkeit zur sprachlichen Verständigung besitzt, ist über diese Fähigkeiten nicht informiert. Wie SPERRY (1966) z. B. sagt:

„... die Versuchsperson hat die Augen verbunden und ein vertrauter Gegenstand — Bleistift, Zigarette, Kamm oder Münze — wird in seine linke Hand gelegt. Die stumme Hemisphäre, die mit der den Gegenstand fühlenden Hand verbunden ist, wird ihn wahrnehmen und recht gut wissen, um welchen Gegenstand es sich handelt. Obwohl sie dieses Wissen nicht in Wort oder Schrift auszudrücken in der Lage ist, kann sie doch den Gegenstand korrekt handhaben und demonstrieren, wie er gebraucht werden soll. Sie kann sich außerdem an den Gegenstand erinnern und ihn mit der gleichen Hand aus einer Ansammlung von Gegenständen, entweder durch Berühren oder durch *Ansehen*, herausfinden. Während dieses Vorgangs hat die andere Hemisphäre keine Vorstellung von dem Objekt und sagt es auch auf entsprechende Fragen. Wird auf eine Antwort gedrängt, so kann die Sprachhemisphäre nur versuchen zu raten. Das bleibt so lange der Fall, wie die Augen verbunden sind und alle andern Übermittlungsmöglichkeiten für sensorische Reize vom Objekt zur Sprachhemisphäre blockiert sind. Aber lassen Sie die rechte Hand zur linken kreuzen und den Gegenstand in der linken Hand berühren, oder berühren Sie mit dem Gegenstand das Gesicht oder den Kopf, wie es bei der Demonstration des Gebrauchs von Kamm, Zigarette oder Brille geschieht, oder machen Sie mit dem Gegenstand ein charakteristisches Geräusch, wie z. B. das Klirren eines Schlüsselbundes, dann wird die Sprachhemisphäre sofort die richtige Antwort liefern."

Auf die gleiche Art bleiben Geschehnisse aus dem linken Gesichtsfeld der dominanten Hemisphäre unbekannt. SPERRY (1966) schreibt z. B.:

„Die Versuchspersonen können solch einfache Aufgaben nicht lösen, wie z. B. die Unterscheidung roter und grüner Halbfelder, von denen durch einfaches Kopfnicken oder -schütteln gesagt werden soll, ob sie gleicher oder verschiedener Farbe seien. Die gleiche Aufgabe machte keiner der beiden Hemisphären irgendeine Schwierigkeit, wenn die beiden Farben oder andere Reize innerhalb der gleichen Hälfte des retinalen Bildes anlangten und daher zur gleichen Hemisphäre projiziert wurden. Vergleiche der Orientierung breiter gerader Balken, die durch das Gesichtsfeld liefen und die in der Mitte gebrochen waren, fielen leicht, wenn beide Teile des Balkens in ein Feld fielen; fielen aber beide Teile getrennt in rechte und linke Felder, waren die Probanden außerstande zu sagen, ob die beiden Balken gerade oder gewinkelt durch die Mittellinie liefen. Schloß die Reaktion auf diesen Test ein, daß die gesehenen Linien gezeichnet werden sollten, so war das anfängliche Resultat, daß jede Hand nur den Teil der Linie zeichnete und festhielt, der in ihre Hälfte des Gesichtsfeldes fiel, während die andere Hälfte ausgelassen wurde. Hielten beide Hände einen Bleistift und zeichneten gleichzeitig, so wurden beide Teile der Linie korrekt gezeichnet, was eine beidseitige simultane Wahrnehmung und Reaktion anzeigte."

Wir können dies zusammenfassen, indem wir sagen, daß die Vorkommnisse in der nicht-dominanten Hemisphäre — die wir Computer nennen können — der Versuchsperson nie bewußt werden. Es ist von besonderem Interesse, das Problem des freien Willens im Verhältnis zu diesen zwei getrennten zerebralen Hemisphären zu betrachten. Solange die dominante Hemisphäre und die rechte Körperseite betroffen sind, ist die Situation die einer normalen Versuchsperson. Das bewußte Subjekt hat jedoch keine direkte Kontrolle über das, was die linke Hand tut. Es besteht auch kein Wissen um diese Bewegungen, außer daß sie Informationen produzieren, die über neuronale Bahnen zur dominanten Hemisphäre gelangen, wie z. B. Informationen vom rechten Gesichtsfeld oder durch Palpation mit der rechten Hand. Wir haben bereits gesehen, daß die linke Hand ausreichende Erkennungsaktionen durchführen kann, die der bewußten Versuchsperson aber unbewußt bleiben. Die dominante Hemisphäre kann aber durch den Gebrauch der rechten Hand versuchen, sich in die korrekten Reaktionen, die von der nicht-dominaten Hemisphäre als Antwort auf Informationen, die sie über das linke Gesichtsfeld erhielt, „einzumischen".

Mit fortschreitender Erholung von der Operation entwickelte eine Versuchsperson eine gewisse willensmäßige Kontrolle über seine linke Hand. Es konnte jedoch gezeigt werden, daß dies ausschließlich der ungekreuzten Pyramidenbahn von der linken (dominanten) Hemisphäre zu den die Muskeln des linken Armes kontrollierenden Nervenzellen zuzuschreiben war, und keineswegs einer bewußten und gewollten Handlung der nicht-dominanten Hemisphäre, dem Computer. Trotzdem existieren sehr viele Beweise dafür, daß diese Hemisphäre ein sehr komplex reagierendes Eigenleben hat, obwohl ihr die Möglichkeit fehlt, dies offen darzulegen, denn die sprachliche Selbstdarstellung ist eine ausschließliche Eigenheit der dominanten Hemisphäre. Die linke Hand kann mit Hilfe der nicht-dominanten Hemisphäre auf vergleichbare Bilder deuten, die mit vielen anderen am linken Gesichtsfeld vorbeizogen. Sie kann den korrekt geschriebenen Namen eines Objekts, das auf eine Leinwand projiziert wird, aufnehmen oder, umgekehrt, sie kann einen Namen lesen und das dazugehörige Objekt finden. Die Worte „Tasse, Gabel und Apfel" veranlassen z. B., auf eine Leinwand projiziert, die linke Hand dazu, den richtigen Gegenstand, der sich auch im linken Gesichtsfeld befindet, anzufassen. All das geschieht, ohne daß die Versuchsperson bewußt erfährt, was bei all diesen Leistungen der nicht-dominanten Hemisphäre passiert, die auf diese Weise Wahrnehmen, Verstehen, Lesen, Wiederauffinden und Lernen zeigt.

SPERRY (1966) argumentiert, daß das Vorhandensein von Bewußtsein in einer Hemisphäre ohne geeignete sprachliche Ausdrucksmöglichkeiten nicht demonstrierbar sei und daß deshalb die nicht-dominante Hemisphäre für bewußte Zustände verantwortlich sein könnte, die aber dem Beobachter wegen fehlender symbolischer Kommunikationsmöglichkeiten durch die Sprache nicht mitgeteilt werden können. Tatsächlich müssen wir zugeben, daß die Beantwortung des Problems, ob die Aktivitäten der nicht-dominanten Hemisphäre zu bewußten Erfahrungen führen, dem Problem, ob tierische Gehirnaktivitäten zu bewußten Erfahrungen führen, äquivalent ist. SPERRY schlägt sogar vor, daß zu einem späteren Zeitpunkt und über kompliziertere Bahnen, z. B. über lange Bahnen in der Formatio reticularis (BREMER), die nicht-dominante Hemisphäre mit der dominanten kommunizieren und auf diese Weise sprachliche Ausdrucksmöglichkeiten erhalten könnte. In solch einem Fall könnte sie sogar über erinnerte Erfahrungen der gegenwärtigen Experimente berichten, obwohl man aus dem Nichtvorhandensein eines Berichtes zum gegenwärtigen Zeitpunkt schließen könnte, daß keine solche Erfahrungen vorhanden seien!

Eine analoge Situation kann bei spontanen automatischen Zuständen einer Versuchsperson mit normaler inter-hemisphärischer Kommunikation auftreten. Im vorigen Jahrhundert schrieb der große englische Neurologe HUGHLINGS JACKSON eine außergewöhnliche Arbeit über Geisteskrankheiten, von denen man heute weiß, daß sie durch lokalisierte epileptische Anfälle in der Region der Amygdalae entstehen. Während dieser automatischen Zustände können die Betroffenen über recht lange Zeiträume hinweg in komplexer und kultivierter Art reagieren und trotzdem nach der Erholung keine Spur von Erinnerung zeigen. Ein Arzt im automatischen Zustand untersuchte z. B. einen Patienten und machte hinreichend genaue Notizen über die Untersuchung. Er erinnerte sich später jedoch an nichts. Man kann fragen: War er während des automatischen Zustands bewußt? Meine Antwort ist, daß wir das nicht annehmen können, wenn die Person keine Spur von erinnerten Erfahrungen besitzt. Bei Fehlen irgendwelcher Beweise müssen wir agnostisch sein, so wie wir es bei der Frage des Bewußtseins von Tieren waren.

Es ist also klar, daß der Verlust der kommissuralen Kommunikation zwischen den beiden Gehirnhälften zu einem Bruch im sensorischen wie im operativen Funktionieren der Person geführt hat. Der wirklich bemerkenswerte Befund ist, daß das bewußte Selbst mit seiner linguistischen und kultivierten Verhaltensweise ausschließlich in der dominierenden Hemisphäre dieser Patienten mit geteiltem Gehirn zu finden zu sein scheint. Die Einheit der bewußten Erfahrung wird erhalten auf Kosten des Verlustes aller Erfahrungen, von denen man erwartete, daß sie mit den Aktivitäten der nichtdominierenden Hemisphäre verbunden sind. Man könnte sich fragen, ob bei normalen Versuchspersonen Informationen, die in diese Hemisphäre gehen, nur nach interhemisphärischem Transfer via Corpus callosum das Bewußtsein erreichen. Diese Vermutung läßt eine weitere Frage aufkommen, nämlich, welche funktionelle Bedeutung die nicht-dominante Hemisphäre hat, abgesehen davon, daß sie Informationen von den Sinnesorganen empfängt, daß sie diese Informationen an die dominante Hemisphäre weiterleitet und schließlich von dieser Hemisphäre Informationen empfängt, die sie an die Muskeln der gegenüberliegenden Seite abgibt. Es muß erwähnt werden, daß motorische Fähigkeiten sowie die zeichnerische Konstruktion räumlicher Beziehungen und Perspektiven viel besser mit der linken Hand und der nicht-dominanten Hemisphäre ausgeführt würden, wobei Informationen aus dem linken Gesichtsfeld Verwendung fänden.

Zusammenfassend möchte ich sagen, daß ich eine tiefe Unzufriedenheit verspüre, wenn ich die gegenwärtigen Versuche überdenke, durch die die unzweifelhafte Einheit meiner bewußten Erfahrungen erklärt werden soll. Man wird mit dem außerordentlichen Problem konfrontiert, die einheitliche Natur seines bewußten Selbst mit neurophysiologischen Vorgängen von ungeheurer Vielfalt und Komplexität in Einklang zu bringen, von denen man annimmt, daß sie ihm zugrundeliegen und die das Weben von räumlich-zeitlichen Mustern auf SHERRINGTONs „verzaubertem Webstuhl" mit seinen Milliarden Nervenzelleneinheiten einschließt. PENFIELD und JASPER (1954) versuchen diese Antithese etwas zu mildern, indem sie postulieren, daß die Vereinheitlichung von Erfahrung im zentroenzephalen System abläuft, zu dem die großen subkortikalen Nuclei gehören, die aus und zu allen Teilen der Gehirnrinde empfangen und senden. Sie betrachten bewußte Erfahrungen als relativ einfache Vorgänge, verglichen mit der enormen Komplexität sensorischer Reize. Ich würde jedoch argumentieren, daß diese Vereinfachung nur im Hinblick auf die von Augenblick-zu-Augenblick-Wahrnehmungen die wir machen zutrifft. Durch Aufmerksamkeit und Konzentration können wir den Erfahrungsfokus sehr viel feiner einstellen und eine Korngröße wahrnehmen, die der Information, die die Sinnesorgane an das Gehirn weiterleiten, entspricht. Auf jeden Fall bleibt das Problem der Einheit der Erfahrung ein Enigma, ob nun das neurale Substrat aus räumlich-zeitlichen Mustern neuronaler Aktivität in den großen subkortikalen Nuclei des zentroenzephalen Systems oder im Cortex selbst vorhanden ist. Wie SHERRINGTON (1940) sagt, „gibt es keine Zentralisierung auf eine pontifikale Nervenzelle". Die Antithese bleibt, daß unser Gehirn eine Demokratie, bestehend aus einer Milliarde Zellen ist; und trotzdem vermittelt es uns eine einheitliche Erfahrung.

8. Entsteht die Einzigartigkeit des erfahrenden Selbst aus genetischer Einzigartigkeit?

Es kann als sicher angenommen werden, daß mein bewußtes Selbst ausschließlich von meinem und nicht von anderen Gehirnen abhängt. Ich glaube, daß Telepathie eine verfechtbare Ansicht ist; wenn es sie aber überhaupt gibt, dann stellt sie einen extrem unzulänglichen und wirkungslosen Weg für die Übermittlung von Information von der neuralen Aktivität eines Gehirns und den dazugehörenden bewußten Erfahrungen, zu den bewußten Erfahrungen meines Gehirns dar. Diese einmalige gegenseitige Abhängigkeit zwischen einem Gehirn und einem bewußten Selbst birgt ein Problem, das schon immer von größtem Interesse für mich war. Es wurde von dem großen amerikanischen Biologen H. J. JENNINGS (1930) in einem spekulativen Kapitel mit dem Titel "Biology and Selves" in seinem Buch *The Biological Basis of Human Nature* beschrieben. Das allgemeine Meinungsklima war für solche Spekulationen jedoch so ungünstig, daß JENNINGS' Ideen fast universell unbeachtet blieben. Und doch sind sie für die Problemstellung dieser Vorlesung sehr relevant: nämlich die Einzigartigkeit der bewußten Erfahrungen, deren jeder von uns sich erfreut, und ihr Verhältnis zu den neuronalen Aktivitäten unserer Gehirne.

Zwei Fragen werden gestellt: Was ist die Natur dieses bewußt erfahrenden Selbst? Und wieso ist es in dieser einzigartigen Weise einem bestimmten Gehirn zugehörig? Ich bin mir bewußt, daß viele das nicht für zwingende Fragen halten. Meine einzige Erwiderung kann sein, daß sie für mich die fundamentalsten und wichtigsten Fragen sind, die man stellen kann. Ich möchte hinzufügen — als kurze autobiographische Randnotiz —, daß ich seit meinem 18. Lebensjahr daran glaube, als ich eine Art plötzlicher Erleuchtung zu diesem Problem hatte, und seine Bedeutung und Wichtigkeit haben mich angetrieben, mein Leben mit der Erforschung des Nervensystems zu verbringen.

JENNINGS formuliert in meisterlichem und glänzendem Stil zwei Probleme, die für ihn völlig unbeantwortbar waren. Beide standen in bezug zu der oberflächlich gesehen attraktiven Hypothese, daß die Einzigartigkeit des Selbst von der Einzigartigkeit der besonderen Genkombination kommt, die zu dem Selbst gehört, oder — wie JENNINGS es ausdrückt — „die Annahme, daß die Vielzahl von Genkombinationen der Ursprung für das Unterscheidende im Selbst sei".

Diese Annahme wird natürlich durch den Unterschied widerlegt, den man bei eineiigen Zwillingen trotz ihrer identischen Genkombinationen findet. Gleichartig wie diese Zwillinge dem Betrachter auch erscheinen mögen, ist doch jeder in seinen eigenen bewußten Erfahrungen und seinem Selbst-Sein so verschieden von seinem Zwilling, wie er es von jedem anderen Selbst ist. Offensichtlich ist die Identität von Genkombinationen vereinbar mit der Unterscheidbarkeit erfahrender Selbsts.

Das zweite Problem hat universellen Bezug auf alle bewußten Selbsts, für jeden von uns. Es wurde von JENNINGS im Hinblick auf die genetische Theorie formuliert, daß jedes Individuum (abgesehen von eineiigen Zwillingen) genetisch ein einzigartiger und nicht wiederholbarer Knoten von Gensträngen sei (DOBZHANSKY, 1962, 1967), der durch Vererbung über unzählige Individuen aus der fernen Vergangenheit entstand. JENNINGS fragt:

„Was ist das Verhältnis meines Selbst, das einen bestimmten Knoten im großen Netzwerk der Menschheit darstellt, zu den anderen jetzt existierenden Knoten? Warum sollte ich nur mit einem identifiziert werden? Einem abseits stehenden Beobachter wird es nicht überraschend erscheinen, daß die verschiedenen Knoten, die ja aus verschiedenen Strangkombinationen gebildet werden, verschiedene Eigenheiten und Charakteristika haben. Daß aber der Beobachter selbst — seine gesamten Erfahrungsmöglichkeiten, ohne die das Universum für ihn nicht existent wäre —, daß er selbst im Hinblick auf Identität zu einem einzigen der Millionen Knoten geknüpft sein sollte, in diesem Netz aus Strängen, die aus der endlosen Vergangenheit kommen — das erscheint dem Beobachter erstaunlich, verwirrend. Durch das Wirken welcher bestimmenden Gründe ist mein Selbst, meine ganze Möglichkeit das Universum zu erleben, an diese bestimmte Strangkombination gebunden, unter Ausschluß von Millionen anderen? Wäre *ich* nie gewesen, hätte *ich* die Möglichkeit an Erfahrung teilzunehmen verloren; hätte das Universum nie für mich existiert, wenn diese bestimmte Kombination nicht entstanden wäre?

Wenn *meine* Existenz also an die Bildung einer bestimmten Genkombination gebunden ist, kann man zu berechnen versuchen, mit welcher Wahrscheinlichkeit ich je existiert habe? Wie sind die Chancen, daß die Kombination, die mich produziert hat, je zustandegekommen wäre? Wenn wir vom Auftreten der genauen Genkombination abhängen, die uns so ganz selbstverständlich produziert, dann stehen die Chancen praktisch eins zu unendlich gegen Ihre oder meine Existenz.

Und wie steht es mit den Selbsts, die entstanden wären, wenn andere Genkombinationen gemacht worden wären? Wenn jede andersartige Kombination in einem anderen Selbst resultierte, dann existierten in den beiden Eltern die Möglichkeiten, die effektiven Anfänge von Tausenden von Billionen von Selbsts, von Persönlichkeiten, so verschieden wie Sie und ich. Jede existierte in einer Form, die so real wäre wie Ihre und meine Existenz bevor unsere Keimzellen sich vereinten. Aus diesen tausend Milliarden entstehen tatsächlich nur vier oder fünf. Was geschah mit den anderen?"

Verfolgt man unseren genetischen Stammbaum noch weiter zurück, so wird das Problem noch viel widersinniger. Aus diesen beiden Gründen muß ich die materialistische Doktrin, daß die Einzigartigkeit meines bewußterfahrenden Selbst auf die Einzigartigkeit meines genetischen „make-up" zurückgeht, ablehnen. Was bestimmt dann aber die Einzigartigkeit meines Selbst?

Ich habe oft erfahren, daß eine häufige und oberflächlich plausible Antwort auf diese Frage die Behauptung ist: daß der bestimmende Faktor die Einzigartigkeit der Erfahrungen ist, die ein Selbst während seines Lebens angehäuft hat. Und dieser Faktor wird auch angeführt, wenn die Verschiedenheit eineiiger Zwillinge trotz ihrer genetischen Identität erklärt werden soll. Ich bin vollkommen damit einverstanden, daß mein Verhalten, mein Charakter, meine Erinnerungen, der ganze Inhalt meines bewußten inneren Lebens von der Gesamterfahrung meines Lebens abhängen; gleichgültig aber wie extrem die Veränderungen sind, die durch die Erfordernisse der äußeren Umstände hervorgerufen wurden, wäre ich trotzdem das gleiche Selbst, das in der Lage ist, seine Kontinuität in der Erinnerung bis zu seinen frühesten Erinnerungen im Alter von ungefähr einem Jahr zurückzuverfolgen, das gleiche Selbst in ganz anderer Erscheinung. Daher können die gesammelten Erfahrungen eines Lebens nicht als der bestimmende oder verursachende Faktor eines einzigartigen Selbst angeführt werden, obwohl sie natürlich alle Qualitäten und Erscheinungsformen dieses Selbst enorm verändern. Die Situation ist irgendwie analog zur Aristotelesschen Klassifizierung in Substanz und Zufälle.

JENNINGS muß den Irrtum erkannt haben, der in dem Versuch liegt, die Einzigartigkeit des Selbst aus seiner Erfahrungswelt abzuleiten, denn bei der Suche nach einer Erklärung entwickelt er die folgenden bemerkenswerten Spekulationen:

„Um das im Detail ausarbeiten zu können, müßte man offensichtlich voraussetzen, daß das menschliche Selbst eine Einheit ist, die unabhängig von Genen und Genkombinationen existiert; sie nimmt nur von Zeit zu Zeit Verbindungen zu einem Knoten auf, der von dem lebenden Gespinst gebildet wird. Falls eine besondere Kombination oder ein besonderer Knoten nicht existierte, so ginge sie in einem anderen auf. Dann hätte jeder von uns mit ganz anderen Merkmalen als wir sie haben existieren können — da unsere Merkmale in der Tat anders gewesen wären, hätten wir in einer anderen Umgebung gelebt…. Man könnte annehmen, daß eine beschränkte Anzahl von Selbsts existiert, die bereit sind, ihre Rolle zu spielen, so daß das bloße Auftreten zweier bestimmter Zellen, die sich vereinigen können oder auch nicht, keinen bestimmenden Wert für die Existenz dieser Selbsts hat, sondern nur ein Substrat bildet, an das sie sich aus unbekannten Gründen zeitweise binden können…. Und was für interessante Ergebnisse können von solch einer Doktrin abgeleitet werden, was die weitere unabhängige Existenz dieser Selbsts anbelangt, nachdem die Genkombination, an die sie gebunden waren, desintegrierte? Sicherlich wird niemand behaupten, daß die Biologie diese Doktrin aufstellte oder sie stützt. Aber da die Biologie selbst keine positive Doktrin der Beziehung von Selbsts zu Genkombinationen liefert, ist die Frage erlaubt: Macht die biologische Wissenschaft die Aufrechterhaltung dieser Doktrin unmöglich?"

9. Allgemeine Schlußfolgerungen

Es ist wichtig zu wissen, daß die Frage über die Beziehung eines Selbst zu Genkombinationen nur von einem erfahrenden Selbst für seine eigene Existenz gestellt werden kann. Ich kann sie z. B. in Relation zu meinem eigenen Selbst stellen, und ich antworte, daß ich die Probleme meiner eigenen Existenz als erfahrendes Selbst, das vom Funktionieren meines Gehirns abhängt, das wiederum ich als biologischen Mechanismus zu verstehen versuche, meistern muß; und daß mein Gehirn als Konsequenz einer Genkombination und der daraus entstehenden embryonalen Entwicklung einen biologischen Ursprung gehabt hat. Mein erfahrendes Selbst ist die einzige Realität, die ich durch direkte Wahrnehmung kenne — alles andere ist abgeleitete Realität oder Realität zweiter Ordnung. Die von JENNINGS angeführten Argumente hindern mich zu glauben, daß mein erfahrendes Selbst eine Existenz besitzt, die nur von meinem Gehirn und seinem biologischen Ursprung abgeleitet ist, und dessen Entwicklung unter Anweisungen abläuft, die auf meine genetische Erbmasse zurückgehen. Ich glaube auch nicht mit den Physikalisten, daß meine bewußten Erfahrungen *nichts anderes* als die Reaktionen der physiologischen Mechanismen meines Gehirns sind. Nebenbei bemerkt kann dieser außergewöhnliche Glaube nicht mit der Tatsache in Verbindung gebracht werden, daß nur ein winziger Teil kortikaler Aktivität in Form von bewußter Erfahrung ausgedrückt wird. Im Gegensatz zu diesem physikalistischen Glaubensbekenntnis glaube ich, daß die wichtigste Realität meines erfahrenden Selbst nicht zu Recht mit einigen Aspekten seiner Erfahrungen und Vorstellungen *identifiziert* werden kann — wie z. B. Gehirne und Neuronen und Nervenimpulse, noch nicht einmal mit komplexen räumlich-zeitlichen Mustern von Impulsen. Die Beweise, die in dieser Vorlesung erbracht wurden, zeigen, daß diese Vorgänge in der materiellen Welt notwendige aber ungenügende Gründe für bewußte Erfahrungen und für mein bewußt erfahrendes Selbst sind.

Folgen wir, wie ich es tue, JENNINGS in seinen Argumenten und Folgerungen, so kommen wir zu dem religiösen Konzept der Seele und ihrer Erschaffung durch Gott. Ich glaube, daß in meiner Existenz ein fundamentales Geheimnis liegt, das jede biologische Erklärung über die Entstehung meines Körpers (einschließlich meines Gehirns) mit seiner genetischen Vererbung und seinem entwicklungsgeschichtlichen Ursprung übertrifft. Wenn das so ist, muß ich das gleiche für jeden von Ihnen und für jedes menschliche Wesen annehmen. Und genauso wie ich keine wissenschaftliche Erklärung für meinen Ursprung geben kann — ich erwachte sozusagen zum Leben und fand mich existierend als ein verkörpertes

Selbst mit diesem Körper und Gehirn — so kann ich nicht glauben, daß dieses wunderbare göttliche Geschenk einer bewußten Existenz keine weitere Zukunft hat, keine Möglichkeit einer anderen Existenz unter anderen nicht vorstellbaren Bedingungen. Wenigstens möchte ich festhalten, daß es keine wissenschaftlichen Gründe gibt, die gegen die Möglichkeit einer zukünftigen Existenz sprechen. Dieses Thema ist in Kapitel X weiter entwickelt.

Als letztes Zeugnis für meinen Glauben möchte ich aus einer anderen Eddington Lecture, der von THORPE (1961) zitieren:

„Ich betrachte die Wissenschaft als eine äußerst religiöse Aktivität, die aber offensichtlich in sich selbst unvollkommen ist. Ich sehe auch die absolute Notwendigkeit für einen Glauben an eine geistige Welt, die das, was wir als materielle Welt sehen, durchsetzt und doch übertrifft.... Gleicherart glaube ich, daß jedermann, der die Gültigkeit der wissenschaftlichen Betrachtungsweise innerhalb ihrer Sphäre verneint, die große Offenbarung Gottes für diesen Tag und dieses Zeitalter verneint. Meiner Ansicht nach trägt jedes rationale System eines Glaubens die Überzeugung in sich, daß der schöpferische und erhaltende Geist Gottes allgegenwärtig und tätig ist; ich glaube tatsächlich, daß alle Aspekte des Universums, alle Arten von Erfahrung, in des Wortes wahrster Bedeutung heilig sind."

VI. Evolution und das bewußte Selbst[1]

1. Einleitung

Wir nehmen am Evolutionsprozeß des Lebens teil, doch ist der Mensch sich erst in den letzten 100 Jahren seines evolutionären Ursprungs klar geworden. Die Folgen, die die Reorientierung von Mensch zur Natur mit sich bringt, sind noch nicht lange genug Teil seines Lebens gewesen, um in das menschliche begriffliche Denken über sich selbst aufgenommen worden zu sein. Die emotionellen Kontroversen des letzten Jahrhunderts setzten sich in dieses Jahrhundert fort und haben eine vernünftige Einschätzung der Entwicklungsgeschichte in Beziehung zum Menschen verzögert. In den letzten Jahren gab es jedoch ein paar Veröffentlichungen von führenden Biologen (DOBZHANSKY, 1962, 1967; SIMPSON, 1964; LACK, 1961; THORPE, 1962), die den Beginn einer evolutionären Philosophie zeigen, die auf einem ausgewogenen Verständnis des evolutionären Prozesses beruht, so wie er heutzutage dargestellt wird.

Wenn wir die Geschichte der evolutionären Entwicklung lebender Formen überdenken, haben wir die Tendenz, uns als Betrachter der evolutionären Reihe zu sehen, indem wir uns der unermeßlichen Größe und wundervollen Produktivität dieses biologischen Prozesses ständig erinnern. Aber wir sind *in* der Reihe. Es genügt nicht, daß wir daran denken, daß der Mensch im allgemeinen davon betroffen ist. Es ist das Gefühl persönlichen Miteinbezogenseins,

---

[1] Dieser Text ist die Wiedergabe einer Vorlesung, die am 11. Januar 1967 am Gustavus Adolphus College, St. Peter, Minnesota, gehalten wurde. Diese dritte jährliche Nobel Konferenz stand unter dem Thema „Der menschliche Geist". Die ursprüngliche Form der Vorlesung wurde beibehalten und der Text wurde gegenüber der Konferenz nur wenig geändert.

dessen wir uns bewußt sein müssen. Jeder von uns, Sie und ich, ist am Ende einer Kette genetischer Nachkommen, die von den frühesten lebenden Organismen abstammen. Die Vision, die ich habe, ist die einer großen Prozession, die sich durch die Zeit bewegt. Wir können direkt nur die gegenwärtig lebenden Formen erfühlen, die sich sozusagen über die ganze Länge der Prozession erstrecken. Wir können vermuten und uns vorstellen was früher geschah, nach dem, was unsere Vorfahren hinterlassen haben — Geschriebenes, Kunst und Kunstzeugnisse oder auch nur Skelett-Überreste. Aus solchen Spuren rekonstruieren wir frühe und noch frühere Bilder dessen, was vor uns war. Was uns folgen wird, liegt in undurchdringlichem Dunkel. Es ist, als ob wir uns in die entgegengesetzte Richtung bewegten, weg von dem Weg, der vor uns liegt, so daß wir rückwärts schauen und nur sehen, woher wir gekommen sind.

Wir befinden uns im evolutionären Prozeß mehrere Millionen Jahre nachdem er begann. Natürlich ist die Versuchung groß, eine gottähnliche Haltung einzunehmen und die Evolution stillschweigend „von außen" zu betrachten oder unpersönlich die Menschheit im allgemeinen als Produkt eines evolutionären Prozesses zu bezeichnen. Aber für die Verwirklichung der wahren Stellung des Menschen müssen wir unsere persönliche Stellung in dieser Kette biologischer Schöpfung erkennen — unsere ganz persönliche Existenz war von all diesen Erfordernissen durch die unermeßlich lange Zeit des evolutionären Prozesses abhängig. Es gibt verschiedene Gründe weshalb wir uns schämen oder fürchten eine solche Verpflichtung einzugehen. Es ist so viel beruhigender, die Distanz eines gottähnlichen Betrachters zu haben, und das Leben und die Menschheit nur zu betrachten!

Das wunderbarste Thema der Evolutionsgeschichte ist die Entwicklung des Nervensystems. Mitten in den Vervollkommnungsversuchen, die dieser oder jener biologischen Form zum Überleben verhelfen sollen, kann sich nichts mit der hervorragenden Rolle des Nervensystems messen, die das gesamte Tier organisiert und ihm eine Einheitlichkeit in seinen Reaktionen zur Umwelt gibt. Durch Sinnesorgane über die äußere Umwelt informiert, versehen mit Muskeln, die zur Verfügung stehen, so kontrolliert das Nervensystem das Leben aller Tiere, außer den primitivsten.

Ursprünglich war die Funktion des Nervensystems einzig abhängig von der Struktur, die sich aus angeborener genetischer Vererbung herleitete; aber sogar die höheren Spezies der Invertebraten, wie z. B. der Tintenfisch, können leicht trainiert oder konditioniert werden, so daß die Reaktion eines Individuums das Produkt nicht nur der Vererbung, sondern auch der Ereignisse einer Lebenszeit sind (YOUNG, 1964); und es gibt Beweise, daß sehr viel einfachere Organismen, wie z. B. Würmer, die gleichen Fähigkeiten haben.

Die Geschichte der Entwicklung des Vertebraten bis zur endlichen Meisterung seines Planeten ist im Grunde die Entwicklungsgeschichte des Nervensystems. Wir sollten einsehen, daß alle Geschicklichkeit der Reaktionen — die mühelose Kontrolle des Fluges der Vögel, die Gewandtheit der Affen, die Grazie der Felinen, die Virtuosität einer Ballerina, eines Pianisten, eines Geigers, die Fertigkeit beim Spielen oder Handwerken — Äußerungen des Nervensystems in seiner Kontrolle des Verhaltens sind. Alle Sinnesorgane — Auge, Ohr usw. — sind nur Signalsysteme, die signifikante Informationen ans Gehirn weiterleiten, und alle Muskelbewegungen sind nur die Ausführung von Befehlen, die vom Zentralnervensystem gegeben werden.

So war der Erfolg der Vertebraten nicht nur auf dem Land, sondern auch in der Luft und im Meer zu herrschen, ein Beweis für die neuronale Macht, noch bevor der Mensch entstand. Die Geschichte neuronaler Macht gipfelt im Menschen, und zwar so sehr, daß der Mensch durch geplante Aktionen nun den evolutionären Prozeß kontrolliert.

2. Die moderne Entwicklungstheorie

Die moderne Entwicklungstheorie besteht im wesentlichen aus zwei Komponenten. Erstens aus den Veränderungen, die im genetischen Kode durch zufällige Mutationen und Rekombinationen entstehen, und zweitens durch die hierdurch veränderte DNS-Struktur der Keimzellen eines Organismus. Der allergrößte Teil dieser Mutationen schadet dem Organismus, der aus solch einer Keimzelle entsteht. Daher werden solche Mutationen sehr schnell ausgeschaltet. In den seltenen Fällen jedoch, in denen eine Mutation das Überleben und die Vermehrung begünstigt, wird dieser Organismus sich vermehren und seine Abkömmlinge werden den gleichen günstigen Kode tragen. Dies illustriert die andere operative Komponente in der Entwicklungstheorie. Sie wird „natürliche Auswahl" genannt, und man glaubt, daß sie für die einzigartigen Adaptationen, die sich im Entwicklungsprozeß abgespielt haben, verantwortlich ist. TEILHARD DE CHARDIN (1959) hat den Evolutionsprozeß mit „blindem Tasten" verglichen. Die Zufälligkeit der mutationsbedingten Veränderungen ist im Grunde ein Blindversuch einer ungeheuer großen Zahl möglicher Veränderungen, während die natürliche Auswahl für das Überleben aller „positiven" Mutationen verantwortlich ist. Aus einem ersten Prozeß reiner Zufälligkeit können daher durch natürliche Auswahl all die wunderbaren strukturellen und funktionellen Eigenschaften lebender Organismen mit all ihrer erstaunlichen Anpassungsfähigkeit und Erfindungsgabe hervorgehen. So formuliert, ist die Evolutionstheorie ein rein biologischer Prozeß, der Wirkungsmechanismen einschließt, die im Prinzip wohl verstanden werden. Sie hat verdienterweise Anerkennung gefunden als befriedigende Erklärung für die Entwicklung aller lebenden Formen aus einer einzigen extrem einfachen Urform des Lebens. Diese auf DARWIN zurückgehende Theorie muß unter die größten theoretischen Leistungen des Menschen eingereiht werden.

3. Transzendenz in der Entwicklungsgeschichte

Es scheint daher, als sei ein Kontinuum im Entwicklungsprozeß, da er eine Erklärung für die gesamte Welt der Biologie bietet. Wie DOBZHANSKY (1967) es aber klar dargelegt hat, gab es zwei Ausnahmen: den Ursprung des Lebens und den Ursprung des Menschen; der letztere ist das Hauptthema dieses Vortrages.

„Der Ursprung des Lebens und der Ursprung des Menschen waren entwicklungsgeschichtliche Krisen, Wendepunkte, Aktualisierungen neuer Formen des Seins. Diese radikalen Neuerungen können als Transzendenzen im Evolutionsprozeß beschrieben werden. Der menschliche Geist ist nicht aus einer Art rudimentärem „Geiste" von Molekülen und Atomen entstanden.

Evolution ist nicht einfach das Aufdecken dessen, was in einer verkappten Form schon von Anfang an da war. Sie ist eine Quelle für Neuheiten, für Seinsformen, die unter den angestammten Formen nicht vorgekommen waren. Hier stellt sich unumgänglich die mühselige Frage: Waren diese neuen Seinsformen dazu bestimmt zu erscheinen? Und wenn ja, waren sie wirkliche Neuheiten?

Das soll nicht bedeuten, daß der Ursprung des Lebens oder des Menschen unverzüglich oder sogar sehr schnell ablief. Ein Prozeß, der im geologischen (präziser: palaeontologischen) Sinn sehr schnell abläuft, kann lang oder langsam in bezug auf das Menschenleben oder eine Generation erscheinen. Das Erscheinen des Lebens und des Menschen waren die zwei schicksalhaften Transzendenzen, die die Anfänge neuer evolutionärer Epochen markierten."

Im Moment wird viel diskutiert und sogar wissenschaftlich experimentiert im Hinblick auf die erste Transzendenz, das Problem des Ursprungs des Lebens. Es ist wichtig, gleich am Anfang zu diskutieren, was wir mit Leben meinen, und ich würde vorschlagen, daß „Leben, wie wir es kennen" die einfachste Definition ist. Dieses Leben beruht auf Kohlenstoff und existierte in wäßrigen Medien, die solch fundamentale organische Verbindungen, wie Aminosäuren, Nukleinsäuren und Lipide enthielten. „Das Leben, wie wir es nicht kennen" könnte auf ein paar anderen Elementen beruhen, wie z. B. Silizium statt Kohlenstoff, Ammoniak anstelle von Wasser und so weiter; es ist aber wichtig, zu wissen, daß es absolut keine Beweise für eine organische Existenz auf solch einer Basis gibt, und es ist noch nicht einmal gezeigt worden, daß solch ein Vorschlag überhaupt plausibel ist. Auf jeden Fall: sollten wir die Existenz des „Lebens, wie wir es nicht kennen" entdecken, würde es wahrscheinlich als dritte Art der Existenz, verschieden von sowohl der lebenden als auch der toten Kategorie, eingestuft werden.

In den letzten Jahren haben MILLER (1955, 1957) und CALVIN (1961, 1969) und ihre Mitarbeiter gezeigt, daß, wenn die Welt eine primitive Atmosphäre von wasserstoffhaltigen Gasen wie Methan, Ammoniak und Wasser besäße, eine Synthese vieler verschiedener organischer Verbindungen stattfände, wenn solch eine Atmosphäre der Funkenentladung, ultravioletten Bestrahlung oder kosmischen Strahlungen ausgesetzt würde. Aminosäuren, Adenin, Essigsäure und Bernsteinsäure z. B. wurden auf diese Weise synthetisiert und es bestehen Vorstellungen, wie diese einfachen Verbindungen für die weitere Verwendung (z. B. die Produktion von Makromolekülen durch weitere Synthese und Polymerisation) stabilisiert werden könnten (Fox, 1964).

Diese Arbeit ist sicherlich von großem Interesse in Verbindung mit dem Ursprung des Lebens, doch leider hat der Paläogeologe PHILIP ABELSON (1956) aus geologischen Gründen die Zusammensetzung, die für die primitive Atmosphäre angenommen wird, in Frage gestellt. Daher ist der ganze Fragenkomplex des Ursprungs der einfachsten organischen Verbindungen noch ungewiß.

Aber selbst wenn diese elementaren organischen Verbindungen gebildet werden würden, wie von MILLER (1955, 1957) und CALVIN (1961, 1969) postuliert, ist es schwierig, zu erkennen, wie sie in halbwegs vernünftiger Weise sich akkumulieren könnten[2]. Bevor irgend etwas entstehen kann, das einem ganz primitiven lebenden Organismus ähnelt, müssen mindestens vier große Entwicklungsstadien durchlaufen werden, nachdem die wesentlichen organischen Verbindungen produziert worden sind. Erstens muß irgendeine feste Form, ähnlich einer membranumgebenen Zelle, vorhanden sein. Zweitens muß innerhalb dieser Zelle ein chemischer Prozeß ablaufen, der den Aufbau energiereicher Substanzen organisiert. Drittens muß die umgebende Membran für Substanzen permeabel sein, so daß ein Austausch mit der Umgebung und ein Aufbau des Zellinhalts stattfinden kann. Und schließlich muß innerhalb dieser Zelle ein Mechanismus vorhanden sein für die Speicherung und Nachbildung von Informationen, die von der Außenwelt erhalten werden.

Diese letzte Eigenschaft ist wesentlich, damit eine Weiterentwicklung einsetzen und zu einer Vielfalt lebender Formen führen kann. Zwei wichtige Voraussetzungen bestehen für die Evolution: die eine ist, daß der primitive Organismus neue Informationen erhalten und speichern und seinen Nachkommen weitergeben kann. Das ist z. B. der genetische mutationsabhängige Aspekt der Evolution.

---

[2] Vor kurzem zeigte KATCHALSKY (persönliche Mitteilung), daß gewisse Lehmarten solche organischen Verbindungen sehr wirkungsvoll konzentrieren und stabilisieren. FOX (1964) nahm an, daß sich die Konzentrierung durch Evaporation isolierter Schichten bilde und hat in Modellexperimenten gezeigt, daß sich polymerisches Material in „Microsphere" umwandeln kann.

Zweitens muß eine Art Rückkopplung und Kodierung von Information stattfinden, die zu einer erhöhten Veränderungsfähigkeit und Anpassung an die Umgebung führt.

Wie G. S. SIMPSON (1964) in seinem Buch "This View of Life: The World of an Evolutionist", sagt:

„Diese Adaptationsprozesse in Populationen sind in ihrem Ausmaß fraglos verschieden von allen, die an der vorhergegangenen anorganischen Synthese von Makromolekülen beteiligt waren. Sie scheinen auch in der Art ganz anders zu sein. Man kann sich vorstellen, daß für die Entwicklung selbst des einfachsten lebenden Organismus viel mehr erforderlich ist, als nur die Schöpfung komplexer organischer Moleküle. Man muß sich vorstellen, daß der lebende Organismus die einfachen physikalischen und chemischen Eigenschaften seiner Bestandteile übertrifft. Das setzt eine holistische Entwicklung voraus, die sogar die einfachsten lebenden Formen charakterisiert."

Wir können daraus schließen, daß — obwohl höchstwahrscheinlich eine große Mannigfaltigkeit in der Produktion von organischen Verbindungen besteht — es sehr unwahrscheinlich ist, daß ein echtes zelluläres Leben aus diesen organischen Makromolekülen entstehen kann. Wenn wir aber z. B. 100 Millionen Planeten haben, wie es HARLOW SHAPLEY geschätzt hat, die die physikalischen Bedingungen hätten, die für ein Leben geeignet wären, ist es vorstellbar, daß in der Galaxie Leben viele Male entstanden ist.

Die bemerkenswerteste Eigenschaft des „Lebens, wie wir es kennen" ist, daß trotz seiner extremen Vielfalt, die alle Tiere und Pflanzen einschließt, allen der gleiche DNS-Kode mit den vier sogenannten Buchstaben des genetischen Alphabets, ATGC, gemeinsam ist.

„Jede biologische Entwicklung, die sich über eine Periode von zwei Milliarden Jahre erstreckt, fand auf der Ebene genetischer „Wörter" und „Sätze" statt, wobei neue „Buchstaben" weder zugefügt noch andere — soweit bekannt — verlorengingen. Die einfachste Interpretation ist, daß das Leben entweder nur einmal entstand und daß alle lebenden Dinge auf diesen Vorgang zurückgehen, oder daß das existierende „genetische Alphabet" sich als wirkungsvoller als andere zeigte und daher das einzige ist, das überlebte" (DOBZHANSKY, 1962).

Es scheint, daß der „Ursprung des Lebens" ein Vorkommnis von phantastischer Unwahrscheinlichkeit ist, was natürlich zu seiner Klassifizierung als „Transzendenz" paßt, aber im Gegensatz zu der extrem fruchtbaren Kreativität der normalen Wirkungen des Entwicklungsprozesses steht, der Millionen existierende und eine enorme Zahl ausgestorbener Spezies hervorgebracht hat.

Wie DOBZHANSKY in dem oben angeführten Zitat deutlich sagt, ist es der Ursprung des menschlichen Geistes, der eine zweite Transzendenz im Evolutionsprozeß darstellt. Es gibt kein spezielles Problem, das den menschlichen Körper als solchen betrifft. Die allgemeinen Sequenzen des Ursprungs des Menschen sind ausreichend dokumentiert, und die Zeitskala ist relativ gut bekannt. Daher wird oft behauptet, daß es im Hinblick auf den evolutionären Ursprung des Menschen keine noch offenen grundsätzlichen Probleme gäbe.

Natürlich akzeptiere ich diese Erklärung meines eigenen Ursprungs. Ich zweifle nicht an meiner Abstammung vom Tier und ich betrachte die biologischen Mechanismen der Evolution als wohlbegründet — Mutation und natürliche Auswahl. Trotzdem glaube ich nicht, daß diese Theorie eine vollständige Erklärung für meinen Ursprung bildet. Ich kann glauben, daß — soweit der menschliche Körper (mein Körper) betroffen ist — die Entwicklungstheorie eine relativ adäquate Erklärung bietet. Diese Theorie kann mir aber überhaupt keine Erklärung für meinen Ursprung als die Person bieten, als die ich mich mit meinem Selbst-Bewußtsein und meiner einzigartigen Individualität sehe (Fragen, denen die Kapitel IV und V gewidmet waren).

4. Menschliches Selbst-Bewußtsein oder bewußte Erfahrung

Das einzigartige menschliche Charakteristikum, die Selbst-Erkenntnis, wurde von FROMM (1964) gut beschrieben:

„Der Mensch, wie andere Tiere auch, besitzt Intelligenz, die ihm erlaubt, Denkprozesse zur Erreichung unmittelbarer praktischer Zwecke einzusetzen; aber der Mensch besitzt eine andere geistige Eigenschaft, die das Tier nicht besitzt. Er ist sich seiner selbst bewußt, seiner Vergangenheit und seiner Zukunft, die den Tod bringt; seiner Kleinheit und Machtlosigkeit; er ist sich der anderen als andere bewußt — als Freunde, Feinde oder als Fremde. Der Mensch übertrifft alles andere Leben, denn er ist — als erster — Leben, das sich seiner selbst bewußt ist. Der Mensch ist das Subjekt der Diktate und Unfälle der Natur; trotzdem übertrifft er die Natur, denn ihm fehlt das Unbewußt-Sein, das das Tier zum Teil der Natur macht, — es eins mit ihr macht."

Es ist sehr gut gesagt worden, daß ein Tier etwas weiß, daß aber nur der Mensch weiß, daß er etwas weiß. Wie DOBZHANSKY (1967) kommentiert:

> „Selbst-Bewußtsein ist daher ein grundsätzliches, vielleicht das grundsätzlichste Charakteristikum der menschlichen Rasse. Dieses Charakteristikum ist eine evolutionäre Neuigkeit; die biologische Spezies, von der der Mensch abstammt, besaß nur ein rudimentäres Selbst-Bewußtsein, vielleicht fehlte es ihr auch ganz. Das Selbst-Bewußtsein hat aber in seinem Zug düstere Gesellen mitgebracht: Furcht, Angst und Todesbewußtsein."

Um die Kontinuität des Evolutionsprozesses zu bewahren und um einen besonderen und einzigartigen Entstehungsvorgang oder Diskontinuität zu vermeiden — die zweite von DOBZHANSKY (1967) postulierte Transzendenz — haben sich viele prominente Denker (SHERRINGTON, 1940; TEILHARD DE CHARDIN, 1959; HUXLEY, 1962) in die vage Generalisierung geflüchtet, daß die gesamte Materie ein geistiges Attribut enthalte. Während die Organisation der Materie im Evolutionsprozeß allmählich vervollkommnet wurde, fand eine parallele Entwicklung der geistigen Attribute vom extrem uranfänglichen Zustand in der anorganischen Materie oder den einfachsten Formen des Lebens — über verschiedene Zwischenstationen — statt, bevor sie im menschlichen Gehirn zur höchsten Reife gelangten. Diese Ansicht wird oft in einer Form vertreten, als ob sie wissenschaftlich begründet sei, was ganz sicherlich nicht zutrifft. Es handelt sich um die unbegründete Annahme, daß anorganische Materie oder der einfachste Organismus irgendein geistiges Attribut habe, das im Evolutionsprozeß verfeinert und weiterentwickelt werde. Ich verstehe nicht, in welchem Sinn die Worte „Geist" und „geistig" in solchen Behauptungen gebraucht werden. Anzeichen von Reaktionen auf Reize und von offenbar absichtsvollen Bewegungen bei Tieren werden naiverweise dahingehend ausgelegt, daß die Tiere eine bewußte Erfahrung der gleichen Art haben, wie Sie und ich sie z. B. direkt erfahren und die auch nur jedem von uns direkt bekannt sein kann. In bezug auf das Bewußtsein oder die Selbst-Erkenntnis von Tieren werden wir Agnostiker bleiben.

Solche Aussagen über eine progressive Entstehung eines bewußten Geistes während der Evolution werden durch keinerlei wissenschaftliche Beweise gestützt, sondern sind lediglich Aussagen, die innerhalb des Rahmenwerkes eines Glaubens gemacht wurden, daß die Evolutionstheorie, wie sie heute bekannt ist, wenigstens im Prinzip den Ursprung und die Entwicklung aller lebenden Formen — einschließlich uns — voll erklären würde. Tatsächlich ist es so, daß die einzigen Beweise die wir haben gegen den Glauben sind, daß ein geistiges Attribut in der gesamten Materie vorhanden sei, noch nicht einmal in der höchstorganisierten Materie, wie wir sie im Gehirn vorfinden. Unsere bewußte Erfahrung entsteht in einem einzigen Teil unseres Körpers — der höchsten Stufe des Gehirns — und auch nur dann, wenn das Gehirn im richtigen Zustand dynamischer Aktivität ist (Kapitel IV, V; ADRIAN, 1947). Empfindungen in irgendeinem Teil meines Körpers hängen von funktionellen nervösen Verbindungen mit meinem Gehirn ab. Eine Unterbrechung der nervösen Verbindungen zwischen irgendeinem Teil des Körpers und dem Gehirn macht diesen Teil unempfindlich. Und noch bemerkenswerter sind die neueren Beobachtungen von SPERRY (1966) an Menschen mit Gehirnen, die aus therapeutischen Gründen in zwei Hälften geteilt wurden. Unter diesen Umständen werden alle Vorgänge in der nicht-dominanten Hemisphäre nicht erfahren (vgl. Kapitel V).

Es ist relevant, die ausgezeichnete Zusammenfassung von LACK (1961) über den evolutionären Ursprung des Menschen zu zitieren:

„Es scheint sicher zu sein, daß des Menschen physische Evolution von affenartigen Vorfahren stufenweise durch natürliche Prozesse vor sich ging, und es ist angemessen, das gleiche für sein offensichtliches Verhalten, einschließlich sein soziales Verhalten, zu postulieren. Aber obwohl danach geschlossen werden könnte, daß die inneren Attribute des Menschen, sein moralisches Verhalten eingeschlossen, gleicherweise durch allmähliche natürliche Prozesse entstanden, sind die Versuche, den offensichtlichen Graben zwischen Mensch und Tier in dieser Hinsicht zu überbrücken, sehr wenig überzeugend. Wenn man auf der einen Seite vom Menschen an „abwärts" argumentiert, haben die Gefolgsleute der „kreativen Evolution" eine „Lebenskraft" für die Steuerung der Mutationen, eine „Psyche" in den Molekülen oder etwas „Gutes" oder „Verstand" in dem Material postuliert, aus dem das Universum gemacht ist; all dies sind Konzepte der Teleologie oder

Metaphysik, die in der Wissenschaft nicht beobachtet werden. Wenn man auf der anderen Seite vom Tier „nach oben" argumentiert, dann postulieren die Gefolgsleute der evolutionären Ethik, daß moralisches Verhalten ein Produkt natürlicher Auslese sei. Auf diese Weise reduzieren sie es auf soziales Verhalten und verkennen die Substanz der menschlichen Erfahrung; das schließt zudem ein, daß ein wissenschaftliches Konzept in einen Zweig der Philosophie eingeführt wird, wo es bestenfalls irrelevant erscheint. Diese beiden Arten von Stellungnahme sollten abgelehnt werden, nicht wegen inadäquater Beweise, sondern weil jede eine Ausweitung eines Wissensgebietes mit sich bringt, die jenseits aller korrekten Richtlinien liegt."

TEILHARD DE CHARDIN (1959) erbrachte den überzeugenden Beweis für die Behauptung, daß ein intermediärer Zustand zwischen Abwesenheit und Vorhandensein von Selbst-Erkenntnis nicht vorstellbar sei; das gleiche kann für den freien Willen und das moralische Verhalten vorgebracht werden (obwohl beide, einmal erworben, sich weiter entwickeln können). Nichtsdestoweniger geht es gegen alle Vorstellungen von Ökonomie, einen Bruch in der evolutionären Kontinuität zu postulieren, selbst wenn es nur im Hinblick auf die Welt der inneren Werte des Menschen geschieht. Vielleicht entsteht die Schwierigkeit dadurch, daß es falsch ist, das Problem als einen „Graben", der „überbrückt" werden muß, darzustellen. Wir akzeptieren die Idee einer Brücke zwischen affenartigen Formen und dem Menschen im Hinblick auf Anatomie und offensichtliches Betragen, da andere Tiere zumindest Rudimente dessen zeigen, was beim Menschen gefunden wird, so daß die Brücke an beiden Enden fest verankert ist. Aber ob irgendetwas vom menschlichen moralischen Verhalten oder andere innere Attribute in anderen Tieren vorhanden sind, und wenn, in welcher Form, ist nicht zu beobachten, so daß im Hinblick auf diese Attribute keine Verankerung der Brücke auf der Seite der Tiere vorhanden ist.

5. Die Evolutionsgeschichte vom Ursprung des Menschen

Während der letzten Dekaden wurden große Teile der Geschichte des menschlichen Ursprungs geklärt, so daß wir nun die Umrisse für das Größte aller Geschehen auf dieser unserer Erde besitzen. Eine der erstaunlichsten Entdeckungen war, daß die Evolution des Menschen in einem so riesigen Gebiet der Erde ablief — Südafrika (Transvaal), Tansania, China (Peking), Java und Europa. Beide charakteristischen Züge der Evolution sind vorhanden: Kladogenese, die Multiplikation der Spezies und die daraus resultierende

Mannigfaltigkeit, und Anagenese, die Vervollkommnung einer einzigen Spezies. Wie jedoch von DOBZHANSKY (1962, 1967) ausdrücklich betont, scheint es, daß zu einem bestimmten Zeitpunkt an einem bestimmten Ort nur eine Spezies von Hominiden (primitiven Menschen) vorhanden war, das heißt, nur eine einzige Stammkolonie, die sich durch Anagenese weiterentwickelte.

Die frühesten Vorfahren des Menschen (Australopithecus), die vom Affen deutlich unterscheidbar sind, lebten vor ungefähr einer Million Jahren in Afrika (Tansania und Transvaal). Sie gingen aufrecht und hatten primitive Steinwerkzeuge, aber ihre Gehirne — obwohl groß (500 ml) — waren und sind immer noch in der Größe denen von Affen vergleichbar. Es bestehen Zweifel, ob diese Vorfahren des Menschen als Affen *(Pongidae)* (SIMPSON, 1945) oder als *Homo* (HEBERER, 1959) klassifiziert werden sollen. Die kürzlichen Entdeckungen in Tansania haben jedoch gezeigt, daß dort viel später ein Vorfahre des Menschen *(Homo habilis)* existierte, der ohne Schwierigkeiten als zum Genus *Homo* gehörig klassifiziert werden kann und der wahrscheinlich von der Spezies Australopithecus abstammt.

Vor ungefähr 500 000 Jahren waren mehrere Rassen der Spezies *Homo erectus* über Java, China, Afrika und Europa verstreut. Die Bezähmung des Feuers gelang zuerst in China, wo der *Homo erectus* eine erstaunliche Erhöhung der Gehirnkapazität von 900 auf 1 200 ml zeigte. Es gibt mehrere isolierte Beispiele für Weiterentwicklungen von Gehirn und Leistung, aber die bemerkenswerteste geschah erst vor ungefähr 100 000 Jahren während der letzten Eiszeit, als die Neandertaler-Rasse des *Homo sapiens* in Europa und Westasien lebte. Sie hatte das Feuer und benutzte primitive Steinwerkzeuge und vermutlich Felle als Bekleidung. Hier haben wir endlich eine Menschenrasse, deren Gehirnkapazität (1400 ml) der des modernen Menschen gleicht, und die etwas entwickelt hatte, was wir als rudimentäre Geistigkeit bezeichnen können, denn sie beerdigten ihre Toten.

Ich glaube, daß zeremonielle Bestattungsbräuche uns die ersten Beweise für das Erwachen von Selbst-Bewußtsein in den sich entwickelnden Hominiden während des Evolutionsprozesses vor einigen hunderttausend Jahren liefern. Wir können uns vorstellen, daß diese

Bräuche sich entwickelten, als auf irgendeine primitive Weise die Idee entstand, daß ein lebender Mensch mehr sei als ein toter und tatsächlich ein bewußtes oder geistiges Wesen sei. Es wurde behauptet, daß die harten Lebensbedingungen, die während der letzten Eiszeit herrschten, für die großen evolutionären Fortschritte verantwortlich gewesen seien, aber eine überraschende Tatsache ist, daß mit der Verbesserung der Lebensbedingungen vor 35000–40000 Jahren eine neue Menschenrasse, *Homo sapiens sapiens*, den Neandertaler ersetzte und sich schnell über die ganze Erde verbreitete. Die gesamte Menschenfamilie von heute gehört zu dieser wandernden kolonisierenden Rasse. Unglücklicherweise ist der Ort und die Ursprungsart dieser letzten Menschenrasse noch nicht genügend dokumentiert; sie scheint aber außerhalb Europas entstanden zu sein und war in ihrer Werkzeugkultur sehr verschieden vom Neandertaler.

6. Kriterien für Selbst-Bewußtsein und Selbst-Erkenntnis

Nach diesem Überblick über den evolutionären Ursprung des Menschen ist es notwendig, die Kriterien zu untersuchen, die wir gebrauchen würden, um — falls möglich — zu bestimmen, ob ein bestimmter Hominid Selbst-Erkenntnis besaß oder nicht. Es wird allgemein anerkannt, daß Bestattungsbräuche uns bei weitem die besten Kriterien für Selbst-Erkenntnis liefern. Erinnern wir uns zuerst daran, daß kein Tier in freier Wildbahn irgend ein Interesse für seine Toten zeigt. Daher unternimmt es noch nicht einmal primitive Versuche, den toten Körper zu beseitigen; er wird einfach ignoriert. Allerdings wäre mehr Information von Forschern wie JANE GOODALL über anthropoide Affen in freier Wildbahn und ihre Reaktionen gegenüber Tod und den Leichen ihrer Kameraden wünschenswert. Haustiere müssen notwendigerweise ausgeschlossen werden, denn ein Großteil ihres Benehmens ist nur eine Nachahmung des Menschen.

Wenn wir zu den Zeugnissen über Bestattungsbräuche unter primitiven Menschen kommen, dann sind sie nur auf der Ebene der Neandertaler beweiskräftig. Das älteste bekannte Grab befindet sich in Palästina, wo mehrere Leichen zusammen mit Nahrungsmitteln und Waffen in Gräber gelegt worden waren. Es gibt viele andere Beispiele von Neandertaler-Gräbern mit ähnlich zeremoniellen Bestattungen. Mit der Entwicklung vom palaeolithischen und mesolithischen zum neolithischen Zeitalter änderten sich die Bestattungsgebräuche zunehmend. Ich möchte zwei Zitate von DOBZHANSKY (1967) über die wichtigsten Funde anführen:

„Die Sorge um die Toten wurde um die Zeit der Menschheitsdämmerung ein weit verbreitetes Phänomen. Sie ist immer noch einer der kulturellen Allgemeinbegriffe der Menschheit. Die Formen, die sie in verschiedenen Kulturen annimmt, sind jedoch sehr verschieden; sie reichen von der Furcht und Angst vor dem Geist der Verschiedenen bis zu ihrer Anrufung als Helfer und Beschützer. Die Leichen wurden unter den Fußböden der Behausungen begraben, in denen ihre Angehörigen leben, oder in Friedhöfen, die abseits der Wohnungen liegen, oder in natürlichen oder künstlichen Höhlen oder Gräbern. Oder der Leichnam wird verbrannt und die Asche aufbewahrt oder in besonderen Behältern beerdigt, oder auch verstreut oder ins Wasser geworfen. Eventuell versucht man so viel wie möglich von der äußeren Erscheinung des Verschiedenen durch Einbalsamierung oder Mumifizierung zu erhalten, oder aber die Leiche wird absichtlich wilden Tieren oder Aasgeiern zugänglich gemacht.... Das Entscheidende jedoch ist, daß sich die Menschen überall irgendwie um ihre Toten kümmern, während kein Tier irgend etwas Ähnliches tut."

„Nur ein Wesen, das weiß, daß es selbst sterben wird, wird vom Tod anderer wirklich betroffen sein. JOHN DONNEs wirklich große Erkenntnis: ‚Jedes Menschen Tod verkleinert mich, weil ich zur Menschheit gehöre‘, wird noch nicht einmal durch die Tatsache beeinträchtigt, daß sie zum Klischee geworden ist. DONNE hat erkannt, daß es tatsächlich wegen meines Todesbewußtseins ist, daß ich mich als ‚zur Menschheit gehörig‘ betrachte. Anthropologen haben große Unterschiede in den Bräuchen um und der Haltung gegenüber dem Tod und seinen Folgeerscheinungen in verschiedenen Völkern registriert. All diese Bräuche gründen sich auf das fundamentale Faktum des Todesbewußtseins, das tatsächlich ein grundlegendes Charakteristikum der Menschheit als biologische Spezies ist."

Daraus kann zweifellos geschlossen werden, daß der Neandertaler Selbst-Erkenntnis besaß, und zwar in der Art wie wir sie erleben, und das Gefühl, daß andere Mitglieder seiner Gemeinschaft Wesen seien wie er. Wir können deshalb wohl sagen, daß vor 100 000 Jahren die Vorfahren des Menschen den Beginn des Menschengeschlechts erlebten und selbst-bewußte Wesen wurden. Schon zu dieser Zeit hatten sie Gehirne, die unseren nicht nachstanden, obwohl der Neandertaler nach unserem Geschmack wohl kaum eine einnehmende Person war mit seiner kurzen, gebeugten und untersetzten Gestalt.

Der nächste große Fortschritt, den wir im Menschengeschlecht beobachten, wird durch die Kunstwerke dokumentiert, die so wunderbar erhalten in den Höhlenzeichnungen und Schnitzereien Südfrankreichs und Nordspaniens zu finden sind. Hier, vielleicht vor 20000 Jahren, lebten hochzivilisierte Menschen, die symbolischer Gedanken und Darstellungen fähig waren und handwerkliche Fertigkeiten kultivierten. Da ihre Zeichenkunst sehr viel höher steht als die primitiver Völker heute, kann man als sicher annehmen, daß sie eine hochentwickelte Sprache hatten, natürlich aber nur eine gesprochene Sprache. Die erste ideographische Ausdrucksweise der Sprache lag noch in ferner Zukunft.

Die Sprache gibt dem Menschen seine enorme Überlegenheit über das Tier, denn sie öffnet grenzenlose Möglichkeiten, Wortsymbole für Dinge zu gebrauchen, und Dinge auf diese Weise in der Erinnerung lebendig zu erhalten, auch wenn sie längst nicht mehr beobachtet werden können. Dazu kommt natürlich die Tatsache, daß immer anspruchsvollere Sprachgebräuche auf einer höheren Ebene symbolischer und abstrakter Gedanken entwickelt wurden. In diese Bestrebungen teilen sich alle Mitglieder der Menschenfamilie, und alle haben ihre eigenen hochentwickelten Sprachen, wenn auch in anderer Hinsicht ihre Kultur sehr primitiv sein mag. Wie SUZANNE LANGER (1957) sagt:

„Wenn wir keinen Sprachprototyp selbst in den höchsten Tieren finden und der Mensch spricht nicht ein einziges Wort durch Instinkt, wie dann erwarben alle Menschenstämme ihre eigenen verschiedenen Sprachen? Wer begann mit dieser Kunst, die wir nun alle zu lernen haben? Und warum ist sie nicht auf die kultivierten Rassen beschränkt, sondern im Besitz jeder primitiven Familie, vom dunkelsten Afrika bis in die Einsamkeit des Polareises? Selbst die einfachsten praktischen Künste, wie Kleidung, Kochen, Töpferei fehlen in der einen oder anderen Menschengruppe oder sind zumindest nur in sehr rudimentärer Art vorhanden. Weder fehlt bei einer der Gruppen die Sprache, noch ist sie veraltet."

Als Beweis für die Ansicht, daß im allgemeinen eine Gleichwertigkeit des Gehirnpotentials in allen Rassen vorhanden ist, fällt mir keine schlagkräftigere Aussage ein, als die SUZANNE LANGERs (1951):

„Die Sprache ist ohne Zweifel das wichtigste und zugleich mysteriöseste Produkt des menschlichen Geistes. Zwischen dem reinsten tierischen Liebes- oder Warnruf und dem geringsten und trivialsten Wort eines Menschen liegt, ein ganzer Schöpfungstag — oder, in moderner Ausdrucksweise, ein ganzes Kapitel Evolution. In der Sprache haben wir den freien vollendeten Gebrauch des Symbolismus, das Protokoll artikulierten begrifflichen Denkens; ohne Sprache gäbe es nichts, was einem ausgedrückten Gedanken ähnelte. Alle menschlichen Rassen — selbst die verstreuten primitiven Bewohner des tiefen Dschungels, die tierischen Kannibalen, die jahrhundertelang auf weltfernen Inseln gelebt haben — haben ihre vollständige und artikulierte Sprache. Es scheint keine einfachen, amorphen oder unvollkommenen Sprachen zu geben, so wie man sie ganz natürlich im Verein mit den niedrigsten Kulturen erwartete. Menschen, die die Textilien noch nicht erfunden haben, die unter Dächern aus geflochtenen Ästen leben, die keine Zurückgezogenheit brauchen, gegen keinen Schmutz etwas einzuwenden haben und die ihre Feinde zum Abendessen braten... werden trotzdem bei ihren bestialischen Festen in einer Sprache Konversation üben... die so grammatisch wie Griechisch und so fließend wie Französisch ist! Tiere, auf der anderen Seite, haben samt und sonders keine Sprache.... Sorgfältige Studien ihrer Laute wurden vorgenommen, aber alle systematischen Beobachter stimmen darin überein, daß keiner davon denotativ ist, das heißt, keiner ist ein rudimentäres Wort."

Die anthropoiden Affen haben nicht nur keine eigene Sprache, sondern können auch nicht gelehrt werden, eine menschliche Sprache zu sprechen. Ein sehr bezeichnendes Beispiel dafür lieferte das Ehepaar KELLOGG, das ein Schimpansenbaby, Gua, mit ihrem eigenen Kind aufzog (KELLOGG u. KELLOGG, 1933). Sie fanden, daß Gua, obwohl sie in einer Umgebung mit menschlicher Sprache lebte, keinerlei Anstrengungen machte, neue Bewegungen der Muskeln, die für die Vokalsprache benötigt werden, zu erlernen, so daß sie weiterhin nur ein paar Laute benutzte, die Provokation andeuteten. Das Kind hingegen war fortwährend damit beschäftigt, seine Stimme zu erproben und lernte mehrere Worte während der neun Monate, die das Experiment dauerte. Andere Versuche, Affen eine Sprache zu lehren, waren gleichermaßen erfolglos, obwohl es nach sechsmonatigen ungeheuren Anstrengungen W. H. FURNESS (1916) gelang, einem jungen Orang-Utan den Gebrauch zweier Worte, Papa und Tasse, zu lehren. Aber trotz fünfjähriger Anstrengungen seinerseits konnte ein intelligenter Schimpanse nur das Wort ‚Mama' und auch das nur schlecht aussprechen. Die Unfähigkeit eines Schimpansen, sprechen zu lernen, wurde auch von HAYES und HAYES (1954) berichtet, die eine drei Tage alte Schimpansin, Vicky, adoptierten und sie wie ein Kind aufzogen. Sie erlernte eine Anzahl menschlicher Verhaltensmuster über mehrere Jahre, aber ihr Gesamtvokabular bestand nur aus drei Worten, Mama, Papa und Tasse, die sie aber nur unter Zwang benutzte. Im Gegensatz hierzu gelang es jetzt, bemerkenswerte Fortschritte im Gebrauch der Taubstummensprache bei einem Schimpansen zu erzielen.

Die umgekehrte Situation ist ebenfalls sehr instruktiv. Es gibt mehrere authentische Berichte über Kinder, die in Wäldern ausgesetzt, von einem Bär oder Wolf adoptiert und nach mehreren Jahren entdeckt wurden. Beispiele solch „wilder Kinder" sind Peter, der „wilde Junge", der 1723 nahe bei Hannover gefunden wurde; Viktor, der „Wilde von Aveyron" in Südfrankreich, 1799; und Amala und Kamala in Midnapur, Indien, 1920. Keines dieser Kinder besaß eine Sprache, und sowohl ihr stimmliches Repertoire als auch ihre gesamte Verhaltensweise glich dem ihrer Pflegeeltern. Offensichtlich haben Kinder keine Tendenz, eine Sprache zu entwickeln, wenn sie sie nicht hören. KROEBER (1952) berichtet, daß im 10. Jahrhundert Kaiser Akbar von Indien anordnete, daß eine Gruppe von Kindern ohne eine Sprache zu hören, aufgezogen wurde, um so zu testen, ob Sprache angeboren oder anerzogen sei. Diese Kinder benutzten keine Sprache, sondern nur Gesten. Taubstumme sind ein weiterer Beweis dafür, daß es notwendig ist, eine Sprache zu hören, um sie sprechen zu können, und wir haben die bewegende Beschreibung von HELEN KELLER, wie sie zum ersten Mal das Wunder der Sprache beim Gebrauch des Wortes „Wasser" erkannte.

7. Wie erlangte der Mensch Selbst-Bewußtsein?

Ein außerordentliches Problem entsteht, wenn wir versuchen, zu überdenken, wie der Mensch Selbst-Bewußtsein erlangte. Wurde es allmählich entwickelt, oder war es ein plötzlicher Wechsel, wie

er von TEILHARD DE CHARDIN (1959) postuliert wird? Ein attrakti-
ver Vorschlag ist, daß dieser Ursprung des Bewußtseins im sich
entwickelnden Kind rekapituliert wird. Aus dem, woran wir uns
aus unseren ersten Lebensjahren erinnern können, können wir sicher
schließen, daß wir un-bewußte Wesen waren, obwohl natürlich
überzeugend argumentiert werden kann, daß nur die Erinnerung
unseres Bewußtseins an diese frühe Lebensphase einen Fehler macht.
Sicherlich vermittelt unsere Erinnerung uns nur kurze Eindrücke
eines bewußten Lebens während unserer frühen Jahre, alle anderen
sind offensichtlich in Vergessenheit geraten, obwohl unter besonderen Umständen nicht unbedingt außerhalb jeden Rückrufs. Während
unser Leben fortschreitet, haben wir mehr und mehr Erinnerungen
an immer reichere Erfahrungen. Es scheint möglich, daß unsere
frühen bewußten Erfahrungen mit den unmittelbaren Erfordernissen
der Existenz verknüpft waren und nur allmählich anspruchsvoller
wurden. Man kann annehmen, daß das für den primitiven Menschen
zutraf, und tatsächlich findet man heute bei primitiven Völkern
im Urzustand ein sehr ärmliches Repertoire bewußter Erfahrungen.
Werden sie aber in eine reichere Kultur versetzt, dann zeigen sie
jede Möglichkeit, diese Kultur zu assimilieren und werden zu vollkommen zivilisierten Menschen. Wir haben natürlich keinerlei Vorstellung, wann dieses sich entwickelnde Bewußtsein im Evolutionsprozeß vom Affen zum Menschen auftrat.

Wir können nicht wissen, wieviel die höheren Tiere an Bewußtsein — selbst auf primitiver Ebene — haben. Wir haben keine
Möglichkeit, dies durch irgendeine Verbindung zu den Tieren zu
entdecken, aber natürlich dürfen wir nicht geltend machen, daß
sie kein Bewußtsein haben, so wie wir es kennen. Die einzige berech-
tigte Position in bezug auf die Frage des tierischen Bewußtseins
ist die des Agnostizismus.

8. Die Einzigartigkeit des menschlichen Ursprungs

Die bemerkenswerte Entwicklung der Gehirngröße, die vom *Australopithecus* zum *Homo* ablief, ist durch den Wechsel von Umgebung
und Lebensweise jener anthropoiden Affen zu erklären, die ihre

Existenz auf den Bäumen aufgaben. Sie kamen auf den Boden, liefen auf zwei Füßen und bekamen auf diese Weise ihre Hände für die Durchführung allmählich immer höherer Fertigkeiten frei; zu diesem Zweck benutzten sie primitives Steinwerkzeug, das allmählich verbessert wurde. Man kann sich vorstellen, daß der Gebrauch von Werkzeug Hand in Hand mit der Entwicklung des Gehirns und mit der daraus resultierenden Zunahme der Geschicklichkeit ging, die den sich entwickelnden *Homo* charakterisieren, wie es durch die Steinwerkzeuge der palaeolithischen Zeit verdeutlicht wird. Es ist jedoch wichtig, sich zu vergegenwärtigen, daß, wenn ein Biologe — mit den heutigen Kenntnissen von Biologie und Entwicklungsgeschichte ausgestattet — das Leben in der Vor-Hominiden-Zeit hätte beobachten können, er nicht hätte voraussagen können, daß die menschliche Spezies schließlich entstehen würde. Nach dieser Aussage fährt DOBZHANSKY (1967) fort, daß es gleichermaßen keine Rechtfertigung gibt, zu postulieren, daß außerhalb unseres kleinen Planeten an vielen Orten menschenartige Kreaturen entstanden sind:

„Obwohl wir auf einem unbedeutenden kleinen Planeten leben, der nicht allzu verschieden von Milliarden unbewohnter ist, so mögen wir doch die einzigen rationalen Wesen im Universum sein."

Es besteht eine allgemeine Tendenz unter denen, die keine allzu guten Entwicklungsgeschichtler sind, zu bedenken, daß Evolution deterministisch ist und daß eine gewisse Unvermeidbarkeit den Weg der progressiven Entwicklung begleitet. Zugegebenermaßen haben wir nur einen Evolutionsprozeß studieren können, aber die Ergebnisse der evolutionären Entwicklung auf dieser Erde zeigen, daß sie dem Charakter nach nicht determiniert war, sondern das, was wir opportunistisch nennen können.

SIMPSON (1964) sagt z. B.:

„Die fossilen Funde zeigen aber deutlich, daß es keine zentrale Linie gibt, die geradewegs in einer zielbezogenen Weise von einer Protozoe zum Menschen führt. Statt dessen beobachten wir fortgesetzte und verwickelte Verzweigungen, und welchen Weg durch die Verzweigungen wir auch immer nehmen, wir finden wiederholte Wechsel sowohl in der Evolutionsrate als auch in ihrer Richtung. Der Mensch ist das Ende eines äußeren Zweiges. Sowohl die Richtung, die die Evolution nahm, als auch ihr Verlauf zeigen ganz klar, daß sie nicht wiederholbar ist. Keine Spezies oder irgendeine größere Gruppe ist je oder kann jemals zweimal entstehen. Die Dinosaurier sind für immer gegangen.... Die Aussage, die von Astronomen, Physikern und einigen Biochemikern so uneingeschränkt gemacht wird, daß sobald irgendwo Leben beginnt, auch Hominide schließlich und unabänderlich auftauchen werden, ist ganz einfach falsch.... Die Faktoren, die das Auftreten des Menschen bestimmt haben, waren so außerordentlich, so außerordentlich langwährend, so unglaublich verwickelt, daß ich sie hier gerade nur andeuten konnte. Sie sind auch weit davon entfernt, alle bekannt zu sein, und alles, was wir dazulernen, scheint sie nur noch einzigartiger zu machen. Wenn die menschlichen Ursprünge unter den gleichen Bedingungen unserer eigenen Geschichte tatsächlich so unabwendbar wären, wäre es umso mehr fast unmöglich, daß so ein Vorkommnis sonst irgendwo stattfindet."

DOBZHANSKY (1967) sagt ebenfalls:

„Es ist wegen dieses Fehlens von Prädestination, daß ich geneigt bin, die Annahme in Frage zu stellen, daß — falls Leben in anderen Teilen des Universums existiert — es in der Bildung von menschenartigen oder vielleicht sogar übermenschenartigen rationalen Wesen resultieren muß. Zusammen mit SIMPSON (1964) halte ich das nicht nur für fraglich, sondern für in solch einem Grad fraglich, der normalerweise die Verwerfung einer wissenschaftlichen Hypothese bedeutet."

9. Leben irgendwo im Kosmos?

Ich will nun kurz die Situation in unserem eigenen Sonnensystem überdenken. Es wurde lange angenommen, daß für ein „Leben, wie wir es kennen" die einzigen anderen in Frage kommenden Planeten Mars und Venus seien. Wir können Venus nun endgültig ausschließen, wegen der hohen Temperaturen, die selbst an der Schattenseite gemessen mindestens 371 °C betragen. Außerdem wurde festgestellt, daß die Gase in der sehr dichten Atmosphäre größtenteils CO_2 und Kohlenwasserstoffe sind, die vermutlich für jede Lebensform wie wir sie kennen, toxisch wären.

Beim Mars sind die Gegebenheiten nur etwas ermutigender. Das Klima ist äußerst kalt, aber schlimmer ist die kürzliche Entdekkung, daß wenig oder kein freier Sauerstoff und ebensowenig Wasser vorhanden ist und ein Atmosphärendruck herrscht, der vermutlich nur ein Hundertstel des unseren ausmacht. Solche Bedingungen wären sicherlich letal für fast jede Form von kohlenstoffabhängigem Leben, obwohl vermutlich einige niedrige Mikroorganismen dort leben könnten. Ganz sicher waren die von „Mariner" gesendeten Bilder von Marsstaub und von Marskratern sehr entmutigend. In diesem Zusammenhang möchte ich das neuerliche Interesse an organisierten Strukturen in Meteoriten erwähnen; aber da gibt es sicher keine Beweise, daß diese Strukturen durch außerirdisches Leben entstanden sind.

Bedenkt man unser galaktisches System als Ganzes, so ist der Schluß angemessen, daß eine vernünftige Wahrscheinlichkeit für das Vorhandensein von Planeten besteht, die angemessene Bedingungen für ein kohlenstoffabhängiges Leben bieten. Es gibt sogar eine recht hohe Wahrscheinlichkeit, daß Leben auf einigen solcher Planeten entstanden ist, aber wenn wir zu den weiteren Evolutionsstadien solchen Lebens kommen, dann ist die Wahrscheinlichkeit außerordentlich gering, daß sie parallel zur Evolution auf unserem Planeten abgelaufen sind.

Schließlich sind die Chancen, daß solch eine evolutionäre Entwicklung zu Hominiden geführt haben könnte nicht signifikant größer als Null. Am internationalen Physiologie-Kongreß 1962 hielt Professor MARGARIA im Rahmen des Symposiums über kosmische Physiologie einen Vortrag mit dem Titel: „Die Möglichkeit außerirdischen Lebens" und schloß, daß die Wahrscheinlichkeit, daß Hominide auf einem anderen Planeten in unserem galaktischen System lebten, unendlich klein, jenseits aller statistischen Berechnungen sei.

Trotz dieses extremen Pessimismus werden riesige Projekte geplant — zuerst ein Besuch des Mars, um festzustellen, ob irgendeine Form des Lebens dort existiert. In einer Art von Science-Fiction-Planung wurde vorgeschlagen, daß es zu einem nicht allzu fernen Zeitpunkt möglich sein werde, außerhalb unseres Sonnensystems zu forschen und zwar in der Gegend der Sterne, die vermutlich Planeten haben, wie Epsilon Eridani und Tau Ceti, die ca. 11–12 Lichtjahre entfernt sind.

Die Absurdität solcher Vorschläge wurde in den Artikeln der hervorragenden Physiker EDWARD PURCELL (1963) und SEBASTIAN VON HOERNER (1963) in einem neueren Buch „Interstellare Kommunikation" dargelegt. Es ist zwecklos, zu denken, daß die Wissenschaft bereits so viele Wunder vollbracht hat, daß es — genügend Zeit vorausgesetzt — keine Grenzen für weitere Leistungen gibt. Die Berechnungen dieser Physiker sehen so aus, daß Besuche von anderen Sonnensystemen für immer ausschließlich das Feld der Science-Fiction-Leute bleiben werden.

Vielleicht aber besteht keine Notwendigkeit, die Existenz hominider Wesen durch Reisen zu entdecken. Wäre es nicht möglich, sich mit ihnen zu verständigen? Das Problem ist allerdings: sollen wir senden oder sollen wir einfach hören? Die Suche wird zur Zeit tatsächlich mit Hilfe des Hörens durchgeführt, und zweifellos werden alle Arten hochentwickelter technischer Pläne benutzt. Ganz zu Beginn des Hör-Programms gab es sogar einen aufregenden falschen Alarm — aber sonst nur kosmische Stille.

Ich denke, daß wir uns den vollen negativen Eindruck der neuen Erkenntnisse vergegenwärtigen müssen, den die Erforschung von Mond, Venus, Mars und die Probleme der Weltraumreise mit sich gebracht haben. Wir Physiologen können nun mit vollkommener Sicherheit sagen, daß der Mensch für immer erdgebunden ist. Es gibt absolut keinen möglichen Platz als die Erde, wo der Mensch *leben* könnte, obwohl natürlich sehr viele ‚Stippvisiten' — wie man es nennen könnte — auf den Planeten unseres Sonnensystems stattfinden werden. Die unglaubliche technische Leistung der zwei Mondbesuche zeigt, daß eine ähnliche Reise zum Mars technisch durchführbar wäre. Wir und unsere Mitmenschen in allen Ländern müssen uns darüber klar werden, daß wir diese wundervolle, schöne, bekömmliche Erde als Brüder teilen und daß es *niemals* einen anderen Platz zum Leben geben wird. Sie werden sich erinnern, daß Kopernikus wegen der Mechanik des Sonnensystems die Erde von ihrem bis dahin eingenommenen Platz als Zentrum des Universums verstieß. Ich fühle mich jedoch fast wie ein Prä-Kopernikaner, denn es gibt sicher ein sehr viel wichtigeres Kriterium als die trivialen Newtonschen Mechanikregeln, die in der Mechanik der Relativitätstheorie völlig ohne Bedeutung sind. Dieses Kriterium ist — so schlage ich vor —, daß die Erde des Menschen Heim ist und daß, gäbe es *uns* nicht mit unserem intelligenten bewußten und wissenschaftlichen Leben, das ganze Drama des Kosmos, so wie es in der modernen Astronomie verstanden wird, nie bemerkt und verstanden worden wäre. Wie SCHRÖDINGER so zynisch vermutet, wäre es nicht mehr als ein Drama, das vor leeren Stühlen gespielt wird.

10. Allgemeine Überlegungen

Da die Einzigartigkeit des bewußten Selbst nicht an spezifische genetische Vererbung gebunden ist, kann man nicht annehmen, daß sie ein bloßes Derivat des schöpferischen Evolutionsprozesses ist, obwohl der Körper *per se* diesen Ursprung genommen hat. Wir brauchen ein radikales Überdenken im Hinblick auf unseren Status und unser Verhältnis zur Evolutionsgeschichte. Wir sind in ihr, aber nicht ausschließlich. Die Verworrenheit dieses Problems entsteht durch unsere gegenwärtige Unfähigkeit, irgend eine befriedigende Lösung für das Gehirn-Geist-Problem zu finden (vgl. Kapitel IV, V und X).

Es wurde vorgeschlagen, daß das Problem von Gehirn und Geist durch Assimilation an das Bohrsche Prinzip der Komplementarität gelöst werden könne. Ich bin durch dieses geistreiche Manöver nicht befriedigt, obwohl es in Richtung auf eine radikalere Lösung deuten mag. Ich kann andeutungsweise die Notwendigkeit für ein revolutionäres Konzept in der Psychophysiologie voraussehen, das in einer Revolution resultiert, die zumindest ein Äquivalent zur Relativitätstheorie in der Physik wäre. Diese Theorie erkannte, daß der Beobachter physikalische Beobachtungen nicht nur passiv vornimmt, sondern sowohl im Hinblick auf das gemeinsame Bezugssystem als auch auf die Störung, die notwendigerweise in jedem beobachteten System hervorgerufen wird, daran teilnimmt. Wie SCHRÖDINGER (1958) andeutete, wird es gleichermaßen in der Psycho-Physiologie notwendig sein, zu erkennen, daß alle Beobachtungen anfangs in der sensorischen Welt bewußter Erfahrung stattfinden und daß die äußere Welt von Dingen und Geschehnissen von der sensorischen Welt abgeleitet wird. Man muß außerdem erkennen, daß all unsere Theorien, die Konstruktion wissenschaftlicher Hypothesen oder philosophischer Erklärungen, in erster Linie auch eine

Aktivität des bewußten Geistes sind, ganz besonders im Hinblick auf seine kritischen und schöpferischen Eigenschaften (vgl. WIGNER, 1959). Es ist unvermeidbar, daß dabei eine rückläufige Bewegung abrollt, denn durch bewußtes Denken versuchen wir, einen Einblick in die Funktion des Geistes und seine Beziehung zum Gehirn zu erhalten. Die Notwendigkeit für eine psychophysiologische Relativitätstheorie ist zwingend, und man kann hoffen, daß das helle Licht dieser erhofften Theorie bald die gegenwärtige Dunkelheit erhellen wird.

Wir befinden uns im Evolutionsprozeß des Lebens; trotzdem hat der Mensch dies erst in den letzten 100 Jahren erkannt. Die gesamten Folgen dieser Revolution der Standpunkte sind noch nicht durchlebt und begriffsmäßig assimiliert worden. So weit war die Geschichte ein Triumph der Anhänger über die Gegner der Evolution, der Aktion gegen die Reaktion. Anfangs wurden Sinn und Bedeutung der Evolutionshypothese auf beiden Seiten mißverstanden. Aber nun erkennen viele Biologen, daß uns eine Art Pseudoreligion, der Darwinismus, untergeschoben wird, das heißt, daß wir in einem und durch einen kosmischen Evolutionsprozeß existieren, der im Prinzip eine komplette Erklärung für unseren Ursprung und unsere Natur liefert. Sie werden erkennen, daß ich den Darwinismus angreife, und nicht die wissenschaftliche Evolutionstheorie, die ich als teilweise und begrenzte Erklärung für meinen Ursprung akzeptiere; aber für mich liefert sie nicht eine komplette und befriedigende Erklärung für meine eigene persönliche Existenz. Die Existenz ist für mich ein tiefes Wunder. Wir können einen fundamentalen Durchbruch noch nicht einmal erahnen, aber wir sollten wenigstens eine weitreichende Vision des wunderbaren Abenteuers haben, in dem wir uns alle zusammen befinden — das Abenteuer des Lebens und im besonderen des bewußten Geisteslebens. Es gibt uns all unsere Zivilisation, unsere Kunst und auch unsere Wissenschaft.

Ich möchte schließen, indem ich versuche, die Bedeutung der Evolutionstheorie im Verhältnis zu der Art, in der der Mensch von sich denken sollte, nochmals abzuwägen. Es besteht kein Zweifel, daß während der letzten drei oder vier Jahrhunderte die Menschheit im allgemeinen eine Abwertung des menschlichen Status in diesem

Universum gefühlt hat. Erstens wurde unsere Welt zu einem trivialen Bestandteil des Universums und zweitens wurde der Mensch nur ein kluges Tier, das aus einem biologischen Prozeß entstand. Ich stimme DOBZHANSKY (1967) bei, daß diese emotionelle Abwertung des Menschen durch die wissenschaftlichen Entdeckungen nicht gerechtfertigt und aus einem Mißverständnis der wirklichen Position des Menschen entstanden ist. DOBZHANSKY sagt:

> „Die Evolution ist eine Quelle der Hoffnung für den Menschen. Es ist sicher, daß die moderne Evolutionslehre die Erde nicht in eine Stellung als Mittelpunkt des Universums zurückgebracht hat. Während jedoch das Universum sicher nicht geozentrisch ist, könnte es sehr wohl anthropozentrisch sein. Der Mensch, dieses mysteriöse Produkt der Entwicklung der Welt, könnte auch ihr Protagonist sein und schließlich ihr Pilot. Auf jeden Fall ist die Welt nicht fixiert, fertig und unwandelbar. Alles in ihr ist das Produkt evolutionärer Strömungen und Entwicklungen."

Als abschließende Erklärung meines eigenen Glaubens möchte ich aus den Schriftrollen vom Toten Meer zitieren:

> „So wandere ich frei über das Hochland und weiß, daß es Hoffnung gibt für den, den Du aus Staub geformt hast, sich mit den ewigen Dingen zu befassen."

VII. Wie ist die Natur zu verstehen?[1]

1. Wissenschaft als Mutmaßung und Widerlegung

KARL POPPER zitierte zwei Stellen aus Xenophanes, die zeigen, wie gut dieser vorsokratische Philosoph POPPERs Ansicht über den Zustand unserer Versuche, die Natur zu verstehen, vorausgeahnt hat — „ein gewirktes Netz von Vermutungen".

Nicht von Anfang an haben die Götter den Sterblichen alles Verborgene gezeigt; sondern allmählich finden sie suchend das Bessere.

Und was die Wahrheit betrifft, so gab es und wird es niemand geben, der sie wüßte in bezug auf die Götter und alle die Dinge, welche ich erwähne.

Denn spräche er auch einmal zufällig das Allervollendetste, so weiß er's selber doch nicht. Denn alles ist nur ein gewirktes Netz von Vermutungen.

In der Einleitung zu "The Logic of Scientific Discovery" (1959) gibt POPPER eine ausführliche Erklärung seines philosophischen Standpunktes:

„Ich glaube jedoch, daß es zumindest ein wissenschaftliches Problem gibt, an dem alle denkenden Menschen interessiert sind. Es ist das Problem der Kosmologie: das Problem, die Welt zu verstehen — uns selbst und unser Wissen eingeschlossen — als Teil der Welt. Wissenschaft ist Kosmologie, glaube ich, und für mich liegt die Bedeutung der Philosophie und der Naturwissenschaften nur in den Beiträgen, die sie dazu geleistet haben."

---

[1] Dieses Kapitel wurde ursprünglich für ein Buch über die Philosophie KARL POPPERs geschrieben, dann aber zurückgezogen und durch einen anderen Beitrag ersetzt.

Das ist die kürzeste Darstellung meiner eigenen Überzeugung und der Motive für meine eigene wissenschaftliche Arbeit, die ich kenne. Wir wissen um „die Welt — uns selbst eingeschlossen" — oder „Natur" nur durch unsere bewußten Erfahrungen, besonders durch die, die auf unsere sensorischen Wahrnehmungen und ihren Rückruf durch Erinnerung zurückgehen. Ich setze voraus, daß „verstehen" bedeutet, diese Erfahrungen mit Hilfe der erklärenden Kraft wissenschaftlicher Hypothesen von größter Allgemeinheit zu begreifen.

POPPER lieferte einen fundamentalen Beitrag zur Philosophie der wissenschaftlichen Methode durch seine Formulierung des Problems der Abgrenzung — oder, anders ausgedrückt, der Kriterien, die zeigen, ob ein bestimmtes Konzept und die dazugehörigen Beobachtungen wirklich wissenschaftlichen Charakter haben oder nicht. Ich kann nichts Besseres tun als aus POPPER (1963) zu zitieren:

„Wann immer ein Wissenschaftler behauptet, daß seine Theorie durch Experiment oder Beobachtung gestützt ist, sollten wir ihm die folgende Frage stellen: Können Sie mögliche Beobachtungen beschreiben, die, wenn sie wirklich gemacht worden wären, Ihre Theorie widerlegten? Wenn Sie das nicht können, dann hat Ihre Theorie keineswegs den Charakter einer empirischen Theorie; denn wenn alle denkbaren Beobachtungen mit Ihrer Theorie übereinstimmen, haben Sie kein Recht, von irgendeiner bestimmten Beobachtung zu behaupten, daß sie Ihrer Theorie empirisch Unterstützung leihe.

Um es kürzer zu sagen: Nur wenn Sie mir sagen können, wie Ihre Theorie widerlegt werden oder sich als falsch erweisen kann, können wir Ihre Behauptung annehmen, daß Ihre Theorie den Charakter einer empirischen Theorie hat.

Das Kriterium der Abgrenzung zwischen nicht-empirischen Theorien und Theorien, die empirischen Charakter haben, habe ich auch das Kriterium der Verfälschbarkeit oder das Kriterium der Widerlegbarkeit genannt. Es bedeutet nicht, daß unwiderlegbare Theorien falsch, noch besagt es, daß sie bedeutungslos seien. Aber es besagt, daß, solange wir eine mögliche Widerlegung einer Theorie nicht beschreiben können, diese Theorie außerhalb der empirischen Wissenschaft steht."

„Beobachtungen oder Experimente können nur dann zur Stützung einer Theorie (oder einer Hypothese oder einer wissenschaftlichen Behauptung) angenommen werden, wenn diese Beobachtungen und Experimente als gute Prüfungen für diese Theorie beschrieben werden können; oder mit anderen Worten: nur wenn sie ehrliche Versuche waren, die Theorie zu widerlegen, oder Versuche, sie versagen zu lassen, wo ein Versagen im Licht all unseres

Wissens erwartet werden könnte, einschließlich unserer Kenntnis konkurrierender Theorien."

Ein einfacher einleitender Überblick über POPPERs Philosophie der wissenschaftlichen Methode wird im folgenden Zitat gegeben (1963):

„Wie ich schon angedeutet habe, vertrete ich die Theorie, daß wir nicht bei der Beobachtung, sondern beim Problem beginnen — beim praktischen Problem oder bei einer Theorie, die in Schwierigkeiten geraten ist; das heißt, die einige Erwartungen hervorgerufen und enttäuscht hat.

Stehen wir einmal einem Problem gegenüber, dann fahren wir mit zwei Arten von Lösungsversuchen fort: wir versuchen, eine Lösung für unser Problem zu erraten oder zu vermuten; und wir versuchen, unsere normalerweise etwas schwachen Lösungen zu kritisieren. Manchmal mag eine Vermutung oder ein Erraten unsere Kritik und experimentellen Teste für eine relativ lange Zeit zu überleben. In der Regel finden wir aber, daß unsere Vermutungen widerlegt werden können, oder daß sie unser Problem nicht oder nur teilweise lösen. Und wir finden, daß selbst die besten Lösungen — die, die sogar der schärfsten Kritik der klügsten und brillantesten Köpfe widerstehen — bald die Ursachen neuer Schwierigkeiten und Probleme sind. So können wir sagen, daß unser Wissen wächst, während wir von alten zu neuen Problemen mit Hilfe von Vermutungen und Widerlegungen weiterschreiten; durch die Widerlegung einer Theorie, oder allgemeiner gesagt, unserer *Erwartungen.*"

2. Wissenschaft als persönliches Bestreben

Es wird allgemein angenommen, daß die Wissenschaft durch objektive und unpersönliche Aktivitäten der Wissenschaftler geschaffen wurde. Ich möchte nochmals kurz MICHAEL POLANNYI (1966) zitieren, der der beredste und begeistertste Autor dieses Themas war (vgl. POLANNYI, 1958, 1967b, 1968a):

„Ein gutes Problem zu erkennen, heißt etwas Verstecktes und doch Erreichbares zu sehen. Das geschieht, indem noch unfertige Erfahrungen mit gewissen Anhaltspunkten integriert werden, die in Richtung auf eine mögliche Lücke in unserem Wissen gehen. Dieses Problem anzugehen heißt, sich dem Glauben hinzugeben, daß man diese Lücke füllen und dabei einen neuen Kontakt mit der Realität herbeiführen kann. Solch eine Verpflichtung muß von Leidenschaft getragen werden; ein Problem, das uns nicht beunruhigt, das uns nicht erregt, ist kein Problem; es existiert überhaupt nicht. Beweise werden durch Vermutungen gestützt, die mit einer eigenen besonderen Hoffnung erfüllt sind und die verzweifelt so ausgerichtet werden, daß sie die Hoffnung erfüllen. Ohne solch eine leidenschaftliche Hingabe werden sich keine stützenden Beweise ergeben, wird das Versagen, solche Beweise nicht gefunden zu haben, nicht gefühlt; Folgerungen werden nicht gezogen und nicht geprüft, die Suche unterbleibt.

Auf diese Weise entstehen die vorausschauenden Kräfte, die wir in historischer Perspektive am Werk gesehen haben, und leiten die individuelle Kreativität. Diese Kräfte hat der Wissenschaftler stets im Sinn, denn er glaubt, daß Wissenschaft einen Aspekt von Wirklichkeit anbietet und daher ihre Wahrheit immer wieder durch neue Überraschungen äußern könne."

Das Ausmaß anthropomorphischer Verwicklung selbst in der Kernphysik wurde von MARTIN DEUTSCH (1959) festgestellt:

„Bei meiner eigenen Arbeit hat mir der überraschend hohe Grad, in dem die vom Wissenschaftler vorgefaßte Vorstellung von dem Prozeß, den er gerade untersucht, die Ergebnisse seiner Beobachtungen bestimmt, zu denken gegeben. Die Vorstellung, auf die ich mich beziehe, ist die symbolische anthropomorphe Darstellung eines im Grunde unvorstellbaren Prozesses."

Er fährt fort, daß die schöpferische wissenschaftliche Vorstellungskraft durch das Erwecken potentieller oder eingebildeter Sinneseindrücke wirke.

GERALD HOLTON (1967) kommentiert:

„Je sorgfältiger wir die Zifferblätter unserer Meßinstrumente beobachten, um so deutlicher sehen wir die Widerspiegelung unserer Gesichter ... Die anthropomorphe Belastung ist selbst bei den modernsten physikalischen Vorstellungen sehr groß. Immer noch ziehen Partikel sich an oder stoßen sich ab, so ungefähr verhält es sich auch mit den Menschen: sie „erleben" gewisse Mächte, werden gefangengenommen oder entkommen. Sie leben und vergehen. Ein Stromkreis ‚akzeptiert' gewisse Signale und ‚lehnt andere ab', und so weiter."

Dies alles ist natürlich weit von der konventionellen Vorstellung, daß der Wissenschaftler unpersönlich und weltoffen sei, entfernt. Wie zu erwarten ist, sind Wissenschaftler, die sich mit dem Gehirn befassen, in stärkerem Maße anthropomorph eingestellt als Kernphysiker. Wir sind unabdingbar von Ideen über Zweck und Entwurf besessen.

3. Persönliche Erfahrungen

Es scheint mir, daß Diskussionen um wissenschaftliche Methoden darunter leiden, daß sie in einem Vakuum ohne gründliche Verbindung zum eigentlichen wissenschaftlichen Problem geführt werden. Da mein wissenschaftliches Leben so viel meiner Konversion von 1945 (wenn ich es so nennen darf) zu POPPERs Lehren über die Durchführung wissenschaftlicher Untersuchungen zu verdanken hat, scheint es angebracht, ganz besonders auf meine eigenen Forschungserfahrungen hinzuweisen. Wie die meisten jungen Forscher begann ich meine Arbeit in einer Art Daumenpeil-Manier, wobei mir elegante wissenschaftliche Methoden weitgehend unbekannt waren, obwohl ich ohne Gewissensbisse die induktive Natur wissenschaftlicher Methoden angenommen hatte. Ich hatte allerdings das Glück, während der — wie wir es jetzt nennen würden — klassischen Sherringtonschen Periode der Erforschung spinaler Reflexe in Oxford zu sein. Ich entdeckte, daß anfangs alles gut ging, solange ich in der Wahl meiner Themen ein gewisses Glück entwickelte. Auch das war nicht schwierig, solange ich mich an die allgemeine Richtung klassischer Untersuchungen hielt. Aber später, als ich in neue Gebiete eindrang, wurde mir allmählich klar, daß ich ernste wissenschaftliche Fehler machte und ich durchlitt demzufolge all die Gewissensqualen, die das Erkennen derartiger Mißgeschicke mit sich bringt.

Bis 1945 hatte ich folgende konventionelle Ideen über wissenschaftliche Forschung: Erstens, daß Hypothesen aus dem sorgfältigen und methodischen Sammeln von experimentellen Daten erwachsen. Das ist die induktive Idee über die Wissenschaft, die auf BACON und MILL zurückgeht. Die meisten Wissenschaftler und Philosophen glauben immer noch, daß dies die wissenschaftliche Methode sei. Zweitens, daß die Güte eines Wissenschaftlers nach der Zuverlässigkeit der von ihm entwickelten Hypothesen beurteilt wird, die zweifelsohne mit der Anhäufung neuer Daten erweitert werden müßten, die aber — so hoffte man — als feste und sichere Fundamente weiterer theoretischer Entwicklungen dienen würden. Ein Wissenschaftler zieht es vor, über seine experimentellen Daten zu sprechen und Hypothesen nur als Arbeitsgerüst zu betrachten. Schließlich

— und das ist der wichtigste Punkt — ist es im höchsten Maße bedauerlich und ein Zeichen von Versagen, wenn ein Wissenschaftler für eine Hypothese eintritt, die durch neue Daten widerlegt wird, so daß sie schließlich ganz aufgegeben werden muß.

Das war mein Problem. Ich hatte lange eine Hypothese vertreten, bevor mir klar wurde, daß sie vermutlich verworfen werden müsse, und das deprimierte mich außerordentlich. Ich war in eine Kontroverse über Synapsen verwickelt gewesen (vgl. Kapitel II), und glaubte damals, daß die synaptische Übertragung zwischen Nervenzellen größtenteils elektrischer Natur sei. Ich gab zu, daß es eine späte langsame chemische Komponente gäbe, glaubte aber, daß die schnelle Übertragung über die Synapse auf elektrischem Wege vor sich gehe. Zu diesem Zeitpunkt lernte ich von POPPER, daß es wissenschaftlich nichts Ehrenrühriges sei, wenn die eigenen Hypothesen als falsch erkannt werden. Das war die schönste Neuigkeit, die ich seit langem erfahren hatte. Ich wurde sogar von POPPER dazu überredet, meine Hypothesen über elektrisch bedingte exzitatorische und inhibitorische synaptische Übertragung so präzise und rigoros zu formulieren, daß sie zur Widerlegung herausforderten — und das geschah ein paar Jahre später — größtenteils durch meine Kollegen und mich selbst —, als wir 1951 anfingen, intrazelluläre Ableitungen von Motoneuronen zu machen. Dank der Popperschen Lehre konnte ich freudig den Tod meines Lieblingsgedankens hinnehmen, den ich fast 20 Jahre lang gehegt hatte, und war gleichzeitig in der Lage, soviel wie nur möglich zur „chemischen Übertragungs-Geschichte" beizutragen, die wiederum der Lieblingsgedanke von DALE und LOEWI war. Ich hatte endlich die große, befreiende Macht von POPPER[s] Lehre über wissenschaftliche Methoden erfahren. Das beachtliche Resultat dieser vollkommenen Abkehr von meiner lang-geliebten Hypothese war, daß ich ein allgemein bekanntes Ansehen erlangte, das ganz erstaunlicherweise nicht unvorteilhaft war. Die Geschichte wurde immer wieder erzählt, wenn ich irgendwo als Redner eingeführt wurde, aber nie so attraktiv wie im flamboyanten Stil von Sir HENRY DALE (1954).

„ECCLES und seine Gruppe schlossen, daß diese positive Änderung in den motorischen Vorderhorn-Ganglienzellen nur durch die Freisetzung eines chemischen Agens von den Enden der afferenten Fasern, die synaptische

Kontakte mit ihrer Oberfläche herstellten, bedingt sein könne, und daß, wenn synaptische Hemmung auf diese Weise chemisch weitergeleitet werde, synaptische Erregung höchstwahrscheinlich nicht durch einen wesentlich verschiedenen Prozeß weitergeleitet werde, obwohl der Transmitter vermutlich ein anderer sein könne. Aufgrund offensichtlicher Analogien wurde angenommen, daß irgend ein chemisches Agens an allen zentralen Synapsen wirke, und nachdem das akzeptiert war, war ECCLES natürlich bereit, das Problem der cholinergischen Übertragung im Ganglion so ganz nebenbei zu lösen. In der Tat eine bemerkenswerte Konversion! Man wird unvermeidlich an Saul auf dem Weg nach Damaskus erinnert, als plötzlich das Licht aufleuchtete und ihm die Schuppen von den Augen fielen."

Hier zeigt sich eine eigenartige Reihenfolge. Es erwies sich, daß ich zu schnell bereit gewesen war, die elektrische Hypothese synaptischer Übertragung zu verwerfen. Die vielen Arten von Synapsen, die Gegenstand meiner Arbeiten gewesen waren, sind sicherlich chemischer Art, aber heute sind viele elektrische Synapsen bekannt, und mein Buch über die Synapsen (ECCLES, 1964) enthält zwei Kapitel über elektrische Übertragung, sowohl inhibitorische als auch exzitatorische!

4. Die Natur wissenschaftlicher Forschung

Es ist für Wissenschaftler — besonders für die Leiter wissenschaftlicher Forschung — von ungeheurer Bedeutung, von einer Theorie wissenschaftlicher Methodik geleitet zu werden. Ich bin mir allerdings darüber im klaren, daß die meisten Wissenschaftler nicht an der philosophischen Basis ihrer Arbeit interessiert sind. Sie würden das als belanglos für ihre Versuche, wissenschaftliche Entdeckungen zu machen, ansehen. Viele leben in dem naiven Glauben, daß die Wissenschaft sich damit beschäftige, wissenschaftliche Beobachtungen mit Hilfe der bestmöglichen Techniken zu machen und daß aus all diesen Beobachtungen eine erklärende Geschichte oder Hypothese hervorgehe, die oft entschuldigend „provisorische Hypothese" genannt wird. Das ist natürlich eine Schutzhaltung, mit der der Wissenschaftler vermeiden möchte, sich mit einer Hypothese zu identifizieren, die ihn in Verruf bringen kann, sollte sie später einmal widerlegt werden. Dem Gebrauch des Ausdrucks „provisorische Hypothese" liegt die Vorstellung zugrunde, daß es im Verlauf der wissenschaftlichen Forschung möglich sein wird, eine fertige wissenschaftliche Hypothese oder Theorie zu formulieren, die das provisorische Stadium bereits hinter sich hat, um dann ihre rechtmäßige Stellung als integrierender Bestandteil des wissenschaftlich etablierten Wissens einnehmen zu können.

Dieses Mißverständnis der Natur der Wissenschaft hat ernste Konsequenzen sowohl für die Wissenschaft als auch für den einzelnen Wissenschaftler. Wissenschaftliche Veröffentlichungen befassen sich viel zu sehr mit der Berichterstattung über experimentelle Beobachtungen, die einen gewissen Status erreichen, weil sie mit den modernsten und teuersten Geräten gemacht und nicht weil sie erdacht wurden, um eine besonders interessante wissenschaftliche Idee oder ein Postulat zu testen. Die Konsequenz ist, daß die Literatur mit reinen Berichten über Beobachtungen überflutet wird, die nur als Beobachtungen publiziert werden, ohne daß eine organische Verbindung zu genau formulierten Hypothesen besteht. Solche Beobachtungen sind vom wissenschaftlichen Standpunkt aus bedeutungslos. Sie langweilen und werden schnell vergessen. All das führt in jeder Hinsicht zu einer großen Verschwendung von wissenschaftlichen Bemühungen — in den Anstrengungen der Wissenschaftler, im Gebrauch wissenschaftlicher Apparate und technischen Personals und in den Publikationsmöglichkeiten.

Abgesehen von der Verschwendung besteht die große Gefahr, daß dieses Mißverstehen wissenschaftlicher Bemühungen für den Wissenschaftler selbst ernsthafte Konsequenzen haben könnte. Der irrige Glaube, daß die Wissenschaft letzten Endes die Gewißheit einer endgültigen Erklärung liefern wird, birgt die Folgerung in sich, daß es ein schweres wissenschaftliches Vergehen ist, eine Hypothese veröffentlicht zu haben, die sich letzten Endes als falsch erweist. Daher sind Wissenschaftler oft nicht geneigt, die Widerlegung einer solchen Hypothese zuzugeben, und ihr Leben mag mit dem Versuch vergeudet werden, das nicht mehr Mögliche zu verteidigen. Hingegen ist laut POPPER die teilweise oder ganze Widerlegung das vorausgeahnte Schicksal für alle Hypothesen, und wir sollen uns sogar über die Widerlegung einer Hypothese freuen, die unsere Lieblingsidee darstellte. Man verliert auf diese Weise Angst und Gewissensbisse, und die Wissenschaft wird zum atemberaubenden Abenteuer, bei dem Vorstellungskraft und Phantasie zu Begriffsentwicklungen führen, die in ihrer Allgemeingültigkeit und ihrem Ausmaß die experimentellen Beweise überschreiten. Die präzise Formulierung ideenreicher Einblicke in Hypothesen öffnet den Weg für härteste Prüfungen durch Experimente, wobei immer erwartet werden muß, daß die Hypothese sich als falsch erweist und ganz oder teilweise durch eine andere Hypothese mit größerer erklärender Macht ersetzt werden muß. Auf diese Weise führen Begriffsentwicklungen zu Experimenten, die immer im Hinblick auf Hypothesen geplant werden. Der Status einer wissenschaftlichen Hypothese ergibt sich aus der Effektivität, mit der sie rigorose experimentelle Teste herausfordert und aus ihren erklärenden Fähigkeiten, die das vorhandene Wissen weit überschreiten sollten; ihr Status kann am Ausmaß ihrer Vorhersage gemessen werden.

Die normalen Darstellungen von POPPERs Ansichten über die Methodologie der Wissenschaft vermitteln den Eindruck einer gewissen Verfahrensstrenge, die nur selten mit den Erfahrungen der Wissenschaftler korreliert — selbst bei denen nicht, die wie ich, die Methodologie strikt befolgen. Wenn ich mein Vorgehen im Verlauf einer wissenschaftlichen Entdeckung überdenke, finde ich, daß es mehr der opportunistischen Taktik eines Guerillakrieges entspricht als den organisierten Strategien großer Schlachten. Zu Beginn einer vor einiger Zeit durchgeführten Untersuchung über die Zufuhr von Informationen zum Kleinhirn (ECCLES, 1970a) wurde nicht in Erwägung gezogen, daß die Korrelation verschiedener Reize nur wirksam werden kann, wenn diese Reize auf genau die gleiche Stelle der Kleinhirnrinde einwirken. Diese Einschränkung geht auf die gut dokumentierten Beobachtungen zurück, daß es keine schleifenbildende assoziierte Bahnen im zerebellären Cortex gibt. Tatsächlich gibt es keine exzitatorischen Neuronenketten, die eine Grundlage für zirkulierende Impulse böten, so daß ein ankommender Reiz über eine kurze Frist in einem dynamischen Wirkungsmuster erhalten werden könnte (vgl. Kapitel II). Außerdem wurde nicht beachtet, daß, wenn die gesamte Information von den sensorischen Rezeptoren einer Extremität in ein bestimmtes Gebiet der Kleinhirnrinde geleitet werden würde, die integrierende Funktion der Neuronenmaschinerie durch die überwältigende Verwirrung der ankommenden Reize komplett blockiert werden würde. Offensichtlich gibt es regionale Zonenabgrenzungen verschiedener Reiz-Untergruppen, so daß der gleiche Reiz an vielen verschiedenen integrierenden Knotenpunkten beteiligt ist. Vor den experimentellen Untersuchungen war dies jedoch nicht vorausgesehen worden, obwohl es sehr notwendig und offensichtlich schien, nachdem es bekannt war. Meine Erfahrung geht dahin, daß ich oft nur einen sehr vagen Erwartungshorizont (um POPPERs treffenden Ausdruck zu gebrauchen) zu Anfang einer bestimmten Untersuchung habe, der aber natürlich genügt, um mich beim Entwerfen der Experimente zu leiten. So bin ich in der Lage, eine gewisse Flexibilität der Konzepte aufrechtzuerhalten, die im Licht der neuen Beobachtungen entwickelt wurden. Sie haben aber immer einen allgemeinen Charakter, so daß der Erwartungshorizont sehr weit vorgeschoben und entwickelt werden kann und dadurch zu sehr viel rigoroseren und gründlicheren experimentellen Testen Anlaß gibt, als sie je von Anfang an hätten entwickelt werden können.

5. Beispiele aus neurobiologischen Untersuchungen

Ein Schlüsselpunkt der Popperschen Lehren über das wirkungsvollste Vorgehen in der wissenschaftlichen Forschung ist, daß es von ungeheurer Wichtigkeit ist, Untersuchungen durchzuführen, die sich auf einen Erwartungshorizont beziehen, der aus einer gut fundierten Theorie entstanden ist und sich weit in unbekanntes Gebiet erstreckt. Ich kann die Art, in der dieses Vorgehen mich geleitet und mir geholfen hat, erläutern, indem ich zwei Experimente, die ich während der letzten zehn Jahre durchgeführt habe, als Beispiel anführe.

Das erste Beispiel ist die Hypothese, daß eine Nervenzelle im Zentralnervensystem nur eine Art von Aktivität an all ihren Synapsen haben kann. Das kann z. B. eine erregende Nervenzelle sein, die eine postsynaptische exzitatorische Aktivität ausübt, oder aber auch eine hemmende Nervenzelle. Sie kann nicht ambivalent sein und an einigen Synapsen exzitatorische Aktivität zeigen, während die anderen inhibitorischen Charakters sind. Das heißt, Nervenzellen können streng in zwei Gruppen eingeteilt werden, nämlich in erregende und in hemmende (vgl. Kapitel II, Abb. 6, 7, 8). Diese Hypothese wurde auf der Basis einiger sehr weniger Arten dieser zwei Typen von Nervenzellen aufgestellt. Jetzt aber kennt man über 30 Arten rein hemmender Neurone im Nervensystem des Säugers, während es kein Beispiel für ambivalente Neurone gibt. Die ganze Geschichte dieser Hypothese und der Prüfungen, die sie durchlief, ist in meinen Sherrington Lectures (ECCLES, 1969b) erzählt. Sie hat zu vielen Experimenten und schweren Angriffen Anlaß gegeben, und es gab mehrere Vermutungen, daß sie widerlegt worden sei, aber diese Vermutungen haben sich später als unhaltbar erwiesen. Die Hypothese ist also bis heute nicht widerlegt worden und hat zur Entwicklung hochinteressanter Probleme der Neurogenese geführt, von denen später gesprochen werden soll.

Einige unbedeutendere Gesichtspunkte der ursprünglichen Formulierung haben sich trotzdem als falsch erwiesen. Es war z. B. postuliert worden, daß hemmende Neurone alle kurze Axone besitzen und nun gibt es bereits drei Beispiele, bei denen die Axone hemmender Neurone mehrere Zentimeter lang sind. Ein anderes ursprüngliches Postulat war, daß die Umstellung auf ein hemmendes Neuron ein einfacher Gleichschaltereffekt sei, der eine Verwandlung der synaptischen Transmittersubstanz bewirke. Heute ist jedoch bekannt, daß komplexere Organisationsformen am Werk sind, wie z. B. die Hemmung inhibitorischer Interneurone und daß detaillierte Muster neuronaler Aktivierung von hemmenden Neuronen in einer Art von negativem Bild weitergeleitet werden können. Die gesamte Arbeitsleistung der Kleinhirnrinde läuft z. B. über hemmende Zellen — die Purkinje-Zellen.

Eine zweite Hypothese betraf den Ionenmechanismus des Hemmungsvorganges. Ein Nervenimpuls bewirkt die Freisetzung einer besonderen Transmittersubstanz von den inhibitorischen präsynaptischen Endigungen, die kurzfristig auf die subsynaptische Membran einwirkt und einen Ionenfluß durch diese Membran bewirkt (vgl. Kapitel II, Abb. 4, 5). Diese Ionenströme sind übrigens der Grund für die Hemmung der postsynaptischen Zelle. Es ist gezeigt worden, daß die Änderungen im Gradienten des elektrischen Potentials durch die subsynaptische Membran Veränderungen im Ionenstrom bewirken, die genau in Übereinstimmung mit dem Postulat stehen, daß diese Ionenströme einfach auf die Bewegungen von Ionen entlang elektro-chemischer Gradienten zurückgehen. Das Problem war

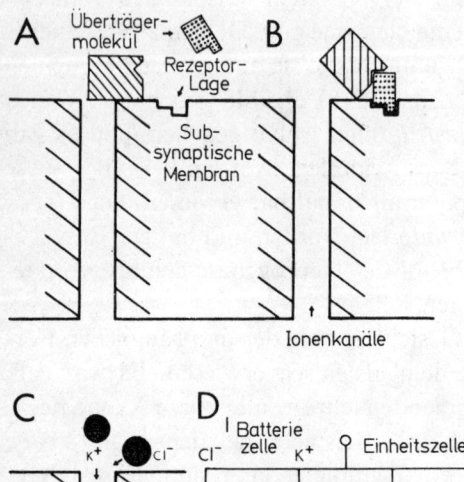

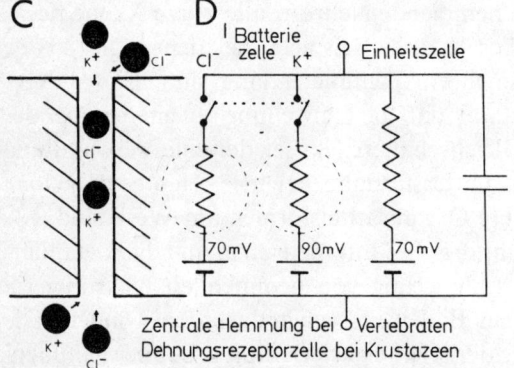

Abb. 26 A–H. Schematische Darstellung der Hypothesen über die Ionen-Mechanismen, die bei der Hervorbringung von IPSP in verschiedenen inhibito-rischen Synapsen eine Rolle spielen. A, B schematische Darstellung des Mechanismus, mit dessen Hilfe ein synaptisches Transmitter-Molekül die zeitweilige Öffnung einer Pore in der subsynaptischen Membran durch Öffnung eines Kanals bewirken könnte. In B ist das Transmitter-Molekül in enger sterischer Beziehung sowohl zum Rezeptor als auch zum Kanal gezeigt, der von der Porenöffnung weggezogen wurde. In der Folge können sich Ionen frei durch Poren der subsynaptischen Membran bewegen, solange der Transmitter auf sie einwirkt (ECCLES, 1964). C stellt schematisch eine Pore in einer aktivierten subsynaptischen inhibitorischen Membran und den

dann, zu bestimmen, welche Art von Ionen diese Gradienten hinabwanderten. In einer früheren Untersuchung war gefunden worden, daß die Injektion einiger Arten von Anionen in eine Nervenzelle

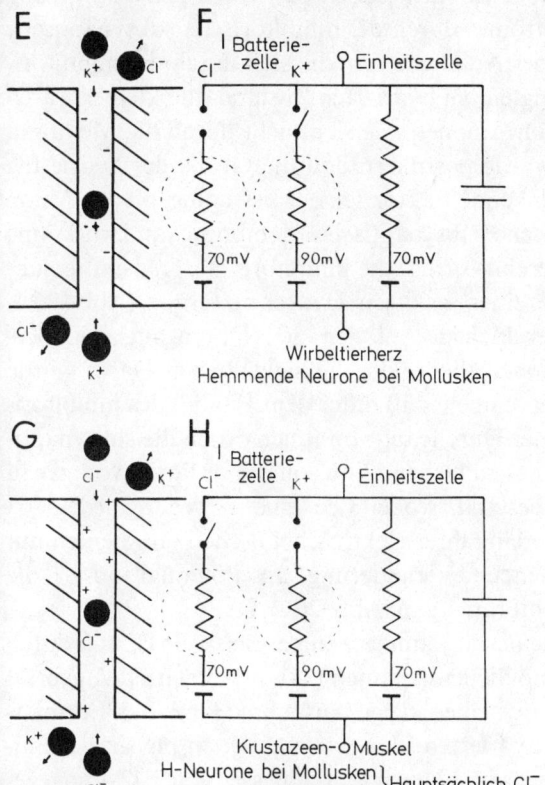

Durchtritt von Chlor- und Kaliumionen dar, wie er für die Hervorbringung eines IPSP an einer zentralen inhibitorischen Synapse postuliert wird. D ist ein Diagramm, das zeigt, daß sich das inhibitorische Element aus parallelgeschalteten Kalium- und Chlorid-Leitern zusammensetzt, von denen jeder eine Batterie in Form seines Gleichgewichtspotentials besitzt, die durch einen gekoppelten Schalter ein- und ausgeschaltet werden. Schalterschluß symbolisiert die Aktivierung der subsynaptischen inhibitorischen Membran. E, F und G, H zeigen die Verhältnisse an einer inhibitorischen Synapse mit vorwiegender Kalium- bzw. Chlorid-Ionen-Leitung. Man nimmt an, daß die Poren, je nach den an ihren Wandungen fixierten Ladungen, nur Kationen- oder Anionen-Permeabilität besitzen (ECCLES, 1964, 1966d)

auf eine Art auf die Ionenströme einwirkte, die zeigte, daß diese bestimmten Anionen ihre elektro-chemischen Gradienten entlang abwärts und solcherart durch die subsynaptische Membran wanderten. Andere Arten von Anionen jedoch bewirkten keine Änderung im Fluß des Ionenstromes durch die inhibitorische subsynaptische Membran. Da die vier Anionenarten, die sich durch die inhibitorische Membran bewegten, im hydrierten Zustand alle kleiner waren als die fünf Arten von Anionen, die sich nicht durch die Membran bewegen konnten, wurde postuliert, daß die Größe des hydrierten Anions der einschränkende Faktor sei, der bestimme, ob das Anion durch die inhibitorische subsynaptische Membran wandern könne oder nicht. Mit anderen Worten: die inhibitorische Transmittersubstanz öffnet Kanäle einer gewissen kritischen Größe (Abb. 26A, B), die nur den vier kleinen Anionen den Durchgang erlauben, für die größeren Anionen aber undurchgängig bleiben. Daher wurde ganz allgemein angenommen, daß unter dem Einfluß des inhibitorischen Transmitters der Durchgang von Ionen durch die subsynaptische Membran in einer einfachen Diffusion durch Poren von genau festgelegter Größe bestand, wobei sich eine Bewegung jeder Art permeabler Ionen entlang ihrer elektro-chemischen Gradienten mit der daraus entstehenden Veränderung im Potential durch die postsynaptische Membran ergab (Abb. 26C, D).

Diese Verallgemeinerung einiger weniger Beispiele ist nun durch die Injektion aller möglichen Anionen (34) in Nervenzellen geprüft worden, wobei sich nur eine einzige Ausnahme fand, das Formiat-Ion. Die Größe des hydrierten Ions, wie man sie in physiko-chemischen Tabellen findet, ist mit einem Durchmesser von 3,42 Å angegeben und übersteigt somit die dreier anderer Arten (3,15 bis 3,38 Å im Durchmesser), die die Ionenkanäle nicht passieren können.

Es ist bemerkenswert, daß die Hypothese der kritischen Ionengröße für inhibitorische Synapsen nicht nur für Vertebraten, sondern auch für Molusken gilt, die ebenfalls die „Formiat-Anomalie" an allen Synapsen aufweisen (KERKUT u. THOMAS, 1964). Die gegenwärtige Situation ist, daß die Hypothese der kritischen Porengröße erhärtet, aber noch mit dem ungelösten Problem der Formiat-Anomalie belastet ist. Die Aufstellung des Postulats, das die kritische Porengröße mit der Anionenpermeabilität in Verbindung brachte, hat die Erforschung des Ionenmechanismus inhibitorischer Vorgänge stark angeregt (vgl. ECCLES, 1964, 1966d).

Es gibt ein weiteres Problem, nämlich die Kationenpermeabilität, die durch den inhibitorischen synaptischen Transmitter bewirkt wird. Dieses Problem ist, abgesehen von einigen wenigen Arten inhibitorischer Synapsen bei Invertebraten, noch nicht befriedigend untersucht worden. Eine etwas allgemeiner gehaltene Theorie besagt jedoch, daß nicht nur die Porengröße, sondern auch die gebundenen Ladungen an den Poren die Ionenpermeabilität bestimmen (Abb. 26). Mit einer bestimmten positiven Ladung (G, H) wird die Anionenpermeabilität gesteigert und die Kationenpermeabilität vermindert und umgekehrt (E, F) (vgl. ECCLES, 1964). Diese umfassendere Hypothese ist noch nicht widerlegt worden, sollte aber noch kritischer untersucht werden, als das bisher möglich war. Sie bietet eine befriedigende Erklärung für die experimentellen Befunde (vgl. Abb. 26D, F, G), daß die inhibitorischen Ionenströme an bestimmten Typen von hemmenden Synapsen größtenteils von Kationen getragen werden, bei anderen Typen durch Anionen oder sogar durch Anionen und Kationen gemeinsam. Die vorhandenen Befunde lassen vermuten, daß die kritische Größe für hydrierte Ionen für Kationen und Anionen gleich ist, doch sind noch sehr viel mehr Versuche nötig.

Die Permeabilität für Anionen und/oder Kationen unter einer kritischen Größe ist charakteristisch für die postsynaptischen inhibitorischen Synapsen und dient dazu, sie streng von den exzitatorischen Synapsen abzugrenzen. In der Neurogenese des Säugers gibt es offenbar ein tiefgründiges biologisches Prinzip, das den Synapsen einer beliebigen Zelle „verbietet", zu beiden Klassen zu gehören, wobei der synaptische Transmitter in der Lage wäre, Ionenkanäle zu öffnen, die sowohl für exzitatorische (permeabel für Na^+ und K^+) als auch inhibitorische Synapsen (permeabel für K^+ und/oder Cl^-) charakteristisch wären. Die Schlußfolgerung, die aus diesen verschiedenen Beispielen gezogen werden kann, ist, daß es keine bekannte Ausnahme zu den beiden allgemeinen Prinzipien gibt, die in bezug auf chemisch übertragende Synapsen im Zentralvervensystem der Säugetiere formuliert werden kann.

Das erste Prinzip ist, daß an allen synaptischen Endigungen einer Nervenzelle immer die gleiche Transmittersubstanz freigesetzt wird. Das ist genaugenommen das Dalesche Prinzip, das auf die metabolische Einheit der Zelle zurückgeht.

Das zweite Prinzip ist, daß an allen synaptischen Endigungen die Transmittersubstanz nur eine Art von Ionenkanal öffnet, nämlich den, der entweder exzitatorische oder inhibitorische Synapsen charakterisiert. Anders gesagt: eine Nervenzelle kann im Hinblick auf die wesentlichen Mechanismen ihrer synaptischen Wirkung an der subsynaptischen Membran nicht ambivalent sein.

Im Gegensatz zum ersten Prinzip gibt es für dieses strikte Wirken des zweiten Prinzips keine einfache Erklärung. Es kann z. B. nicht einfach aus dem ersten Prinzip abgeleitet werden, denn eine Transmittersubstanz, wie z. B. Acetylcholin, wirkt als exzitatorische Transmittersubstanz an einigen Typen von Synapsen (sympathische Ganglien, neuromuskuläre Endplatte und Synapsen von Motoaxon-Kollateralen an den Renshaw-Zellen im Rückenmark) und an anderen als inhibitorischer Transmitter (Vagus am Herzen, Synapsen an H- und D-Zellen in Mollusken). Es scheint, als gäbe es ein Prinzip in der Neurogenese, nach dem die entstehenden axonalen Verzweigungen eines Neurons wirkungsvolle synaptische Kontakte entweder nur des exzitatorischen oder des inhibitorischen Typs eingehen könnten.

Erstens wird angenommen, daß schon zu diesem sehr frühen Zeitpunkt neuralen Wachstums das Neuron als exzitatorisch (E) oder inhibitorisch (I) spezifiziert ist (ECCLES, 1970b). Es ist daher möglich, eine Theorie über die Art zu formulieren, in der solch ein spezifisches Neuron gezwungen ist, synaptische Kontakte entweder ausschließlich der einen oder der anderen Art einzugehen (ECCLES, 1969b).

Das Wahrscheinlichste (Abb. 27A) scheint zu sein, daß durch chemisches Erspüren die Wachstumsknospen eines I-Neurons auf der Oberfläche eines Neurons Stellen suchen, die schon als inhibitorisch spezifiziert sind, woraus sich die Entwicklung einer funktionell hemmenden Synapse ergibt. Das gleiche gilt für die Wachstumsknospen der E-Neurone und die Bildung funktioneller E-Synapsen. Ganz sicher ist die Oberfläche einer Muskelfaser mit vorgeformten cholinozeptiven Stellen versehen, bevor die motorischen Nervenfasern synaptische Kontakte eingehen.

Ein Alternativvorschlag wäre (Abb. 27 B), daß die vorgeformten I-Wachstumsknospen entsprechende Neuronenoberflächen aufspüren, die noch nicht durch spezifische Stellen gekennzeichnet sind, die aber durch ein anderes chemisches Kriterium auf die gleiche Art markiert werden, wie man es beim Wachstum von Nervenfasern

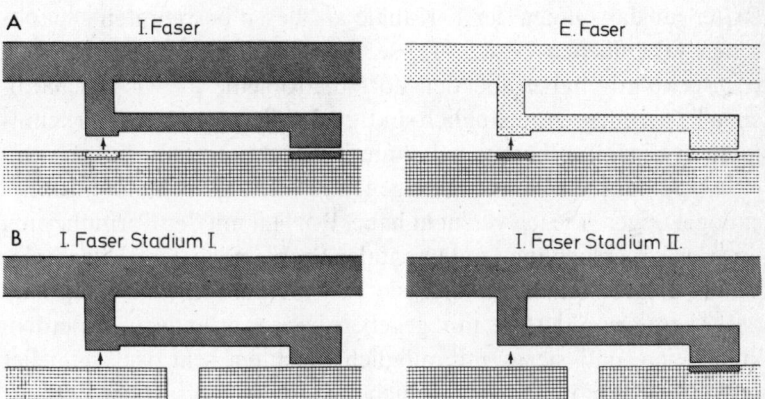

Abb. 27 A u. B. Schematische Darstellung zweier möglicher Entwicklungsvorgänge, durch die eine Nervenzelle entweder rein exzitatorische oder rein inhibitorische synaptische Verbindungen eingeht. Inhibitorische Zellen sind dunkel, exzitatorische hell dargestellt. In A vermeidet das auswachsende Axon einer inhibitorisch differenzierten Zelle den Kontak mit der Synapse einer bereits als exzitatorisch differenzierten Zelle und wächst solange weiter, bis es eine adäquate inhibitorische Synapse findet. Die umgekehrte Situation ist in A auf der rechten Seite dargestellt. B zeigt eine alternative Möglichkeit, jedoch nur für eine bereits als inhibitorisch differenzierte Zelle, wie im Text beschrieben

in Zellkulturen beobachtet. Die I-Wachstumsknospen stellen dort wirksame I-Synapsen her, indem sie in der subsynaptischen Membran der entsprechenden Neurone die Rezeptorregionen für die I-Transmittersubstanz und die dazugehörigen Ionenkanäle schaffen, die die voll funktionsfähige inhibitorische Synapse darstellen. Der gleiche Mechanismus gilt für die E-Synapsen. Wir müssen hier die zusätzliche Theorie aufstellen, daß die präsynaptische Endigung einer I-Zelle zusammen mit dem von der Endigung freigesetzten I-Transmitter nicht nur Rezeptorregionen für den I-Transmitter, sondern auch Ionenkanäle inhibitorischen Charakters schaffen kann, das heißt für K^+ und/oder Cl^- aber nicht für Na^+; gleicherart für E-Synapsen — Na^+ plus K^+ — nicht aber für Cl^-.

Im allgemeinen zeitigen diese Theorien im Grunde das gleiche Resultat im Hinblick auf Interneuronen, nämlich daß die I-Zelle keine wirksamen E-Synapsen bilden kann, da sie den falschen Transmitter für das Öffnen der E-Kanäle an diesen bestimmten synaptischen Oberflächen besitzt. Diese Annahmen sind bis jetzt noch rein spekulativ, haben aber den Vorteil, Probleme, die wissenschaftlichen Experimenten zugänglich sind, zu definieren und neue Erkenntnisse in bezug auf bereits bekannte Beobachtungen zu liefern.

Diese Beispiele aus meiner eigenen Erfahrung mit der Neurophysiologie zeigen, wie ich versucht habe, POPPER mit der Formulierung und der Untersuchung fundamentaler Probleme in der Neurobiologie zu folgen. Ich hoffe, daß sie das Gefühl der Befreiung und des Abenteuers, das sie mir gegeben haben, erläutern. Außerdem glaube ich, daß sie es mir möglich machten, sehr viel schneller und viel weiter mit meinen Versuchen, die Wirkungsart des Zentralnervensystems zu verstehen, voranzukommen.

6. Wissenschaftliche Krankheiten

Ich bin mir bewußt, daß es als unschicklich angesehen werden kann, wenn ich wissenschaftliche Krankheiten auch nur erwähne. Trotzdem tue ich es, denn ich fühle, daß sie eine sehr ernste und heimtückische Bedrohung für die Wissenschaft darstellen. Ich glaube, daß die Krankheiten zwei Wurzeln haben: das Unvermögen, die Natur wissenschaftlicher Methoden zu verstehen, und das Unvermögen der Wissenschaftler, zu begreifen, daß die Wissenschaft ein Gemeinschaftswerk und ein Abenteuer der Menschheit ist und nicht ein Mittel, persönliche Vorteile und Ruhm zu erlangen. Ich gebe zu, daß diese Liste auf persönlichen Vorlieben beruht und heiße jede wohldurchdachte Kritik, die sie hervorzurufen vermag, willkommen, obwohl sie natürlich auch emotionelle Ausbrüche provozieren wird!

Es besteht der irrige Glaube, daß der Rang eines Wissenschaftlers durch die Kosten und die Vollkommenheit der Ausrüstung gegeben ist. Als Folge kann es zu einem Wettstreit kommen, auf Biegen und Brechen Geld auszugeben und eine Ausrüstung zur Schau zu stellen, die nur um ihrer selbst willen vorhanden ist und in keinem Verhältnis zu den Anforderungen der wissenschaftlichen Untersuchung steht. Man denkt unwillkürlich an die prahlerische Angabe Neureicher.

Die Unterjochung durch die Ausrüstung bringt mit sich, daß die Experimente, die tatsächlich durchgeführt werden, durch die Ausrüstung und nicht durch den Forscher bestimmt werden. Wissenschaftliche Veröffentlichungen werden so zu Berichten über den Gebrauch von Instrumenten und nicht zu Berichten über die Anstrengungen, die gemacht wurden, um einige Aspekte der Natur zu verstehen. In der schwersten Form wird das komplizierteste Instrumentarium in dem irrigen Glauben benutzt, daß es dadurch möglich sein werde, Informationen, die durch schlechte experimentelle Bedingungen bereits verlorengingen, wiederzufinden.

Die Ausnutzung der Wissenschaft zum Zwecke des persönlichen Aufstiegs bringt als Folge Antagonismus bzw. sogar Feindschaft gegen rivalisierende Forscher, die als Bedrohung für den ersehnten Aufstieg betrachtet werden und nicht als Kollegen in einem gemeinsamen Unternehmen. Sie bringt außerdem unschönen Streit über die Prioritätsfrage bei einer Entdeckung mit sich. Wenn Kollegen versuchen, jemandes Hypothese zu widerlegen, muß es fast als ein Kompliment betrachtet werden, daß sie die Hypothese dieser Anstrengung für wert halten und sie nicht als etwas betrachten, das man einfach ignorieren kann.

Arroganz ist eine der schlimmsten Krankheiten des Wissenschaftlers; sie führt zu Aussagen, die mit Autorität und Endgültigkeit meist über Gebiete gemacht werden, die vollkommen außerhalb der wissenschaftlichen Kompetenz des Dogmatikers liegen. Es ist wichtig, zu erkennen, daß der Dogmatismus heute eine Krankheit der Wissenschaftler und nicht mehr der Theologen ist. POPPER würde uns daran erinnern, daß wir bescheiden sein und die Grenzen auch unserer größten Anstrengungen, die Natur zu verstehen, erkennen müssen. Wir dürfen niemals für uns in Anspruch nehmen, daß wir eine endgültige Erklärung für etwas gegeben, sondern nur eine Hypothese aufgestellt haben, die mit den bereits vorhandenen Kenntnissen übereinstimmt. Das Beste, was wir experimentell tun können, ist unsere Hypothese zu verbessern, nicht aber, sie zu beweisen.

In diesem Zusammenhang ist es relevant, aus POPPER (1962) zu zitieren:

„Aber obwohl die Welt der Erscheinungen tatsächlich nur eine Welt von Schatten an den Wänden unserer Höhlen ist, reichen wir alle beständig darüber hinaus; und obwohl, wie Demokrit sagte, die Wahrheit in der Tiefe verborgen ist, können wir in der Tiefe suchen. Wir haben kein Kriterium für Wahrheit zur Verfügung und diese Tatsache rechtfertigt Pessimismus. Aber wir besitzen Kriterien, die, *falls wir Glück haben*, uns erlauben, Irrtum und Unrichtigkeit zu erkennen. Klarheit und Deutlichkeit sind keine Kriterien für Wahrheit, aber solche Dinge wie Unklarheit und Verworrenheit *mögen* einen Irrtum andeuten. Gleicherart kann Klarheit die Wahrheit nicht bestätigen, aber Unklarheit und Ungereimtheit bestätigen die Unwahrheit. Und, einmal erkannt, sind unsere Irrtümer die gedämpften roten Lichter, die uns helfen, uns aus dem Dunkel unserer Höhlen herauszutasten."

Es ist gut gesagt, daß Wahrheit viel eher aus Irrtum denn aus Verwirrung entsteht.

Dieser wissenschaftliche Status leitet sich ab von der Fertigkeit, die technischen Vorgänge eines Experiments abwickeln zu können und nicht von der erfinderischen und intellektuellen Tätigkeit, die an der Entdeckung und Klärung von Problemen, am Entwerfen der Experimente und schließlich in der verständlichen Darstellung der resultierenden Problemsituation in einer wissenschaftlichen Zeitschrift beteiligt ist. Ein solch außerordentliches Mißverständnis entsteht natürlich aus der Unkenntnis der Natur der Wissenschaft und daraus, daß Wissenschaft mit Technologie verwechselt wird. Es führt zur Zurschaustellung von Techniken, die in der Wissenschaft nicht signifikant angewendet werden. Diese Krankheit befällt besonders die Unreifen, die noch nicht entdeckt haben, was Wissenschaft eigentlich ist. Viele Wissenschaftler werden jedoch niemals reif, sondern leiden für immerdar an diesen Kinderkrankheiten.

Eine andere Krankheit ist die materialistische und mechanistische Philosophie, an die so viele Wissenschaftler glauben, die alle

Phänomene bewußter Erfahrung ablehnen oder ignorieren und so ein völliges Unverständnis für das Wirken des Gehirns zeigen, das — wie alle zugeben müssen — von wesentlicher Bedeutung für die Wissenschaft ist. Das erinnert mich an einige Physiker, die das Leben lustigerweise nur als eine Krankheit der Materie ansehen und die die Reichweite der Wissenschaft auf die anorganische Welt beschränkt sehen möchten. Wissenschaftler, die das Phänomen der bewußten Erfahrung aus der Domäne der Wissenschaft ausschließen, leiden an einer Art Skotom, denn sie lehnen z. B. alle solchen Sinneseindrücke wie Licht, Farbe, Ton, Berührung, Schmerz und alle dazugehörenden möglichen Kombinationen und ihren Rückruf durch das Gedächtnis ab, das z. B. die Sinneswahrnehmungen liefert, die ich besitze. Sie lehnen auch die Vorstellungskraft, den kritischen Gedanken, das Einschätzungsvermögen und das Urteil ab, die von so großer Wichtigkeit für bewußte Tätigkeiten sind, wenn man mit wissenschaftlichen Problemen ringt und schließlich eine wissenschaftliche Veröffentlichung schafft, die über die experimentellen Testverfahren einer Hypothese und die Verbesserungen oder Widerlegungen die daraus hervorgingen berichtet.

Ich möchte damit aber nicht unterstellen, daß ich nicht an dieser Krankheit leide. Ich beschreibe ausschließlich Krankheiten, wie ein Kliniker es täte, der selbst krank ist. Ich will auch nicht andeuten, daß Wissenschaftler, die an solchen Krankheiten leiden, dadurch unfähig werden, sondern daß sie — wie es bei physischen Krankheiten der Fall ist — bis zu einem gewissen Grad benachteiligt sind. In den schlimmsten Fällen kann sich die Krankheit jedoch als letal für das wissenschaftliche Leben des Opfers erweisen.

Es ist offensichtlich, daß diese Krankheiten aus einem Unverständnis der Natur der Wissenschaft entstehen. Die Behandlung, die ich vorschlagen würde, ist ganz einfach — nämlich POPPERs Aufsätze über die Philosophie der Wissenschaft zu lesen, darüber nachzudenken und sie zur Grundlage des eigenen wissenschaftlichen Lebens zu machen. Ich vertrete natürlich nicht die Meinung, daß jedes Detail peinlich genau beachtet werden soll, sondern ich vertrete vielmehr die Erläuterung allgemeiner Prinzipien. POPPER selbst hat seine Ansicht über die Methodik der Wissenschaft in drei Worten zusammengefaßt: Probleme — Theorien — Kritik.

POPPER stellt extrem strenge Verfahrensprinzipien für das Testen wissenschaftlicher Hypothesen auf, lindert ihre Strenge aber, indem er auch dann ermutigt, wenn die angestrebte Lösung eines Problems mehrmals fehlgeschlagen ist (POPPER, 1963).

„Wir werden nur mit einem Problem vertraut, wenn wir viele Male erfolglos versucht haben, es zu lösen. Und nach einer langen Serie von Fehlschlägen — während der tastende Lösungsversuche erarbeitet werden, die sich alle für die Lösung des Problems als nicht annehmbar erweisen — mögen wir sogar zu Experten für dieses bestimmte Problem werden. Wir werden Experten in dem Sinn sein, daß, wenn irgendjemand eine neue Lösung anbietet — eine neue Theorie z.B. —, es entweder eine jener Theorien sein wird, die wir vergebens nachgeprüft haben (wir werden daher in der Lage sein, zu erklären, weshalb sie nicht funktioniert) oder es wird eine neue Lösung sein. In diesem Falle werden wir schnell herausfinden können, ob sie wenigstens die „Standardschwierigkeiten" überwindet, die wir so gut aus unseren unfruchtbaren Versuchen kennen.

Meine Ansicht ist, daß, selbst wenn wir ständig an der Lösung unseres Problems scheitern, wir doch eine Menge dadurch gelernt haben, daß wir uns intensiv mit ihm befaßt haben. Je öfter wir versuchen, um so mehr lernen wir darüber, selbst wenn wir jedesmal scheitern. Es ist klar, daß, wenn wir auf diese Weise mit einem Problem bzw. mit seinen Schwierigkeiten vertraut geworden sind, wir eine bessere Chance haben, es zu lösen als jemand, der noch nicht einmal seine Schwierigkeiten kennt. Aber alles ist Schicksal: um ein schwieriges Problem lösen zu können, braucht man nicht nur einiges Verstehen, sondern auch etwas Glück!

7. Allgemeine Zusammenfassung

Als allgemeine Zusammenfassung möchte ich aus einer von mir gehaltenen Tischrede zitieren (ECCLES, 1966a). Es ist die wörtliche Übertragung einer Bandaufnahme — ich hoffe, daß das den ziemlich urwüchsigen Stil entschuldigt.

„Was sind die Vorteile der Popperschen Methode, eine Hypothese so präzis wie irgend möglich zu formulieren und dabei weit über die vorhandenen Daten hinauszugehen? Sie müssen eine imaginäre Hypothese errichten, die weit von den vorhandenen Beweisen entfernt ist, aber selbstverständlich durch das, was vorhanden ist, fest begründet ist — die durch nichts Existierendes widerlegt wird, doch weiter reicht als alles bisher bekannte.

Erstens fordert das zur Widerlegung heraus. Das hilft enorm. Ihre Kollegen sagen: ‚Ich glaube das nicht. Ich werde ein paar weitere Experimente damit machen'. Nun, das hilft der Wissenschaft weiter und das Ding wird wissenschaftlich sofort interessant, da Sie herausgefordert wurden. Zweitens werden experimentelle Anstrengungen dadurch erspart, daß ihnen eine signifikante Richtung gegeben wird. Sie erkennen, wie Sie Ihre Experimente anlegen müssen, um Hypothesen zu prüfen, die Sie bereits formuliert haben. Sie sollten nicht in der Hoffnung herumprobieren, daß dabei irgendetwas herauskommen wird. In der Regel passiert dabei nichts. Alles, was Sie auf diese Weise erarbeiten, ist eine große Zahl von Veröffentlichungen, die schnell vergessen sein werden, weil sie nicht in eine übersichtliche Geschichte eingebaut worden sind. Die Dinge, die aus der Vergangenheit überlebt haben, die als klassische Arbeiten existieren, sind die, die an klare und signifikante Geschichten oder Hypothesen gebunden waren, die etwas bedeuteten.

Wenn Ihre Hypothese widerlegt wurde oder wenn sie modifiziert werden muß, ist das auch in Ordnung, denn selbst mit ihrer Widerlegung ist der Wissenschaft gedient. Sie haben etwas gelernt. Durch das Zusammensetzen einer klaren Hypothese, das Durchführen des Experiments, das Formulieren einer anderen klaren Hypothese machen Sie Fortschritte. Und das ist die essentielle Methode der Wissenschaft: es ist die deduktive, kritische Methode POPPERs, die hypothetisch-deduktive Methode. Sie stellen Hypothesen auf der Basis dessen, was Sie wissen, auf, aber mit viel weiterreichenden Folgerungen, und dann fahren Sie fort, sie zu kritisieren und sie so rigoros wie möglich zu testen. Unterstützen Sie Ihre Hypothese nicht, versuchen Sie sie zu töten. Greifen Sie sie dort an, wo sie am schwächsten ist, warten Sie nicht darauf, daß jemand anders es tut. Es ist viel besser, seine Hypothesen selbst zu widerlegen, und Sie können es besser als die andern Knaben! Inzwischen war Ihr Fortschritt gedanklich und experimentell ökonomisch, denn Ihre Experimente wurden um Vorstellungen und Hypothesen herum entworfen.

Zum Schluß — und darüber müssen wir uns im klaren sein — müssen Sie einsehen, daß es das Wichtigste ist, sich von einem irrigen wissenschaftlichen Glauben zu erholen; und das tun Sie, indem Sie erkennen, daß die Hypothesen wissenschaftlich extrem wertvoll sind, obwohl sie widerlegt wurden. Sie haben einen positiven Beitrag geleistet. Das Einzige, was Sie in der Wissenschaft tatsächlich mit Sicherheit tun können, ist etwas zu widerlegen. Sie können die Dinge nicht beweisen. Sie können sie testen. Aber ein vollständiger und endgültiger Beweis für irgend etwas — außer Trivialität — ist in der Wissenschaft unmöglich. Was wir also zuallererst brauchen, ist Vorstellungskraft, um über die vorhandenen Daten hinauszugehen und Hypothesen aufzustellen, die fest auf dem aufgebaut sind, was wir wissen und die in eine Zukunft führen, die prüfende Experimente bereithält."

Schließlich möchte ich enden mit einer sehr weisen und maßgeblichen Aussage POPPERs (1962), die auf bemerkenswerte Weise zusammenfaßt, welchen Weg wir bei unseren Versuchen, „die Natur zu verstehen", nehmen sollten.

„Was wir tun sollten — so schlage ich vor — ist zuzugeben, daß alles Wissen menschlich ist; daß es mit unseren Irrtümern, Vorurteilen, Träumen und Hoffnungen vermischt ist; daß alles, was wir tun können, ist, nach Wahrheit zu tasten, selbst wenn sie unerreichbar ist. Wir mögen zugeben, daß unser Tasten oft von Begeisterung getragen ist, aber wir müssen gegen den Glauben auf der Hut sein — wie tief er auch immer sitzt —, daß unsere Begeisterung irgendeine Autorität hat, göttliche oder andere. Wenn wir also zugeben, daß es im gesamten Reich unseres Wissens, so weit es auch ins Unbekannte vorgestoßen sein mag, keine Autorität außerhalb des Bereichs der Kritik gibt, dann können wir ohne Gefahr an der Vorstellung festhalten, daß die Wahrheit außerhalb der menschlichen Autorität steht. Und wir müssen daran festhalten. Denn ohne diese Idee kann es keine objektiven Maßstäbe für Untersuchungen geben, keine Kritik unserer Ideen, kein Tasten nach dem Unbekannten, keine Suche nach Wissen."

VIII. Mensch, Freiheit und Kreativität

1. Der freie Wille

Das Selbst hat, abgesehen davon, daß es in der Lage ist, Dinge zu erfahren (wie in den Kapiteln IV und V beschrieben), noch andere Fähigkeiten. Es kann auch Dinge tun. Und so werden wir mit dem Problem des freien Willens konfrontiert. Wir können fragen: haben wir einen freien Willen oder sind all unsere Entscheidungen die Äußerungen von etwas, das angeboren ist, plus Erziehung und Konditionierung? Wenn gesagt wird: „Ich habe keinen freien Willen", können zwei Einwände gemacht werden: diese Aussage könnte das Resultat von Konditionierung sein, wobei die Versuchsperson darauf trainiert ist, sie wie ein Papagei zu wiederholen — dies macht sie bedeutungslos; oder die Versuchsperson kann angeben, daß sie den freien Willen habe, nur diese Aussage zu machen. Dies würde eine willkürliche und sich selbst widerlegende Aussage darstellen.

Was immer die Leute sagen, sie benehmen sich, als ob sie einen freien Willen hätten. Das zeigt sich, glaube ich, am besten in den trivialen Dingen des Lebens: ob ich z. B. eine Münze nehmen und sie hierhin oder dorthin legen, sie umdrehen und die verrücktesten Dinge mit ihr tun kann. Wir fordern von unserer Nerven- und Muskelausstattung, daß wir sie nach unserem Willen veranlassen können, jede gewünschte Handlung auszuführen, die innerhalb unserer Macht steht, egal wie trivial oder ausgefallen sie ist. Man kann außergewöhnliche Beobachtungen machen, wenn man Bewegungen durch Reizung der motorischen Regionen des Gehirns bei der bewußten Versuchsperson hervorruft. Obwohl diese Bewegungen, so wie das normalerweise geschieht, durch Impulse vom motorischen Cortex hervorgerufen werden, kann die Versuchsperson natürlich zwischen ihnen und denen, die er bewußt einleitet, unterscheiden. Er wird sagen: „Diese Bewegung ist bedingt durch etwas, was mit mir getan wird und nicht durch etwas, das ich tue."

Es gibt keine Antwort auf Fragen wie diese: Ist ein Vergleich möglich zwischen der direkten Erfahrung, daß eine Willensanstrengung eine Muskelbewegung bewirken kann, und andererseits der wissenschaftlichen Darstellung, daß solch eine Muskelbewegung aus der Aktivität von Nervenzellen im Gehirn resultiert, die schließlich durch Nervenimpulse auf Muskeln übertragen wird? Ich behaupte, daß die Fragen, die das Verhältnis Gehirn : Verstand behandeln, falsch gestellt wurden.

Ich habe eine direkte Erfahrung, daß mein Denken zum Handeln führen kann. Ich kann mich zu einer bestimmten Handlung vielleicht trivialster Art entschließen und meine Muskelbewegungen können so geleitet werden, daß sie die Bewegung ausführen. Ich habe keine Erfahrung, auf welche Weise mein Wollen zu einer Handlung führt. Natürlich kann die wissenschaftliche Forschung dazu angesetzt werden, die Sequenz der Ereignisse, die zu einer Bewegung führen, zu erforschen: die Entladung pyramidaler Neurone im motorischen Cortex; die Fortpflanzung dieser Impulse entlang der Pyramidenbahn; die Entladung der so hervorgerufenen Impulse aus motorischen Neuronen und die Fortpflanzung zu Muskeln, die zur Aktivierung und schließlichen Kontraktion der Muskeln führt. Es gibt keine Beweise für meinen Glauben, daß mein Körper meine gewollten Bewegungen ausführt. Es gibt jedoch eine offensichtliche Schwäche in dieser Beweisführung. Wir haben bis jetzt noch keine Kenntnisse über die von den Pyramidenzellen des motorischen Cortex weiterführenden Neuronenbahnen (PHILLIPS, 1966). Offensichtlich existieren komplizierte Muster neuronaler Aktivität, die im motorischen Cortex zusammenlaufen, und die — verfolgte man sie weiter „stromaufwärts" — von ungeheurer Komplexität wären.

Ein bemerkenswertes Beispiel außergewöhnlich feiner willentlicher Kontrolle ist von BASMAJIAN (1963) beschrieben worden. Die rhythmischen Entladungen eines einzelnen Motoneurons können von der Versuchsperson beobachtet werden, wenn sie mit Hilfe einer Elektrode von einem ihrer Muskeln abgeleitet werden und — nach entsprechender Verstärkung — auf einem Kathodenstrahloszillographenschirm gezeigt und durch einen Lautsprecher gehört werden. Nach einer mehrstündigen Trainingsperiode ist die Versuchsperson in der Lage, die Entladung dieser Einzelzelle willentlich zu variieren und sie dazu zu veranlassen, unter Ausschluß anderer Nervenzellen, Impulse an diesen Muskel abzugeben — und das kann sie sogar ohne audiovisuelle Hilfe. Diese Experimente liefern bemerkenswerte Beispiele für die Fertigkeit und Feinheit der willentlichen Kontrolle von Bewegungen.

Seltsamerweise kommen die zwingendsten Beweise für den Glauben an einen freien Willen dann zustande, wenn eine Störung in der Kontrolle von Bewegungen auftritt. Wenn ich feststellen würde, daß ich meine Muskelbewegungen nicht durch einen Willensakt beherrschen kann, wie z. B. wenn ich eine Münze nehmen und sie in ein bestimmtes Feld eines Schachbrettes legen will, würde ich sofort erkennen, daß das durch eine Störung in meinem Nervensystem bedingt ist, die sich Zwangsneurose nennt. Ich würde einen Neurologen oder Psychiater aufsuchen, und das wäre die Reaktion aller normalen menschlichen Wesen in einer zivilisierten Gesellschaft. So wird die Annahme, daß es möglich sei, eine bewußte Kontrolle über Bewegungen auszuüben, am besten durch die Reaktion auf irgendeine widrige Beschränkung der sogenannten Freiheit des Willens demonstriert.

Es wird nicht behauptet, daß jede Handlung gewollt ist. Es besteht kein Zweifel, daß ein großer Teil differenzierter Aktivität, die sich von der Großhirnrinde ableitet, stereotyp und automatisch ist, wie z. B. das routinemäßige Lenken eines Autos, das mit der Kontrolle des Atmungsvorgangs durch das Atemzentrum verglichen werden könnte. Aber es wird behauptet, daß es möglich ist, Handlungen selbst trivialster Art willensmäßig zu kontrollieren, genauso wie wir innerhalb gewisser Grenzen unsere Atmung willkürlich beeinflussen können.

Die prinzipiellen Gründe für den theoretischen Glauben, daß diese Kontrolle eine Illusion sei, kommen von der Annahme, daß sowohl die Physik als auch die Neurophysiologie eine deterministische Erklärung für alle Gehirnvorgänge geben und daß wir uns ausschließlich innerhalb dieses deterministischen Schemas bewegen.

In diesem Zusammenhang muß auf die Diskussion von POPPER (1950) hingewiesen werden, in der er zu dem Schluß kommt, daß nicht nur Quantenphysik, sondern sogar die klassische Mechanik nicht deterministisch ist, sondern die Existenz unvorhersagbarer Ereignisse zugeben muß. Ein ähnliches Argument wurde von MAC-KAY (1966) entwickelt. Die Neurophysiologie deterministischen Charakters ist nur eine primitive Reflexologie, die überhaupt nichts mit den dynamischen Eigenschaften der immensen Verflechtungen des Gehirns zu tun hat. Es gibt also keine begründeten wissenschaftlichen Argumente für die Verneinung der Freiheit des Willens, was ironischerweise angenommen werden muß, wenn wir als wissenschaftliche Forscher handeln wollen.

Man kann aus der extremen Verflechtung und aus der Feinheit der Organisation ableiten, daß ein unvorstellbarer Reichtum von Eigenschaften in der aktiven Großhirnrinde vorhanden ist. Inzwischen fahre ich fort, an die Freiheit meines Willens zu glauben, obwohl seine Wirkungsweise zum gegenwärtigen Zeitpunkt wissenschaftlich noch nicht erklärt werden kann. Nichtsdestoweniger ist es wichtig zu spekulieren, damit Vorstellungen über mögliche oder denkbare physiologische Mechanismen entwickelt werden.

a) Das neurophysiologische Problem des Willens

Ein wichtiges neurophysiologisches Problem taucht auf, sobald wir versuchen, im Detail die Vorgänge zu durchdenken, die in der Großhirnrinde auftreten würden, wenn durch eine „Willenshandlung" irgendeine Veränderung in der Reaktion auf eine gegebene Situation hervorgerufen würde. Wie oben erörtert, wird in einer Situation, in der der „Wille" wirksam wird, ein verändertes Entladungsmuster entlang der Pyramidenbahn entstehen, und dieser Wechsel muß entstehen, weil ein verändertes räumlich-zeitliches Muster von Einflüssen auf die Pyramidenzellen des motorischen Cortex einwirkt. Wenn der „Wille" tatsächlich unsere Reaktionen in einer gegebenen Situation beeinflussen kann, müssen wir annehmen, daß irgendwo im komplex strukturierten Verhalten des Cortex das räumlich-zeitliche Muster, das in dieser gegebenen Situation entsteht, zu einem anderen Muster modifiziert oder abgelenkt wird.

b) Quantitative Aspekte der Aktivitätsausbreitung in Neuronennetzwerken

Für die Formulierung von Fragen, die die Aktivität von Neuronennetzwerken betreffen, ist es von Wert, ein Modell des einfachsten möglichen Netzwerkes zu haben (Abb. 28A; vgl. BURNS, 1951,

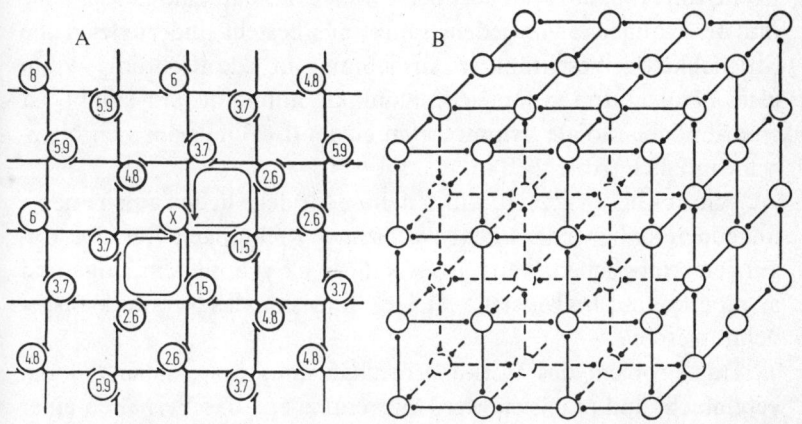

Abb. 28. A Schematisches Modell des einfachen Typs eines Neuronen-Netzes, das uneingeschränkte zentrifugale Ausbreitung von einem erregten Fokus und auch in sich geschlossene und sich selbst erregende Rückkopplungsketten jeden Komplexitätsgrades aufweist. Man geht von der Annahme aus, daß jedes Neuron nur zwei Synapsen und ein Axon mit zwei Synapsen an einem andern Neuron besitzt. Dieses Netz könnte in jede Richtung ausgedehnt werden und es würde grundsätzlich in bezug auf jeden beliebigen Punkt Radialsymmetrie bestehen. So geben beispielsweise die Zahlen bei jedem Neuron die Anzahl der bei der Ausbreitung vom Neuron X auf dem Weg zu seiner ersten (und zweiten) Aktivierung zurückgelegten Synapsen an und die zwei einfachsten geschlossenen Ketten (4-Neuronen-Bogen) sind durch Pfeile bezeichnet. Die nächst einfachsten sind sechs 8-Neuronen-Bogen, dann 12-Neuronen-Bogen usw. B Schema mit den gleichen Annahmen wie in A, wobei jedoch jedes Neuron drei synaptische Verbindungen bekommt und abgibt. Leider war es wegen der Komplexität des Diagramms nicht möglich, die gesamten Verbindungen für mehr als einige wenige Neuronen darzustellen. Außerdem werden nur die Oberflächenneurone der tieferen Schichten (3 u. 4) gezeigt. Verbindungen und Zellen in der Tiefe des Kubus wurden durch punktierte Linien wiedergegeben. Beachte, daß wie in A angenommen wurde, daß sich in jeder Ebene die benachbarten Fortpflanzungslinien in entgegengesetzter Richtung bewegen (ECCLES, 1953)

Abb. 10). In diesem Beispiel nimmt man an, daß jedes Neuron nur zwei exzitatorische Endigungen an seiner Oberfläche, und sein Axon nur zwei exzitatorische Verbindungen zu zwei anderen Neuronen hat. Es wird weiter angenommen, daß die so gebildeten synaptischen Verbindungen ein zweidimensionales Muster besitzen, das erlaubt, die Neuronen systematisch in der rechtwinkligen netzartigen Form von Abb. 28A anzuordnen. Man sieht, daß eine tatsächliche radiale Symmetrie von jedem Punkt aus besteht und zugleich die Möglichkeit unbeschränkter Ausdehnung in jede Richtung. Wenn jedes Neuron drei synaptische Kontakte annimmt und abgibt, ist eine ähnliche radiale Symmetrie in einem dreidimensionalen Netzwerk möglich (Abb. 28B).

Wie in Abb. 28 gezeigt, würden diese Modelle in den aufeinanderfolgenden Reihen jeder Ebene wechselnde Richtungen von Übertragungen ermöglichen. Wenn jedes Neuron n Synapsen empfinge und abgäbe, könnte das Muster auf ein n-dimensionales Netzwerk ausgedehnt werden.

Das Problem des Wirkungsmechanismus des „Willens" kann vereinfacht und präzisiert werden, wenn zuerst das Verhalten eines einzelnen Neurons im aktiven Neuronennetzwerk des Cortex überdacht wird. Stellen Sie sich vor, irgend ein kleiner „Einfluß" würde auf eine Endigung ausgeübt, der ein Neuron veranlassen würde, auf einem Erregungsniveau, das normalerweise ineffektiv ist, einen Impuls abzugeben, das heißt: ganz allgemein würde die Möglichkeit der Impulsentladung vergrößert. Solch ein abgegebener Impuls würde seinerseits einen exzitatorischen Effekt auf alle anderen Endigungen, mit denen er Kontakt hat, ausüben und so die Möglichkeit ihrer Impulsabgabe erhöhen usw. Wenn wir wie oben annehmen, daß die Zeit für die Übertragung von einer synaptischen Endigung auf die andere 1 msec beträgt, dann wäre selbst in dem zweidimensionalen Netz von Abb. 28A ein Ausbreiten auf eine große Zahl von Neuronen in, sagen wir, 20 msec möglich, einer Zeit, die gewählt wurde, weil sie an der unteren Grenze der zeitlichen Dauer bestimmter geistiger Vorgänge liegt.

Um nun ein präzises Problem zu formulieren, können wir erst die schematischen Netzwerke aus Abb. 28 überdenken, von denen wir annehmen, daß sie kortikale Neurone darstellen, und zwar sowohl Pyramidenzellen als auch die sehr zahlreichen Sternzellen (vgl. Abb. 2, 3 A, 32 A). Wir postulieren, daß zum Zeitpunkt Null ein Neuron (z. B. x in Abb. 28 A) veranlaßt wird, einen Impuls in das noch ruhende Netzwerk abzugeben und daß die Aktivierung einer Synapse genügt, damit jedes Neuron einen Impuls abgibt. Für das Netzwerk von Abb. 28 A ist die Gesamtzahl von Neuronen, N, die dazu veranlaßt werden, Impulse abzugeben, durch die folgende Formel gegeben (SAWYER, 1951):

$$N = 2m^2 - 2m + 2$$

wobei m die Zahl der durchquerten synaptischen Endigungen ist. In 20 msec $m = 20$; die angenommene internodale Zeit ist 1 msec; daher ist die Zahl der aktivierten Neurone 762.

Unter den gleichen Voraussetzungen, aber bei einem multidimensionalen Netzwerk, das nach den Prinzipien von Abb. 28 aufgebaut wurde, ist die Zahl der aktivierten Neurone, N, wobei m im Verhältnis zu n groß ist, durch die allgemeine Formel gegeben (SAWYER, 1951):

$$N \sim \frac{2n}{n!} m^n$$

wenn $m = 20$ (d. h. innerhalb von 20 msec) und $n = 3$ (Abb. 28 B), dann ist N in der Größenordnung von 10^4. Bei $n = 4$ bzw. 5 liegt N in der Größenordnung von 10^5 bzw. 8×10^5.

Diese Berechnungen sollen nur eine Andeutung sein, welch große Zahl kortikaler Neurone von einer Entladung, die in irgendeinem Neuron abläuft, betroffen werden könnten. Um sie in unser Problem einzubauen, auf welche Weise der „Wille" auf das kortikale Neuronennetzwerk einwirkt, müssen die Befunde erwähnt werden, die besagen, daß der „Wille" nur auf das kortikale Neuronennetzwerk einwirken kann, wenn ein Großteil davon ein relativ hohes Erregungsniveau hat. Wir müssen also annehmen, daß, damit der „Wille" wirken kann, große Populationen kortikaler Neurone starken synaptischen Bombardements ausgesetzt sind und dadurch angeregt werden, Impulse abzugeben, die wiederum andere Neurone bombardieren (vgl. Abb. 10, 12). Unter diesen dynamischen Bedingungen könnten bei vorsichtiger Schätzung aus den 100 oder mehr synaptischen

Kontakten, die von jedem Neuron eingegangen werden, wenigstens vier oder fünf *kritisch wirksam* sein (wenn die synaptischen Bombardements durch andere Neurone hinzugerechnet werden) und eine Entladung der nächsten Neurone in der Serie bewirken. Der Rest bliebe ineffektiv, da die Empfängerneurone nicht im kritischen Stadium der Erregung wären; es wäre entweder zu niedrig oder zu hoch, so daß die neuronale Entladung trotz des zusätzlichen synaptischen Bombardements abliefe. Auf diese Weise kann jederzeit die postulierte Wirkung des „Willens" an irgendeinem Neuron durch die „im kritischen Gleichgewicht ruhenden" Neurone, auf die er synaptisch wirkt, entdeckt werden.

So lang die angenommene Zahl von *kritisch wirksamen* exzitatorischen synaptischen Aktionen jedes Neurons so klein wie in den oben angestellten Berechnungen gehalten wird, ist es wahrscheinlich, daß die Netzwerk-Strukturen aus Abb. 28 eine ungefähre Abschätzung der Unzahl von Rückkopplungsverbindungen ermöglichen, die im geschlossenen System der Großhirnrinde auftreten (LORENTE DE NO, 1933, 1934, 1943). Da der Cortex ungefähr 3 mm dick ist und die mittlere Neuronendichte 40000 pro mm^2 Oberfläche beträgt (THOMPSON, 1899), kann die Ausbreitung auf einige Hunderttausend Neurone als unbegrenzte Ausbreitung in alle Richtungen ohne irgendeine ernsthafte Behinderung durch die schichtartige Struktur des Cortex angesehen werden. Wir können daher schließen, daß, wenn ein Gebiet des kortikalen Neuronennetzwerks ein hohes Aktivitätsniveau hat, die Impulsabgabe irgendeines Neurons direkt oder indirekt zur Erregung Hunderttausender anderer Neurone in der sehr kurzen Zeit von 20 msec führt.

c) Eine neurophysiologische Hypothese des Willens

Als Wiederholung der Schlußfolgerungen des vorhergehenden Abschnittes können wir sagen, daß in der aktiven Großhirnrinde innerhalb von 20 msec das Entladungsmuster von sogar Hunderttausenden von Neuronen als Resultat eines „Einflusses" modifiziert werden kann, der ursprünglich die Entladung eines einzigen Neurons bewirkt hatte. Wenn wir aber weiter annehmen, daß dieser „Einfluß" nicht nur auf einen Knoten des aktiven Netzwerks, sondern in einer Art räumlich-zeitlichem Muster auf das gesamte Knotenfeld einwirkt, dann wird offensichtlich, daß das Netzwerk potentiell dazu in der Lage ist, das Gesamtaggregat von „Einflüssen" zu integrieren, um eine Modifizierung seines Aktivitätsmusters zu erreichen, das sonst durch das Muster der afferenten Reize und ihrer eigenen strukturellen und funktionellen Eigenschaften bestimmt werden würde. Eine solche Integration geschähe innerhalb weniger

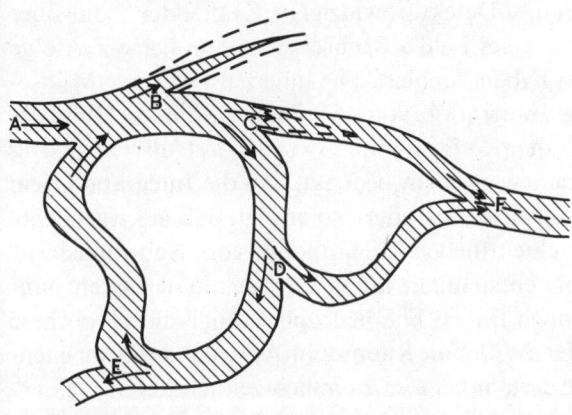

Abb. 29. Schema eines Fragments der räumlich-zeitlichen Ausbreitung der Neuronenaktivität in der Großhirnrinde. Zeichnung in Umrissen, gemäß den gleichen Annahmen wie in den Abb. 10 und 12. Vermutlich kann das Ausbreitungsmuster — wie durch die punktierten Linien angedeutet — willkürlich geändert werden. Vollständige Erklärung im Text (ECCLES, 1953)

Millisekunden in Hunderttausenden von Knoten, während die Effekte, die auf irgendeinen oder jeden Knoten ausgeübt würden, im daraus resultierenden Aktivitätsmuster der umliegenden Hunderttausenden von Neuronen korreliert werden würden. Daher würde im allgemeinen das räumlich-zeitliche Muster der Aktivität nicht nur bestimmt durch (1) die Mikrostruktur des neuronalen Netzes und seiner funktionellen Eigenschaften, wie sie durch genetische und konditionierende Faktoren aufgebaut wurden und (2) den afferenten Reiz für die Periode des Kurzzeitgedächtnisses, sondern auch (3) durch das postulierte „Feld des Willenseinflusses". In Abb. 29 wird z. B. das räumlich-zeitliche Muster, das durch die Faktoren

(1) und (2) bestimmt wird, diagrammatisch durch die gestrichelte Struktur angedeutet, die von einer kontinuierlichen Linie begrenzt ist, während eine mögliche Modifikation durch Faktor (3) durch die gestrichelten Linien bei B und C angedeutet wird. Abb. 29 zeigt die Grenzlinien des vielspurigen Neuronenverkehrs, der in Abb. 10 und 12 angedeutet wurde.

Man kann behaupten, daß kein physikalisches Instrument den Vergleich mit der postulierten Leistung der aktiven Großhirnrinde aushielte, wenn sie als Detektor winziger „Kraftfelder", die über ein mikroskopisch kleines Feld ausgebreitet sind und eine Zeitfolge von Millisekunden haben, fungiert. Die innerhalb weniger Millisekunden erfolgende Integration von „Einflüssen", die an Hunderttausenden von Knoten aufgenommen wurden, ist als einzigartig anzusehen, besonders wenn man bedenkt, daß die Integration kein bloßes Hinzufügen bedeutet, sondern so erfolgt, daß auf irgendeine spezifische Weise eine „fließende Harmonie von Nebenmustern" neuronaler Aktivität entsteht, die ihren Ausdruck in den so entstandenen Modifikationen findet. Die neurophysiologische Hypothese ist daher die, daß der „Wille" die Raum-Zeit-Aktivität des Neuronennetzwerkes modifiziert, indem er räumlich-zeitliche „Kraftfelder" anwendet, die durch die einzigartige Detektorfunktion der aktiven Großhirnrinde wirksam werden. Es ist dabei wahrscheinlich aufgefallen, daß diese Hypothese annimmt, daß der „Wille" oder „Willenseinfluß" selbst über ein räumlich-zeitliches Muster verfügen muß, damit er seine praktische Wirksamkeit entfalten kann.

d) Die physikalischen Konsequenzen der Hypothese

Bei der Erörterung der Frage, wie der Geist auf die Materie einwirkt, diskutierte EDDINGTON (1939) zwei Hypothesen:

1. Es ist postuliert worden, daß der Geist das Verhalten der Materie in den Grenzen kontrollieren könne, die durch HEISENBERGs Prinzip der Unsicherheit bestimmt werden (vgl. EDDINGTON, 1935). EDDINGTON lehnte dies ab, zum Teil deshalb, weil die erlaubten Grenzen extrem eng gehalten wären. Offensichtlich dachte er an ein Objekt von der Größe eines Neurons. Ein Neurophysiologe würde jetzt jedoch das viel kleinere synaptische Vesikel (vgl. Abb.

3, 4, 31) für die Schlüsselstruktur halten, auf die der „Willenseinfluß" einwirken könnte. Das synaptische Vesikel ist eine Kugel von ca. 400 Å im Durchmesser und würde daher eine Masse von 3×10^{-17} g haben. Wenn, wie EDDINGTON andeutet, das Unsicherheitsprinzip auf ein Objekt dieser Größe angewendet werden kann, dann kann man berechnen, daß eine Unsicherheit in der Position eines solchen Objektes von ungefähr 50 Å in einer Millisekunde besteht. Diese Werte sind deswegen interessant, weil die Dicke der präsynaptischen Membran, durch die das Vesikel seine spezifische Transmittersubstanz abgibt, ungefähr 50 Å beträgt (vgl. Abb. 4D).

Wie oben gezeigt wurde, können außerdem winzige „Einflüsse", die auf große Neuronenpopulationen ausgeübt werden, in Form eines veränderten räumlich-zeitlichen Musters von Aktivität sehr schnell in das Neuronennetz integriert werden. Im aktiven Cortex besteht deshalb ein Mechanismus, der winzige Effekte, die auf individuelle synaptische Vesikel ausgeübt werden, ungeheuer verstärkt; natürlich vorausgesetzt, daß diese Einflüsse ein „sinnvolles" Muster haben und nicht zufälliger Art sind. Es ist daher möglich, daß der erlaubte Verhaltensspielraum eines synaptischen Vesikels für die wirksame Tätigkeit der postulierten „Willenseinflüsse" auf die aktive Großhirnrinde adäquat ist. EDDINGTON lehnte diese Hypothese jedoch auch aus dem Grunde ab, daß sie eine grundsätzliche Inkonsequenz enthalte. Zuerst wurden nach dem Unsicherheitsprinzip Berechnungen der erlaubten Grenzen für das angenommene zufällige Verhalten angestellt, dann wurde es eingeengt und kontrolliert durch eine nicht-zufällige oder willensmäßige Handlung, die notwendigerweise angenommen werden muß, wenn der Wille in der Lage sein soll, von dem Spielraum, den die Unsicherheit läßt, Gebrauch zu machen.

2. Als Folge dieser Ablehnung stellte EDDINGTON die Alternativhypothese des korrelierten Verhaltens individueller Teilchen der Materie auf, von dem er annahm, daß es für die Materie in Verbindung mit dem Willen auftrete. Das Verhalten solcher Materie stünde in scharfem Gegensatz zum unkorrelierten oder statistisch verteilten Verhalten von Partikeln, das die Physik postuliert, so daß es, wie er sagt, von uns als etwas „außerhalb der Physik Stehendes" betrachtet werden sollte (EDDINGTON, 1939).

Jede der Eddingtonschen Hypothesen könnte als physikalische Grundlage für die neurophysiologische Hypothese dienen, die für die Wille-Gehirn-Verbindung entwickelt wurde. Die letztere Hypothese der Wille-Gehirn-Verbindung hat den Vorteil, daß sie die Situationen, in denen der Wille auf das Gehirn einwirkt, bis es die beobachteten hohen Grade neuronaler Aktivität im bewußten Zustand erreicht, mit der Beobachtung verbindet, wie eine wirksame Handlung durch ein räumlich-zeitliches Muster winziger „Einflüsse" erlangt werden kann. Ist die Neuronenaktivität der Großhirnrinde auf einem zu niedrigen Niveau, dann wird die Verbindung zwischen Gehirn und Willen unterbrochen. Das Subjekt ist ohne Bewußtsein, wie z. B. im Schlaf, in Narkose, im Koma. Wahrnehmungen und willkürliche Handlungen sind nicht mehr möglich. Ist ein Großteil des Cortex cerebri jedoch im Zustand der Überaktivität, wie z. B. im Krampfzustand, dann entsteht eine ähnliche Unterbrechung der Wille-Gehirn-Verbindung, die ebenfalls durch ein Fehlverhalten der empfindlichen Detektoren, nämlich den in einem kritischen Schwebezustand befindlichen Neuronen, erklärt werden kann.

e) Allgemeine Diskussion der Hypothese des freien Willens

Es ist vermutlich deutlich geworden, daß die hier entwickelten Hypothesen einen fragmentarischen und versuchsweisen Charakter haben. Man kann aber trotzdem hoffen, daß sie für weitere theoretische Entwicklungen über die Verbindung Gehirn–Wille nützlich sind. Ein offenstehendes Problem für Überlegungen wäre die postulierte Wirkung des Willens in einem räumlich-zeitlichen Muster, denn offenbar muß er auf diese Weise wirksam werden, wenn er signifikante Modifikationen in der vorgeformten Aktivität der Großhirnrinde bewirken soll. Dieses Problem erschiene jedoch weniger schwierig, gäbe es eine genügend schnelle und detaillierte Rückkopplung von der Gehirnaktivität zum Willen, die für die Wahrnehmung sowieso vorausgesetzt werden muß.

Man kann dem entgegenhalten, daß das Kernstück der Hypothese sei, daß der Wille Veränderungen im Materie-Energie-System des Gehirns hervorrufe und daher selbst ein Teil des Systems sein müsse (vgl. SCHRÖDINGER, 1951). Aber diese Schlußfolgerung beruht ausschließlich auf den gegenwärtigen Hypothesen der Physik. Da die postulierten „Willenseinflüsse" noch von keinem der vorhandenen physikalischen Instrumente entdeckt worden sind, wurden sie notwendigerweise bei der Aufstellung physikalischer Hypothesen außer acht gelassen, was EDDINGTON (1939) erkannte. Es wird zumindest behauptet, daß die aktive Hirnrinde vermutlich ein Detektor für solche „Einflüsse" sein könnte, selbst wenn sie eine Intensität hätten, die unterhalb des Meßbereichs physikalischer Instrumente läge.

Die vorliegenden Hypothesen böten eine Erklärung für die hohe Entwicklungsstufe des Austausches von Materie: Wille in der aktiven menschlichen Großhirnrinde, und diese Entwicklung schlösse nicht nur eine anhaltende Aktivität, sondern auch eine unvorstellbare Feinheit der Übertragung ein. Diese beiden Eigenschaften könnten auf der Basis der ineinander verschachtelten, integrierten und stets wandelbaren Aktivitätsmuster erklärt werden, die von den zahlreichen im kritischen Zustand befindlichen Detektoren (vermutlich Milliarden) gebildet werden, die im bewußten Zustand im Cortex vorhanden sind.

Ich möchte darauf hinweisen, daß bei der Diskussion der Gehirnfunktion in den Kapiteln II und III das Gehirn ursprünglich als Maschine betrachtet wurde, die den Gesetzen von Chemie und Physik folgt. Es wurde gezeigt, daß es im bewußten Zustand (Kapitel IV) mit extremer Empfindlichkeit als Detektor winzigster Raum-Zeit-Felder von „Einflüssen" reagieren kann. Hier wird nun die Hypothese aufgestellt, daß diese Raum-Zeit-Felder von „Einflüssen" vom Willen in einer gewollten Handlung auf das Gehirn übertragen werden. Benutzt man die eindrückliche Terminologie RYLES (1949), so betätigt der „Geist" eine „Maschine", die nicht aus Seilen und Rollen, Ventilen und Röhren besteht, sondern aus mikroskopisch kleinen räumlich-zeitlichen Aktivitätsmustern des Neuronennetzes, das aus den synaptischen Verbindungen von Milliarden von Neuronen gewoben ist, und auch dann betätigt er nur Neurone, die sich nur für einen Augenblick sehr nahe an einem exzitatorischen Schwellenwert befinden. Es könnte sein, daß das die Art von Maschine ist, die ein „Geist" betätigen kann, wenn wir mit Geist ein „Agens" bezeichnen, dessen Wirkung selbst mit den feinsten physikalischen Meßgeräten nicht meßbar ist.

Aber selbst wenn die hier entwickelten Hypothesen der Gehirn-Wille-Verbindung in die richtige Richtung gehen, sind sie trotzdem noch äußerst inadäquat. Wir haben z.B. gar keine Vorstellung von der Beschaffenheit des Willens, der diese „geist-artigen" Einflüsse ausüben könnte. Wenn man von den unbedeutenden und irregulären telepathischen Verbindungen absieht, bekommt man keine Antwort auf die Frage: Wie ist es möglich, daß ein bestimmtes Selbst ausschließlich mit einem bestimmten Gehirn in Verbindung steht? Ein weiteres Problem bezieht sich auf die angenommenen Raum-Zeit-Muster des Willens. Ändern sie sich z. B. — was vom praktischen Standpunkt wünschenswert wäre — wenn sich die Mikrostruktur des Gehirns mit fortschreitender Erfahrung und der daraus resultierenden Speicherung von Erinnerungen verändert?

2. Freiheit und Kreativität

Es wird allgemein angenommen, daß kreative Phantasie die tiefstreichende menschliche Aktivität darstellt. Sie liefert uns die Erleuchtung für neue Einsichten und neues Verstehen. In der Wissenschaft führt die kreative Imagination zur Aufstellung neuer Hypothesen, die die alten sowohl einschließen als auch übertreffen. In ihrer Eigenschaft und ihrem Spielraum hat sie eine unmittelbare ästhetische Anziehungskraft. Trotzdem muß sie strenger Kritik und experimentellen Prüfungen unterzogen werden. In den frappierendsten Beispielen hat die Erleuchtung die Plötzlichkeit eines Blitzes, wie bei KEKULE und dem Benzolring, DARWIN und der Evolutionstheorie und HAMILTON und seinen Gleichungen. Bei den meisten großen wissenschaftlichen Hypothesen war diese blitzschnelle und offensichtlich wundersame Geburt eines ganz neuen Gedankens keineswegs zu beobachten. Sie wurden vielmehr in Etappen entwickelt und durch kritisches Argumentieren geformt und perfektioniert, wie es bei PLANCK und seiner Quantentheorie und EINSTEIN und der Relativitätstheorie der Fall war. Die Plötzlichkeit der Erleuchtung ist auch keine Garantie für die Gültigkeit der Hypothese.

Ich hatte nur eine einzige dieser plötzlichen Erleuchtungen — die sogenannte Golgi-Zellen-Hypothese der Hemmung (BROOKS u. ECCLES, 1947) — die sich einige Jahre später als falsch erwies (ECCLES, 1953)!

Wenn ich die Geschehnisse während einer wissenschaftlichen Untersuchung überdenke, so finde ich, daß sich ein pausenloser „Verkehr" zwischen meinen bewußten Erfahrungen und den Gegenständen und Ereignissen der Außenwelt abwickelt. Zum Beispiel weiß ich durch allgemeine wissenschaftliche Kenntnisse, was ich unter bestimmten experimentellen Bedingungen an Beobachtungen erwarten kann. Ich plane diese Bedingungen und fahre fort, sie mit Hilfe kontrollierter Handlungen zu verwirklichen. Die Beobachtungen oder bewußten Erfahrungen der sich ergebenden Resultate werden in rationalen und kritischen Denkprozessen mit meinen ursprünglichen Ideen korreliert und ausgewertet, weitere Experimente werden dann geplant und durchgeführt usw. Die Folge ist, daß meine wissenschaftlichen Ideen oder Hypothesen bereichert, verändert oder verworfen werden. Meine wissenschaftliche Aktivität ist also im Grunde ein Zusammenwirken meiner rationalen und begrifflichen Gedankengänge mit der Ausübung gewollter Handlungen und sensorischer Wahrnehmungen.

Bevor ich versuche, die Gehirntätigkeit zu beschreiben, die der kreativen Phantasie zugrunde liegt, ist es wichtig, sich vorzustellen, daß solche Erleuchtungen, blitzartige, oder solche, die sich langsam und kontrolliert entwickeln, nur von einem Verstand aufgenommen werden können, der durch die Assimilation und kritische Einschätzung des Wissens auf einem bestimmten Gebiet vorbereitet wurde. Man kann bewußt versuchen, neue ideenreiche Einsichten zu erhalten, indem man seinen Verstand mit Hypothesen und den dazugehörenden Experimenten überschwemmt, dann entspannt den unterbewußten Prozessen Gelegenheit gibt, erleuchtend zum Bewußtsein einer neuen Einsicht zu führen. Solche Erleuchtungen sind oft bruchstückhaft und verlangen nach einer bewußten Modifikation, oder aber sie sind so irrig, daß sie zu einer sofortigen Ablehnung durch die kritische Einsicht führen. Trotzdem sind sie alle ein Beweis für die schöpferische Kraft des unterbewußten Verstandes.

Man kann nun fragen: Welche Art von Aktivität läuft im Gehirn während der schöpferischen Tätigkeit des unterbewußten Verstandes ab, und wie taucht diese kreative Aktivität dann schließlich ganz plötzlich im Bewußtsein auf? Stellen wir uns also zuerst die Voraussetzungen für solch eine zerebrale Funktion vor. Die Unmenge gespeicherter Erinnerungen und kritischer Urteile setzt voraus, daß im Neuronennetzwerk ungeheuer viele komplexe und hochspezialisierte Engramme ausgebildet werden (vgl. Kapitel III), deren Beständigkeit auf die postulierten Erhöhungen der Synapsenwirkung zurückgeht. Wir können sagen, daß diese „formbaren" Muster das „Gewußt-wie" des Gehirns bewirken. Wir werden in bestimmten Wissensgebieten Experten durch die Unzahl und die Feinheit der Engramme, die sich über einen größeren Teil des Cortex erstrecken können. Wenn man über ein bestimmtes Problem auf diesem Gebiet nachdenkt, dann muß ein unvorstellbar komplexes und lebhaftes Zusammenspiel zwischen den aktivierten Mustern ablaufen. Man kann weiterhin annehmen, daß ein Zusammenbruch in der Synthese dieser Muster oder ein Konflikt in ihren Zwischenbeziehungen das neuronale Gegenstück eines Problems darstellt, das nach einer Lösung schreit.

Dies sind die Bedingungen, die zu kreativen Einsichten führen. Wir können vermuten, daß die „unbewußte Wirkung des Verstandes" vom fortlaufenden intensiven Zusammenspiel dieser neuronalen Aktivitätsmuster abhängt. Wir haben gesehen (Kapitel III), daß bei wiederholter Aktivierung eines beliebigen Neuronenmusters die Tendenz zu einer progressiven Veränderung im formbaren Grundmuster (Engramm) besteht, und zwar besonders durch das Zusammenwirken mit anderen Mustern. Wir können daher erwarten, daß neue Muster während der unbewußten Wirkung des Verstandes entstehen. Sollte das neu entstehende Muster so organisiert sein, daß es mit bereits vorhandenen Mustern kombiniert werden kann bzw., daß es sie sogar übertrifft, könnten wir eine resonanzartige Zunahme der Aktivität des Cortex erwarten, die das neue, außergewöhnliche Muster ins Bewußtsein bringt, wo es dann als gescheite neue Idee, geboren durch kreative Phantasie, erscheint.

Dann beginnt der Prozeß bewußter Kritik und Beurteilung, der Fehler in der neuen Idee zu entdecken versucht und auch entdecken möchte, ob sie mit den bereits vorhandenen Kenntnissen übereinstimmt. Ist all das getan, so kommt das kritische Stadium des Entwerfens und Ausführens von Experimenten, die die Voraussagen, die sich mit der neuen Idee machen ließen, prüfen sollen. Wir können sagen, daß eine schöpferische Phantasie besonders ergiebig ist, wenn sie neue Hypothesen entwickelt, die durch ihre allgemeine Fragestellung und die Art, wie sie sich in kritischen experimentellen Prüfungen behaupten, auffallen.

Schließlich können wir fragen: Was sind die Charakteristika eines Gehirns, das die besondere Kraft schöpferischer Phantasie zeigt? Beim Versuch, das zu beantworten, begeben wir uns mehr denn je ins Gebiet der Spekulation, doch können gewisse allgemeine Aussagen, deren Unzulänglichkeit allerdings nur zu offensichtlich ist, gemacht werden. Erstens muß eine adäquate Zahl von Neuronen vorhanden sein; sehr viel wichtiger ist jedoch, daß es eine Unzahl synaptischer Kontakte zwischen ihnen gibt, so daß auf diese Weise eine strukturelle Basis für ein immenses Sortiment von Aktivitätsmustern geschaffen wird. An dieser Stelle wird ersichtlich, wie inadäquat die Erklärung ist. Es besteht nur eine sehr begrenzte Wechselwirkung zwischen Gehirngröße und Intelligenz, aber im Rahmen dieser Wertung kann man annehmen, daß die Größe des Gehirns mit der der Neuronenpopulation proportional verläuft. Ein Schimpansengehirn mag außerdem eine Neuronenpopulation haben, die 70% der des menschlichen Gehirns ausmacht, und trotzdem zeigt es keinerlei schöpferische Phantasie. Zweitens sollte eine bestimmte Empfindlichkeit der Synapsen vorhanden sein, so daß ihre Funktion durch Gebrauch gesteigert wird (vgl. Kapitel III) und daß Gedächtnisspuren oder Engramme nicht nur leicht gebildet werden, sondern auch bestehen bleiben. Diese beiden Eigenschaften garantieren, daß schließlich im Gehirn ein unglaublicher Vorrat von Engrammen hochspezifischen Charakters vorhanden ist. Wenn dazu die besondere Gabe einer nie ermüdenden Aktivität in diesen Engrammen kommt, so daß die räumlich-zeitlichen Muster kontinuierlich in die komplexesten und aufeinander wirkenden Formen gewebt werden, dann ist die Bühne frei für die Geburt einer großen Idee, die durch schöpferische Einbildungskraft gezeugt wurde.

3. Mensch und Freiheit

Die vergangenen 500 Jahre waren Zeuge einer gewaltigen menschlichen Leistung. Durch die Methoden wissenschaftlicher Forschung hat der europäische Mensch so viele Naturprozesse verstehen gelernt, daß er buchstäblich zum Herren seiner Umgebung wurde. Wissenschaftliche Kenntnisse über Energie und Materie haben ihm die Kontrolle über ungeheure Kraftreserven und synthetische Materialien gegeben, die sich für jeden Zweck ausgezeichnet eignen. Die maschinelle Warenproduktion ist nun so enorm und reichhaltig, daß der Arbeiter Möglichkeiten für ein komfortables Leben zur Verfügung hat, wie noch nicht einmal der Reichste sie vor ein paar Generationen besaß. Wie kommt es dann, daß trotz all dieser Leistungen, dieser unleugbaren Verbesserung der materiellen Lebensbedingungen, dieses Zeitalter ein Zeitalter der Ernüchterung und eines Gefühls der Enttäuschung und der Glücklosigkeit des Lebens ist?

Um diese Frage beantworten zu können, müssen wir die Motive suchen, die hinter den Leistungen stehen. Durch all diese Jahrhunderte hindurch wurde die menschliche Weltanschauung mehr und mehr diesseitsbezogen. Der Mensch betrachtete sich immer mehr als materielles Wesen, dessen Leben nichts weiter benötigt, als die Befriedigung materieller Wünsche. Die große Anstrengung jener Jahrhunderte ging in diese Richtung, und man kann nicht leugnen, daß beispiellose und in sich selbst gute Erfolge erzielt wurden. Gleichzeitig spielte der Glaube, daß der Mensch auch eine geistige Natur besitze, eine immer kleinere Rolle in den praktischen Angelegenheiten des Lebens. Religiöser Glaube spielt im Moment die Rolle einer persönlichen Idiosynkrasie und ist von Politik, Wirtschaft und den Einrichtungen der Gesellschaft losgelöst. Mit diesem geistigen Verfall wurde der Mensch weniger persönlich und mehr kollektiv, er verlor größtenteils seinen Charakter und seine Individualität an amorphe Gruppen — die sogenannten „Massen". Soweit der Mensch ein Massenmensch geworden ist, verlor er seinen Sinn für die geistigen Werte — Liebe, Wahrheit, Weisheit, Güte, Schönheit. Die Menschen wünschen nichts mehr von den Forderungen einer höheren Humanität zu hören, von der Pflicht der geistigen

Anstrengung und eines aufrechten Lebens. Sie möchten in einem Leben voll von Vergnügen dahinvegetieren, das eine falsche Sicherheit durch die Abwesenheit von Furcht und Hoffnung bietet. Es gibt weder eine Bedeutung noch einen Zweck des Lebens. Nichts zählt mehr.

Aber sehr viel größer als dieser kulturelle Zerfall sind die Gefahren, die sowohl aus dem geistigen Vakuum entstehen, in dem die Massen leben, als auch aus ihrer emotionellen Erregbarkeit und Empfänglichkeit für Suggestion. In ihrem unbewußten Verlangen nach einem Lebenszweck haben die Massen den Nährboden für die giftigen Keime moderner Pseudoreligionen gebildet — Nazismus, Faschismus und Kommunismus. Die Vergöttlichung von Rasse, Staat oder Klasse — absurd in sich selbst — hat für sie die überwältigende Anziehungskraft eines diesseitigen Ideals, an das man glauben und für das man leben kann. Das Endresultat des menschlichen Kampfes für Freiheit und die Errichtung seiner eigenen Systeme ist die Befreiung, die zur totalen Sklaverei führt. Es ist die irdische Unsterblichkeit des Menschen, in Form des Kollektivmenschen, des Massenmenschen, des Termitenmenschen.

Es ist unsere entschiedensten Anstrengungen wert, zu verstehen, was Freiheit ist. Für nicht denkende Menschen ist Freiheit kein Problem. Sie werden Ihnen sagen, daß sie das Nichtvorhandensein von Zwängen bedeutet, daß sie frei seien, zu tun, was ihnen gefiele. Solch eine Konzession für ein Individuum beschneidet jedoch die Freiheit der anderen. Ungezügelte Konzessionen führen zur Anarchie und einem sozialen Chaos, in dem jede Freiheit verlorengeht. Das bloße Gewähren völliger Freiheit in der Wahl aller Handlungen — Freiheit, grausam oder gewalttätig oder unehrlich oder faul zu sein — ist offensichtlich nicht die Freiheit, für die wir gestritten haben.

Die Freiheit, die wirklich zählt, ist die Freiheit des Wissens, die Gedanken-, Meinungs- und Diskussionsfreiheit. Eine solche Freiheit begrenzt die Freiheit anderer nicht und es besteht kein Zweifel, daß sie fundamental ist. Aber genauso, wie die Freiheit des Wissens, wollen wir auch eine Handlungsfreiheit. Die Freiheit, mit eigener Kraft das Beste aus unserem Leben zu machen, uns zu Persönlichkeiten zu entwickeln, unsere Talente voll auszunutzen, nach unseren eigenen Idealen zu leben und unser eigenes Schicksal zu bestimmen. Das ist die Freiheit, die MARITAIN so treffend „Freiheit in der Erfüllung" nennt. Auch diese Freiheit begrenzt nicht die Freiheit anderer. Im Gegenteil, Verwirklichung und Fortschritte in der geistigen Freiheit einzelner Individuen wird Gerechtigkeit und Freundschaft zu wahren Grundmauern des Gesellschaftslebens machen. Zudem schließt die „Freiheit der Erfüllung" offensichtlich die „Freiheit des Wissens" ein. Sie umschließt alles was wir meinen, wenn wir sagen, wir kämpften für die Freiheit.

Wie können wir anfangen unsere Gesellschaft wieder aufzubauen, so daß wir nicht nur die Freiheit bewahren die wir schon haben, sondern auch noch welche dazugewinnen, um so allen Menschen ein voll erfülltes Leben zu ermöglichen und auf diese Art eine Rangordnung zu schaffen, in der all die verschiedenen reichen Gaben der menschlichen Persönlichkeit zum Ausdruck kommen? Das ist das zentrale politische Problem dieses Zeitalters. Es genügt jedoch nicht, gleiche Chancen zu schaffen. Jedermann sollte aus freien Stücken danach streben, das Bestmögliche aus den gebotenen Chancen zu machen. Freiheit schließt nicht nur Rechte, sie schließt auch Pflichten ein. Wir haben kein uneingeschränktes Recht auf Freiheit. Wir haben nur insoweit ein Recht auf Freiheit, als wir die Freiheit, die wir schon besitzen, respektieren und ihr gemäß leben. Die Freiheit der Erfüllung z. B. bedingt eine progressive Eroberung der Fülle des persönlichen Lebens und der geistigen Freiheit. Es ist also offensichtlich, daß wir nie einen statischen Zustand der Freiheit erreichen können. Freiheit ist in dem Sinne dynamisch, daß wir fortwährend nach ihr trachten müssen, um so das zu erhalten, was wir schon haben. Der Mißbrauch unserer Freiheit bringt sie in Gefahr. Wir gefährden z. B. die Redefreiheit, wenn wir sie dazu gebrauchen, irreführende, unverantwortliche und provokative Aussagen zu machen. Das Recht auf Redefreiheit setzt die Pflicht zur Ehrlichkeit und Offenheit voraus.

Welche Art Gesellschaft wird nun jedem Individuum die beste Gelegenheit bieten, die „Grundausrüstung der Möglichkeiten", die es besitzt, weiterzuentwickeln? Es ist offensichtlich, daß die Gesellschaft für den Menschen da ist und nicht umgekehrt; das bedeutet, daß die Gesellschaft so aufgebaut werden muß, daß sie die menschlichen Bedürfnisse am besten erfüllt. Die Gesellschaftsform, die das richtige Verhältnis des Individuums zur Gesellschaft bewahrt und die dem Menschen die erwähnten Möglichkeiten öffnet, nennt MARITAIN eine organische Demokratie oder eine Demokratie der Person. An ihrer Wurzel finden wir die Idee, daß der Mensch nicht „frei geboren" ist (unabhängig), sondern die Freiheit erobern muß, und daß der Mensch im Staat — eine hierarchische Totalität von Personen — als Person und nicht als Ding regiert werden muß, und zwar — um des gemeinsamen Wohles willen — wirklich menschlich; das fließt auf den Menschen zurück und bietet als größten Wert die Freiheit der Entfaltung für den letzteren. Organische Demokratie basiert auf Gerechtigkeit und der engsten Zusammenarbeit der Personen, die in ihr leben, das heißt, auf brüderlicher Liebe oder staatsbürgerlicher Freundschaft. Staatsbürgerliche Freundschaft ist nicht ein Urzustand, der fix und fertig vorhanden ist. Es ist etwas, um das ohne Unterlaß gerungen werden muß, und zwar um den Preis großer Schwierigkeiten. Es ist ein Werk der Tugend und des Opfers. In diesem Sinn müssen wir die heroischen Ideale einer solchen Demokratie erblicken. Unsere Welt steht am Scheideweg. Es gibt nur zwei Alternativzustände, auf die wir uns hinbewegen können.

Einer führt zur zentralisierten Planung des absolutistischen Sklavenstaats. In der Vergangenheit war es oft möglich, daß eine private und persönliche Lebenssphäre unberührt von absolutistischer Tyrannei überlebte, denn der Despotismus befaßte sich größtenteils mit öffentlichen Angelegenheiten. Die moderne Leistungsfähigkeit und Organisation der Kommunikation macht das unmöglich. Absolutistische Regierungen können nur dann bestehen, wenn sie jeden Widerstand ausschalten bevor er sich organisiert. Geheimpolizei, Konzentrationslager, Prozesse wegen Verrats und Massenpropaganda sind die unvermeidlichen Begleitumstände. Der moderne Absolutismus muß total sein und den Menschen sogar in seinem persönlichen und privaten Leben versklaven. Er muß eine Tyrannei darstellen, die von Zwang, Terror und Kollektivierung in jedem Aspekt des Lebens charakterisiert wird. Solche Sklavenstaaten können sehr stabil sein. HITLER hätte wohl nicht übertrieben, als er eine Dauer von tausend Jahren forderte, wenn er den Krieg gewonnen hätte.

Die ägyptische Tyrannei überdauerte mehrere Tausend Jahre. Wie lange wird die russische Tyrannei fortbestehen?

Der andere Weg führt durch eine fortdauernde Entwicklung zu einem Zustand von Freiheit und moralischer Verantwortung jedes Menschen. Es ist eine Ordnung, die das Privatleben aller Personen respektiert und fördert und die dynamisch von den verantwortungsbewußten und freien Handlungen eines jeden abhängt. Auf jeder Gesellschaftsstufe wird jedwede Möglichkeit für verantwortungsvolles Handeln gegeben sein. Mit anderen Worten: eine der ersten Überlegungen wird die größtmögliche Ausdehnung persönlicher Verantwortung sein: es ist die verantwortungsbewußte Ausübung einer wohlüberlegten Wahl, die die Persönlichkeit am besten beschreibt und den großen Namen Freiheit am meisten verdient.

Wie kann diese Förderung universeller Verantwortlichkeit mit dem Verlangen nach Leistungsfähigkeit verbunden werden, die für das Überleben dieser modernen Welt so notwendig ist? Hier öffnet sich ein Feld für konstruktives Denken und Experimentieren sowohl in Erziehung/Bildung als auch in politischer Handlungsweise. Wir können natürlich fragen, ob es stimmt, daß eine zentrale Bürokratie immer die größte Leistung bietet. Sicherlich sollte in den meisten gesellschaftlichen Belangen die kooperative Haltung verantwortungsbewußter Personen leistungsfähiger sein als der passive Gehorsam und die Unterwürfigkeit von Sklaven. Kooperative und verantwortungsbewußte Handlungen rufen die Spannungen im Leben hervor, den fortwährenden Vorgang von Geben und Nehmen, von dem wir angeregt werden unser Bestes zu geben, um auf diese Weise Leistungen zu vollbringen, die sonst unmöglich wären. Zeigt die Geschichte nicht, daß unser kulturelles Erbe durch die verantwortungsbewußten Handlungen freier Menschen aufgebaut wurde? Und ist nicht das Zurückschrecken vor Verantwortung eines der verbreitetsten und gefährlichsten Symptome unseres Zeitalters?

Die Förderung von Verantwortungsbewußtsein ist daher eine der wichtigsten Aufgaben beim Wiederaufbau der Gesellschaft. Die Gesellschaft muß als Hierarchie funktioneller Gruppen mit der dazugehörenden Verantwortung angesehen werden. Wir haben erstens die Familie mit der individuellen Verantwortung ihrer Mitglieder; zweitens kleine Gesellschaftsgruppen, wie z. B. Nachbarn, Arbeiter und Angestellte in einer Fabrik, einem Büro, einem Lagerhaus, aber auch Gruppen, die sich aus religiösen, kulturellen, wissenschaftlichen oder wohltätigen Gründen oder auch zur Freizeitgestaltung zusammenfinden; drittens größere Einheiten, die städtische Belange oder soziale Dienste wahrnehmen, regionale und industrielle Ratsversammlungen und so weiter bis zu den höchsten regierenden Autoritäten. Die Verteilung der Verantwortung wird durch das Prinzip bestimmt, daß jede Tätigkeit, die von einer untergeordneten Stelle ausgeübt werden kann, auch von ihr ausgeübt wird, selbst unter der Gefahr, daß Schaden für die Gesamtheit entsteht. In allen Fragen, die nicht die Außenpolitik, Verteidigung und allgemeine Gesetzgebung betreffen, sollte die Dezentralisierung so weit wie möglich vorangetrieben werden.

Während der letzten paar Jahrhunderte hat die wissenschaftliche Forschung dem Menschen eine Kenntnis der Natur verschafft, die ihm eine erstaunliche Herrschaft über sie gegeben hat. Während des gleichen Zeitraumes gab es keine offensichtlichen Fortschritte in der Kenntnis des Menschen über sich selbst als menschliches Wesen. Es gab viele Theorien, aber keinen beständigen Fortschritt in der Kenntnis der Fakten. Soziologie, Volkswirtschaft und Politologie sind noch keine Wissenschaften, die den Naturwissenschaften ähneln. Es ist extrem schwierig, die gleichen wissenschaftlichen Methoden auf soziale und politische Probleme anzuwenden, denn wir selbst sind das Rohmaterial, das wir handhaben müßten. Auf dieses Material haben wir die wissenschaftliche Methode nicht angewendet, mit dem Ergebnis, das wir im gegenwärtigen Zustand der Welt sehen. Der Mensch ist unfähig, sich in der gleichen Art zu kontrollieren, in der er Naturprozesse kontrolliert. Die vielen doktrinären Pläne für den Bau Utopias erinnern an den Stein der Weisen der Alchimisten.

Wir haben eine Gesellschaft zum Ziel, die jedem Menschen die optimalen Bedingungen bieten sollte, ein erfülltes und verantwortungsbewußtes Leben — bei voller Entfaltung seiner Talente — zu führen, aber nicht z. B. eine Gesellschaft für die Maximalproduktion von Reichtum, für die Maximalentwicklung des Handels oder für die maximale Konzentration von Macht in der regierenden

Oligarchie — bei einer maximalen Unterwürfigkeit und passivem Gehorsam des Menschen. Durch die Anwendung wissenschaftlicher Methoden sollten wir nützliches Wissen über die Art erhalten, in der wir unsere Gesellschaft entwickeln können, so daß sie unserer idealen Gesellschaft näher kommt. Wir müßten lernen, an uns selbst die langsame, arbeitsaufwendige Technik der Wahrheitssuche anzuwenden, durch die die Wissenschaft das Wissen um natürliche Phänomene aufgebaut hat. Bis zu einem bestimmten Punkt wurden wissenschaftliche Methoden schon immer mit all ihren empirischen Aspekten wahllos auf die Strukturierung der Gesellschaft angewendet. Was uns immer noch fehlt, ist die systematisch geplante experimentelle Untersuchung mit den richtigen Kontrollen und einer unvoreingenommenen Interpretation. Doktrinäre haben Theorien über Politik oder Wirtschaft und versuchen den Menschen danach auszurichten. Aber Politik und Wirtschaft haben keine absoluten Werte in sich selbst. Sie müssen nach dem Kriterium beurteilt werden, wie weit sie zum Wohlbefinden eines Menschen beigetragen haben, der in dieser Gesellschaft lebt. Der Mensch muß das Maß des Systems sein.

Bevor wir solche Experimente beginnen, ist es von fundamentaler Bedeutung, zu erkennen, daß unsere Zivilisation auf dem gesamten Wissen aus der Vergangenheit, auf den empirischen Entdeckungen zahlloser Individuen aufgebaut ist. Wir müssen die Zukunft auf dieser großen Kultur und Tradition der Vergangenheit aufbauen, wobei wir so wenig wie möglich modifizieren sollten. Das Wesen des Fortschritts ist nicht die Befreiung von der Erfahrung und dem Standard der Vergangenheit, sondern seine Revision, so daß es den Bedürfnissen der Gegenwart entspricht. Kultur und Zivilisation sind nicht nur Synonyme für Fortschritt. Sie schließen auch die erhaltenden Kräfte und die Kontinuität der jahrhundertealten Entwicklung des Menschen ein.

IX. Die Notwendigkeit von Freiheit für die freie Entfaltung der Wissenschaft[1]

Ich habe diesen Titel gewählt, weil er mit dem großartigen Motto für die Dunning Trust Lectures im Einklang steht. Ich habe nie ein besseres Motto für irgendeine Vorlesung gehört. Lassen Sie mich zitieren: „Um Verständnis und Wertschätzung für die hohe Bedeutung von Würde, Freiheit und Verantwortlichkeit des Individuums in der menschlichen Gesellschaft zu fördern". Ich habe mich für diese Vorlesung wirklich abgemüht, denn ich war von diesen Worten begeistert, und das ist der höchste Tribut, den ich ihnen zollen kann. Sie entsprechen außerdem meiner Vision dessen, was man das größte geistige Abenteuer unserer heutigen Zivilisation nennen kann, ein Abenteuer, das man mit einem Wort beschreiben kann: Wissenschaft. In der Wissenschaft ist die Freiheit und Verantwortlichkeit des einzelnen Wissenschaftlers von größter Wichtigkeit.

1. Wissenschaft und Technik

Ich würde Wissenschaft als den systematischen Versuch, die natürliche Welt zu verstehen und zu begreifen, definieren. Es bedeutet tief — nicht nur oberflächlich — in die natürliche Welt einzudringen und sich eine rationale Ausdrucksweise durch Sprache und mathematische Symbole zu erarbeiten, die der Größe und Schönheit des Vorganges entspricht, der hinter allen natürlichen Phänomenen steht. Das ist das Ziel der Wissenschaft. Ihr Ausmaß umfaßt nicht nur die externe Welt. Das Ausmaß der Wissenschaft umfaßt uns selber. Damit meine ich, daß alle Aspekte unserer eigenen Erfahrun-

---

[1] Dunning Trust Lecture, die am 15. 10. 1968 an der Queens University, Kingston, Ontario, Kanada, gehalten wurde (ECCLES, 1969c).

gen mit uns selbst — unseren Wahrnehmungen, Vorstellungen, Emotionen und Handlungen — in den Wirkungsbereich der Wissenschaft fallen.

Dieses „Unternehmen Wissenschaft" hängt von den ideenreichen und disziplinierten Aktivitäten einzigartiger Individuen ab, die idealerweise eine freie und überstaatliche Gesellschaft bilden sollten. Diese wesentliche Eigenheit der Wissenschaft wird von Politikern und Bürokraten, selbst innerhalb liberalster politischer Systeme, offensichtlich nicht voll verstanden und geschätzt; in den meisten Ländern wird sie überhaupt nicht verstanden. Entsprechend ist die Zahl der Länder in der Welt, in denen die Wissenschaft in freier Entfaltung gedeihen kann — wie ich es metaphorisch beschreiben möchte — gering. Es gibt viel zu viele Länder, in denen die Wissenschaft überhaupt nicht wachsen kann oder wo ihr Wachstum extrem beschnitten wird. Ich war mir des Rückstandes in so vielen Ländern gar nicht bewußt, bis eine weltweite Untersuchung über die Gehirnforschung für die "International Brain Research Organization" in der UNESCO gemacht wurde.

In manchen Ländern mit bis zu 100 Millionen Einwohnern gibt es überhaupt keinen Gehirnforscher. Es gibt viele Länder, die im allgemeinen schlechte Arbeitsbedingungen bieten, wo aber isoliertes Wachsen und Blühen zu beobachten ist, das vom Mut und Genie eines Anführers und seiner ihm ergebenen Schüler abhängt. Als Beispiel kann ich RAMÓN Y CAJAL anführen, der gegen Ende des letzten Jahrhunderts in Spanien (das vollkommen negativ eingestellt war) ohne jegliche Hilfe zum größten Neuroanatomen der Welt aufstieg, eine weltbekannte Schule schuf und hervorragende wissenschaftliche Beiträge lieferte, von denen wir auch heute noch sehr abhängen. Bisher gab es nur einen RAMÓN Y CAJAL in der Wissenschaftslehre vom Nervensystem. Er dient als Beispiel für ein seltenes Phänomen: den hohen Stand wissenschaftlicher Leistung, der durch ein Genie unter schlechten Bedingungen erreicht werden kann.

Bevor ich auf die extreme Verschiedenheit zwischen den einzelnen Ländern im Hinblick auf den Stand der Wissenschaft eingehe, will ich eine scharfe Linie zwischen Wissenschaft und Technik ziehen. Im folgenden spreche ich über Wissenschaft, nicht über Technik.

Ich werde mich nicht dazu äußern, welche von beiden den höheren Status hat. Es ist aber notwendig, sich über beide Kategorien klar zu werden, obwohl dieselbe Person beides sein kann: Wissenschaftler und Techniker. Es gibt in vielen Ländern, in denen es keine Wissenschaft gibt, Techniker. Im Grunde haben alle Länder Techniker, selbst wenn sie sich noch in der Steinzeit befinden. Dann benutzen sie die Technik, um Steinwerkzeuge zu entwerfen! In Professor WASHBURNs School of Anthropology in Berkeley, Kalifornien, verbrachten die graduierten Studenten ein ganzes Semester mit dem Versuch, im archäologischen Labor von Dr. DESMOND CLARK ein Steinwerkzeug herzustellen, wofür sie die gleichen Werkzeuge benutzten, wie sie die Menschen der Steinzeit hatten. Professor WASHBURN (1969) gibt an, daß niemand bisher in der Lage war, ein Steinwerkzeug herzustellen, das so gut war wie die, die von großhirnigen Menschen vor ein paar Jahrtausenden gemacht worden waren! Nach einem langen und intensiven Kurs war es jedoch möglich, die Leistung aus grauer Vorzeit nachzuvollziehen.

Die Absicht des Technikers ist es, wissenschaftliche und empirische Kenntnisse für einen sinnvollen Zweck anzuwenden. Er mag sogar wissenschaftliche Instrumente entwerfen und konstruieren. Wenn ich das tue, bin ich ein Techniker. Techniker sind für all die wunderbaren Erfindungen verantwortlich, die unsere Lebensbedingungen so verändert haben. Sie brauchen sich nur ein Spektrum vorzustellen, das die Revolution der Kommunikationsmöglichkeiten, Materialien für jeden Zweck, Elektronik, all die neuen Erfindungen und Entdeckungen in der medizinischen Praxis, Agrikultur, Nahrungsmittelbranche, chemischen Industrie, Computer usw. umfaßt. Diese Seite menschlicher Tätigkeit unterscheidet sich strikt von der Wissenschaft, obwohl sie die wissenschaftlichen Entdeckungen benutzt bzw. sogar ausnutzt. Natürlich muß der Techniker großes Wissen, Phantasie und eine hohe Intelligenz besitzen, genau wie der Wissenschaftler. Ich unterschätze das Niveau seines Wissens keineswegs, ich sage nur, daß es sich von dem des Wissenschaftlers unterscheidet. Der Unterschied liegt in den verschiedenen Zielen.

Der Wissenschaftler versucht, die natürliche Welt, so wie er sie erlebt, zu verstehen und zu begreifen; er benutzt für diesen Zweck Hypothesen, die unter speziellen experimentellen Bedingungen getestet wurden, wobei sehr oft die kompliziertesten wissenschaftlichen Instrumente gebraucht worden waren. Im Endeffekt jedoch, gleichgültig wie kompliziert der Apparat ist, muß ein Wissenschaftler auf die Informationen die er liefert schauen und sie auswerten. Der Wissenschaftler muß davon Kenntnis nehmen, er muß sie in Beziehung zu seinen Hypothesen setzen und kritisch prüfen; vielleicht formuliert er seine Hypothesen auch neu usw. Was ein Wissenschaftler tatsächlich tut, ist, sich vorzustellen und zu erklären, was hinter bestimmten Phänomenen steckt, mit andern Worten: die natürliche Welt zu begreifen versuchen. Der Techniker nutzt auf der anderen Seite die Kenntnisse über die natürliche Welt für praktische Zwecke. Diese Behauptung gilt nicht nur für die praktischen Dinge über die ich gesprochen habe, sondern auch für die Raumfahrt, die wirklich Technik darstellt. Es ist unbegreifliche Ingenieurkunst, aber es ist nicht Wissenschaft. Es ist Raum-Entdeckung. Sie mag ein wenig Wissenschaft enthalten, aber es ist keine wissenschaftliche Leistung; es ist eine ungeheure technische Leistung, bei der wissenschaftliche Entdeckungen für andere Zwecke benutzt wurden. Eine andere Seite der Technik sind natürlich die Grauen eines Atomkrieges — zielgerichtete Raketen mit thermonuklearen Sprengköpfen.

Es ist ein tragischer Fehler, daß die Allgemeinheit und die politischen Führer Technik mit Wissenschaft verwechseln und es buchstäblich kein Verständnis und kein Verstehen für Wissenschaft gibt. Ich kann Ihnen zwei Beispiele nennen. Der Glaube, daß Raumfahrt eine höhere Form von Wissenschaft ist, kann zu den peinlichsten Situationen führen. Ich wies in einer Vorlesung, die ich in Melbourne hielt, auf dieses Mißverständnis hin, während der erste Sputnik, ohne daß wir es wußten, bereits seine Bahn zog. Am nächsten Tag gab ich viele Interviews, weil ich damals Präsident der Australian Academy of Science war. Ein paar Tage später fragte mich der sowjetische Botschafter in Australien, warum ich die absurden Behauptungen, die man mir zuschreibe, nicht entrüstet zurückwiese. Er sagte: „Erkennen Sie nicht, daß die Tatsache, daß Sputnik jetzt seine Bahn zieht, die größte wissenschaftliche Tat seit der Entdeckung Amerikas durch Kolumbus ist?" Worauf ich ziemlich undiplomatisch antwortete: „Eure Exzellenz, es überrascht mich zutiefst, daß Sie denken, die Entdeckung Amerikas hätte auch nur die geringste wissenschaftliche Bedeutung!" Ich wurde nie mehr in die sowjetische Botschaft eingeladen. Im Oktober 1968 wurde im Journal of Science Research berichtet, daß ein bedeutender politischer Führer bei der Frage, wie sehr er die Wissenschaft unterstütze, sagte: „Ich habe gehört, daß in der letzten Zeit zwischen russischer und amerikanischer Wissenschaft eine Kluft entstanden ist. Ich werde alles tun, um diese Kluft zu verringern." Diese Aussage hat einen sehr unglücklichen tieferen Sinn, wenn man sich der sehr tiefen Kluft im umgekehrten Sinn zwischen den Stufen wahrer Wissenschaft in Amerika und Sowjetrußland bewußt ist!

Es ist das Schicksal der meisten wissenschaftlich fortgeschrittenen Länder von heute, daß ihre Führer im großen und ganzen irregeleitet wurden, was Wissenschaft wirklich ist, und dieser Fehler wird in vielen Punkten sichtbar, die ich diskutieren werde. Aufgrund dieses Mißverständnisses wurden Sowjetrußland große wissenschaftliche Leistungen zugeschrieben. Es war in der Lage, in einigen technischen Fragen Riesenerfolge zu erringen, Raumfahrt und Atomraketen z. B., aber seine Leistungen auf fast allen Gebieten der Wissenschaft sind recht kläglich. Die Ausnahme bilden einige Zweige von Mathematik und Physik.

Die irrtümliche Identifizierung von Raumfahrt als der bedeutendsten Wissenschaft unserer Tage bringt die weitere unglückliche Folge mit sich, daß die Wissenschaft in Verruf kommen wird, falls die Raumfahrt es nicht schaffen sollte, einen kontinuierlichen Strom atemberaubender Entdeckungen zu liefern. Die Allgemeinheit und selbst die aufgeklärtesten politischen Führer können sich nicht vorstellen, was für außerdordentliche Bedingungen herrschen müssen, damit eine freie Entfaltung der Wissenschaft gewährleistet ist. Es wird meine Aufgabe sein, zu zeigen, daß das „Unternehmen Wissenschaft" seiner ganzen Natur nach von einer ganz besonderen Freiheit des wissenschaftlichen Forschers abhängt.

Wissenschaft ist erst seit dem 16./17. Jahrhundert Teil unserer westlichen Zivilisation. Davor hatten wir nur eine ganz geringe Ahnung davon; seither hat sie sich stoßweise blühend und gedeihend oder auch welkend weiterentwickelt. Das 17. Jahrhundert war ein Jahrhundert der Entwicklung; das 18. Jahrhundert war dies sehr viel weniger; die letzte Hälfte des 19. Jahrhunderts war eine Periode größter Leistungen, die mit immer größer werdendem Tempo in diesem Jahrhundert anhält. Das bringt mich dazu, zu fragen, welche besonderen Bedingungen herrschen müssen, damit große wissenschaftliche Leistungen zu irgendeinem Zeitpunkt vollbracht werden können.

2. Wie ein Wissenschaftler entsteht

Lassen Sie mich mit der Frage beginnen, wie ein Wissenschaftler entsteht. Ich werde diese stufenweise Entwicklung in fünf Abschnitten behandeln und auf dieser Basis versuchen, zu erklären, wie es kommt, daß bestimmte Zeiten und bestimmte Länder dadurch auffallen, daß sie Wissenschaftler und eine blühende Wissenschaft haben, während das zu den meisten anderen Zeiten und in den meisten anderen Ländern nicht der Fall ist. Bei diesem Vorhaben bin ich Professor POLANYIs sehr aufschlußreichen Büchern (1958, 1964, 1966) besonders verpflichtet.

1. Unsere Zivilisation hat eine naturalistische und keine magische Auffassung der Natur. Wir glauben nicht an Einflüsse wie den Okkultismus, nicht an Astrologie z. B., obwohl es natürlich immer eine mondbesessene Minderheit gibt. Statt dessen wächst ein Kind in einer Atmosphäre auf, in der es lernt, daß es für alles, was es erfährt, eine vernünftige Erklärung gibt. Ein Kind wird seinen Eltern und Lehrern Fragen stellen, und oft sind es sehr gute Fragen. Auf diese Weise lernt es, daß die Natur vernünftig und geordnet ist und verstanden werden kann. Fast jedes Kind in unserer Gemeinschaft wächst in einer solchen Atmosphäre auf und glaubt, daß selbst wenn es etwas nicht verstehen kann, es zumindest irgendeine gute Erklärung gibt. Ihm werden z. B. Erklärungen für die Sonnen- und Mondbewegungen, Ebbe und Flut, Regenbogen, strömende Flüsse und den Ursprung von Felsen und Fossilien gegeben. Die Welt ist geordnet und kann zumindest im Prinzip verstanden werden. Es sieht an Beispielen, was aus dem Verstehensprozeß resultieren kann, denn wir sind jetzt in der Wissenschaft soweit fortgeschritten, daß große Erfolge in der Kontrolle der Natur erzielt worden sind,

wie es die Wunder der Technik, wie z. B. Maschinen für jeden Zweck und die Entwicklung von Radio und Fernsehen beweisen. Diese Botschaft ist für die beeindruckbare Jugend sicherlich unwiderstehlich.

2. Nach dieser anfänglichen Erziehung werden einige junge Leute, besonders die vom Frager-Typ sagen: „Ich möchte mir von all dem selbst eine Vorstellung machen. Es genügt nicht, wenn man mir diese Dinge erzählt. Kann ich von hier aus weitermachen?" Der junge Mensch kann sich dann entscheiden, sich hier an der Queens University oder an irgendeiner anderen Universität der Wissenschaft zu widmen, indem er den normalen „undergraduate course" absolviert. Dabei bekommt er die grundlegendsten Informationen über wissenschaftliche Entdeckungen und über die von Wissenschaftlern aufgestellten Gesetze. Auf diesem Studenten-Niveau versteht er die Wissenschaft aber nicht wirklich. Ich glaube, er lernt nur etwas über Wissenschaft; er lernt nicht, was es bedeutet, Wissenschaftler zu sein; er lernt auch nicht, welche Motive ein Wissenschaftler hat oder wie er sich verhält, wenn er Entdeckungen macht oder was eigentlich überhaupt hinter dem ganzen Prozeß steckt.

3. Unser Wissenschaftler-Embryo kann dann zum „Postgraduate"-Niveau aufsteigen — vorausgesetzt er hatte Erfolg und auch stets seine Hausaufgaben gemacht. Ich hatte ungeheuer viel Glück bei Prüfungen, daher bekam ich ein Rhodes-Stipendium für Oxford — aber ich wußte immer noch nicht, was Wissenschaft eigentlich war. Ich ging nach Oxford und lernte. Ich lernte, daß man keine klaren Antworten bekam und daß es viele Beweisführungen gibt, Gedankentrends, Meinungswechsel usw. Ich lernte noch viel mehr, als ich zusammen mit RAGNAR GRANIT Forschung bei Sir CHARLES SHERRINGTON betrieb. Mein kritischer und weiser Ratgeber DENNY BROWN war mir zwei Forscherjahre voraus. Das, was in einem Ph.D.-Kurs gelernt wird, ist, daß die Wissenschaft von ewig vorläufiger Natur ist. Sie ist ungewiß und hat daher unbegrenzte Möglichkeiten für Wachstum und Wechsel. Man muß aufhören, an endgültige Aussagen zu glauben, die behaupten, daß sie eine bewiesene Wahrheit anböten, die ohne Frage akzeptiert werden sollte.

Lassen Sie mich wiederholen, daß grundlegende wissenschaftliche Ideen, Theorien und Erklärungen immer provisorischer Natur sind und ständigem Wechsel unterliegen. Überlegen Sie doch einmal, was mit der großartigen Newtonschen Theorie alles geschah! Zu diesem Zeitpunkt bekommt der Ph.D.-Student eine gewisse Forscherroutine. Im großen und ganzen bekommen „Postgraduate"-Studenten relativ hübsche kleine Aufgaben gestellt, die so geplant sind, daß normale Laborgeräte benutzt werden können. Sie erhalten durch vorausgegangene wissenschaftliche Forschungsprojekte von allen Seiten Unterstützung, so daß es höchst unwahrscheinlich ist, daß irgendetwas atemberaubend Neues bei dieser Art Forschung herauskommen wird. Nichtsdestoweniger lohnt es sich, die Arbeit zu tun, denn sie füllt Lücken und vervollständigt das begriffliche Konzept. Wenn unser Student Glück hat, dann mag er auf etwas Unerwartetes stoßen. CHARLES BEST hat im Alter von 21 oder 22 Jahren zusammen mit BANTING hier ganz in der Nähe, in Toronto, die Insulin-Story entdeckt. So etwas kann passieren, wenn man sehr jung ist, aber gewöhnlich tut es das nicht. Unser Student hat jedoch eine ganze Menge darüber gelernt, wie man Experimente vornimmt, wie man Beobachtungen macht und was man bei abweichenden Beobachtungen bedenken sollte, falls welche auftauchen. Es kann etwas mit dem Tier nicht in Ordnung gewesen sein, mit der Ausrüstung, mit den Chemikalien oder 1001 andere Dinge — oder aber, es kann sich um den ersten Schimmer einer neuen Entdeckung handeln.

4. Falls unser Wissenschaftler gut ist, sollte er über das Ph.D.-Niveau hinaus weitermachen und bei der „postdoctoral"-Forschung tatsächlich kreative Wissenschaft kennenlernen — begrifflich und experimentell. Zu diesem Zeitpunkt ist es wichtig, den richtigen Mann zu wählen, unter dem man arbeiten möchte. Es gibt keine Lehrbücher, die darüber Auskunft geben, wie man Wissenschaftler wird. Es gibt haufenweise Bücher über die Methodik der Wissenschaft und auch über die Philosophie der Wissenschaft, aber sie sind fast immer falsch und irreführend. Ein Wissenschaftler muß auf altmodischer Art lernen, er muß Lehrling werden. Es ist, wie wenn Sie in der Renaissance hätten Maler werden wollen. Sie wären z. B. in Verocchios Atelier gegangen, wo Sie über Pigmente, Anato-

mie, Perspektive, die Freskentechnik und all diese Dinge belehrt worden wären. Sie hätten auch hier und dort an einem Bild mitmalen dürfen. Schließlich wären Sie vielleicht ein Leonardo da Vinci geworden. Leonardo wurde im Alter von 14 Jahren Lehrling bei Verocchio und arbeitete sechs Jahre in dessen Atelier. Das ist in groben Zügen die Art, wie heute Wissenschaftler „gemacht" werden.

Nach meinen Erfahrungen kann das Verhältnis in einem Labor nicht wirklich „Meister-Schüler-Verhältnis" genannt werden. Ich arbeite einfach mit den Leuten. Zum Beispiel plane ich mit ihnen, einige Experimente durchzuführen; gewöhnlich betrifft das ein Problem, das aus einer vorausgegangenen Untersuchung entstanden, aber noch nicht gelöst worden war. Während der Experimente betrachten wir gemeinsam die Resultate und sprechen über die Literatur. Wir versuchen die Resultate zu interpretieren, drehen und wenden sie, um die dahinterstehende Bedeutung zu ergründen — „Bedeutet dieses seltsame Phänomen etwas, oder ist es unbedeutend und entstand nur, weil das Experiment Fehler aufwies?" Auf diese Weise kann ein wissenschaftlicher Mitarbeiter einen Einblick in persönliche Intuitionen, Vorgefühle und ein Gespür für das, was wichtig ist — obwohl es unwichtig erscheint — erhalten, Dinge, die man irgendwie einmal gelernt hat und die weiterzugeben große Freude bereitet. Und dann finden wir natürlich stets neue Phänomene, wenn wir versuchen, ein Problem zu lösen; die werfen wieder neue Probleme auf, die wir daraufhin lösen möchten usw.

Wissenschaft ist eine Kunst. Sie ist eine Kunst, weil sie auf diese seltsame Weise erlernt werden muß. Sie ist eine gewisse Art Dinge anzusehen, sie zu durchschauen, eine Art Vorstellungskraft. Man braucht schöpferische Phantasie. In dieser Art Gemeinschaft in einem Laboratorium liegt eine der befriedigendsten Erfahrungen im menschlichen Leben, die große Freude am Austausch von Ideen. Es kann jedoch zeitweise sehr hart zugehen. Sie kämpfen um Sinn und Ideen — aber das ist keineswegs eine einseitige Handlung. Ich kann lernen, und in den letzten Jahren habe ich eine Menge von meinen jungen Kollegen — wie Sie sie wohl nennen würden — gelernt. Ich hatte Unrecht bei meinen Erklärungen und erkannte schließlich, daß ich falsch lag. So etwa läuft die Sache. Manchmal haben aber auch sie unrecht! Ich würde schreckliche Minderwertigkeitskomplexe entwickeln, hätte ich immer unrecht! Es ist dieser Vorwärts- und Rückwärts-Disput, der das Herz der Wissenschaft bildet, und Sie können auf diese Weise einen Wissenschaftler erschaffen. Es gibt Ausnahmen wie RAMÓN Y CAJAL, der sich selbst erschaffte, aber das verlangt selbst von außergewöhnlichen Leuten viel zu viel.

Sie führen Experimente durch und wissen aus Erfahrung, was Sie ungefähr erwarten können. Und manchmal werden Ihre Erwartungen erfüllt. Normalerweise aber schleicht sich etwas ein, ein beunruhigendes Phänomen, und eine Zeitlang beachten Sie es nicht. Sie versuchen sogar wegzuschauen, wenn es auftaucht. Aber es kommt immer und immer wieder, so daß Sie schließlich erkennen, daß da „die Natur versucht, mir etwas zu sagen". Das ist im Grunde die Art, in der ich meine Entdeckungen gemacht habe. Sie entstanden aus unerwarteten Happenings, auf die ich mich erst einstimmen mußte, bevor ich hörte, was die Natur mir sagen wollte. Die guten Forscher und die guten Studenten können die Bedeutung des Unerwarteten erkennen und schätzen. Die, die man entmutigen muß und denen man sagen muß, sie sollten sich praktischen Dingen zuwenden, sind die, die — nach dem Ausgang eines Experiments gefragt — sagen, daß sie schrecklich enttäuscht seien, weil das, was man ihnen vorausgesagt hatte, nicht eingetroffen sei. Sie hatten nicht erkannt, daß man aufmerken muß, sobald man etwas Unerwartetem begegnet. Und das muß ein guter Wissenschaftler eben lernen. Das ist das, was er in einer guten Umgebung lernen sollte.

Aber nach vielen Erfahrungen muß ich eingestehen, daß noch eine Widernatürlichkeit in einigen Studenten zu finden ist, die meine Meinung über sie als potentielle Wissenschaftler negativ beeinflußt. Wie man aus harter Erfahrung lernt, braucht es Weisheit und Urteilskraft in den zwischenmenschlichen Beziehungen, die für die Formung eines guten Wissenschaftlers so wichtig sind. Es ist gut, wenn man von Ambitionen geleitet wird, aber die, die von ihren Ambitionen dominiert werden, werden zu unmöglichen Kollegen, deren wissenschaftliche Integrität sogar leiden kann. Die offensichtlich Ehrgeizigen irritieren durch ihre arrogante Haltung und Zurschaustellung.

5. Und nun kommt die letzte Stufe, die dazu führt, ein Abenteuer anzuführen und Schüler bei diesem Unternehmen zu haben. Nach zwei bis drei Jahren „postdoctoraler" Erfahrung, während der sie unter guten Bedingungen gearbeitet haben, können einige junge Wissenschaftler auf eigene Faust weiterarbeiten und Erfolge haben. Es macht viel Mut, wenn man sieht, daß die eigenen wissenschaftlichen Mitarbeiter sich derart von Stufe zu Stufe weiterentwickeln und bemerkenswerte Entdeckungen machen. Ich hatte in Canberra Dr. MASAO ITO bei mir, der nach Tokio zurückging, um seine eigene Forschungsgruppe aufzubauen. Sie führte Experimente an Kleinhirnbahnen durch, die zu Schlußfolgerungen führten, die ich kaum glauben konnte, als ich sie zum ersten Mal hörte. Sie waren so originell, daß ich sie zuerst ablehnte. Aber schließlich mußte ich einsehen, daß es sich um eine wirklich grundlegende Entdeckung handelte, daß nämlich die gesamte Leistung der Kleinhirnrinde inhibitorischer Natur war. Ich betrachte es als großen Erfolg, wenn die eigenen Schüler zu solch einer erstaunlichen wissenschaftlichen Leistung aufsteigen.

3. Die Disziplin Wissenschaft

Nun muß ich erklären, was Wissenschaft ist. Bisher habe ich versucht, Ihnen ein Gefühl für die Freiheit zu geben, in der ein Wissenschaftler „geschaffen" wird. Es handelt sich weder um eine dogmatische noch um eine autoritäre Gesellschaft. Es ist eine freie Gesellschaft von Menschen, die ins Unbekannte vorstoßen. Mit Sir KARL POPPER (1959, 1962) kann ich sagen, daß das, was wir in der Wissenschaft tun, hauptsächlich daraus besteht, daß wir Ideen und Vorahnungen haben, die weit über das hinausgehen, was schon als Resultat experimenteller Untersuchungen bekannt ist. Diese Ideen oder Hypothesen sind Herausforderungen, die als Voraussagen formuliert werden und experimenteller Prüfung fähig sind. Wissenschaftliche Hypothesen sollten so eng definiert sein, daß sie einen Angriff herausfordern. Eines der besten Komplimente, das Ihnen gemacht werden kann, ist, daß jemand Tage oder sogar Jahre damit verbringt, eine Hypothese, die Sie aufgestellt haben, zu stürzen. Sie haben die anderen herausgefordert und die anderen haben Sie eventuell widerlegt — aber das ist eben Wissenschaft. Es ist ein wissenschaftlicher Erfolg, eine gute Theorie widerlegt zu haben. Die Wissenschaft macht auf diese Weise Fortschritte, wobei Hypothesen durch strenge Prüfungen verbessert und geklärt werden. Als Resultat kann gesagt werden, daß eine Hypothese erhärtet wurde, aber es sollte nie gesagt werden, daß sie wahr sei. Die letzte Wahrheit liegt noch jenseits dieser Grenze. Heutzutage kann von keiner wissenschaftlichen Hypothese oder Theorie gesagt werden, daß sie in sich selbst vollkommen wahr sei. Wir müssen sagen, daß das das Beste sei, was wir tun konnten. Ein Beispiel dafür bietet die Newtonsche Mechaniklehre, die mehr als 200 Jahre lang als die letzte Wahrheit betrachtet wurde und die jetzt, wie Sie wissen, nicht mehr bedeutet, als eine gute Annäherung. Das gleiche wird mit all unseren heutigen Theorien geschehen. Einige von uns Wissenschaftlern haben dieser Tatsache gegenüber eine sehr weise Haltung angenommen; Nicht-Wissenschaftler verstehen das gar nicht. Sie glauben, Wissenschaft bringe Wahrheit und das ist ihrer Meinung nach die große Tugend der Wissenschaft. Heutzutage glauben das auch die meisten Wissenschaftler. Das ist das Schlimme. Sie glauben an eine falsche Philosophie, weil sie in der Theorie falsch erzogen wurden. Solange sie in der wissenschaftlichen „Praxis" richtig erzogen werden, schaffen sie es recht gut. Sie tun alles richtig, aber sie mißverstehen das Wesentliche an der wissenschaftlichen Forschung. Sie glauben wie BACON, daß Wissenschaft in der Beobachtung der Natur bestehe und wenn sie genug dieser Beobachtungen haben, dann gewinnen sie daraus die reine destillierte Wahrheit. Man sammelt eine Menge Trauben in ein Faß, dann setzt man sich darauf und heraus kommt der Wein der Wahrheit.

Es gibt viele andere seltsame Ansichten im Zusammenhang mit dieser sogenannten induktiven Theorie der Wissenschaft. Sie ist falsch. Sie führen sich selbst in die Irre, wenn Sie glauben, daß reine Beobachtungen irgendwelche wissenschaftliche Bedeutung haben. Was Sie tatsächlich beobachten sind reine Vorfälle, denn Sie wissen ungefähr, worauf Sie zu achten haben. Sie können nicht nur auf irgendetwas achten. Ich kann in diesem Raum Millionen von Beobachtungen machen, aber sie haben absolut keinen wissenschaftlichen Wert. Ein Wissenschaftler macht nicht nur Beobachtungen innerhalb des bestimmten Rahmens einer Theorie, die ihm hochspezifische Information darüber gibt, wonach er sucht. Es ist ebenfalls falsch, zu glauben, daß die Natur nicht lügen kann und daß wenn Sie unvoreingenommen darauf hören was die Natur Ihnen als Antwort auf ihre suchenden Experimente erzählt, Sie das nur aufzuschreiben brauchen, um eine Wahrheit gefunden zu haben. Der Kern der Frage ist, daß die Natur Ihnen nur sehr verworrene Geschichten erzählen würde — absolut nichts Wissenschaftliches, nur Myriaden von Happenings. Ein Wissenschaftler muß statt dessen aus seinen Hypothesen spezifische experimentelle Situationen entwickeln, durch die diese Hypothesen entscheidenden Prüfungen unterzogen werden können. Durch gut geplante und gut durchgeführte Experimente stellt er sorgfältig ausgewählte Fragen an die Natur und entdeckt, wie seine Hypothesen experimentelle Nachprüfungen überstehen. Das ist die Art, in der wissenschaftliche Untersuchungen durchgeführt werden. Im Gegensatz dazu sind viele der sogenannten wissenschaftlichen Veröffentlichungen nur eine Anhäufung von Beobachtungen, die oft mit den kompliziertesten und teuersten Geräten gemacht wurden, denen aber jede wissenschaftliche Bedeutung zu fehlen scheint.

Es ist wichtig, daß man sich bewußt ist, daß Spannungen zwischen Neuerungen und der Orthodoxie des Establishments unumgänglich sind. Ein Wissenschaftler muß ein Erneuerer sein. Ich erwähnte bereits MASAO ITO, der etwas ganz Unerwartetes, Fundamentales und Neues entdeckte, und meine Reaktion war sofort, es abzulehnen und zu sagen, daß etwas an seinen Zeitmessungen falsch sei oder daß seine Elektroden nicht anständig funktionierten oder sonst irgend etwas, denn ich gehörte offensichtlich zum Establishment. Trotzdem anerkannte ich schließlich seine Entdeckung. In der Wissenschaft gibt es immer das Establishment, zu dem die gehören, die orthodoxe Ansichten vertreten und auf der anderen Seite die Erneuerer, die Leute, die Entdeckungen machen. Eine sehr große Zahl der Ansprüche auf Entdeckungen durch Erneuerer sind natürlich falsch.

Wie schaffen wir es dann, Fortschritte in der Wissenschaft zu machen? Nun, Sie als Wissenschaftler machen ein paar Experimente und kommen dadurch zu Resultaten. Sie schreiben einen Bericht über Ihre Fragestellung, Ihre Resultate und eine Diskussion der Resultate. Sie schicken Ihre Arbeit an eine wissenschaftliche Zeitschrift oder evtl. könnten Sie ein Buch publizieren wollen. Der normale Weg ist, daß Sie durch die Tretmühle gehen, die das Einreichen einer Arbeit bei einer wissenschaftlichen Zeitschrift darstellt. Die Zeitschrift hat Redakteure. Ich bin Redakteur zweier Zeitschriften und beratender Redakteur vieler anderer und werde daher of gebeten, Arbeiten zu begutachten. Unsere Aufgabe ist es, die Arbeit zu kritisieren und zu bewerten und auch Änderungsvorschläge zu machen, damit das Manuskript für die Veröffentlichung angenommen wird. Wenn Sie es nicht schaffen, mit Ihrer Arbeit an den Gutachtern einer Zeitschrift vorbeizukommen — und ich habe sogar jetzt noch Schwierigkeiten, manche meiner Arbeiten durchzubekommen —, dann können Sie es bei einer anderen Zeitschrift probieren. Es gibt nicht nur eine Zeitschrift mit einer „Gruppe" von Redakteuren, es gibt viele Zeitschriften, und Sie können Ihre Arbeit überall anbieten — solange Sie nicht die gleiche Arbeit zwei verschiedenen Zeitschriften anbieten. Sie können sie alle der Reihe nach ausprobieren, so lange, bis eine die Arbeit annimmt, und soweit ich es sehe, wird alles irgendwann einmal gedruckt. Oft müssen Arbeiten abgeändert werden und normalerweise machen die Begutachter gute Änderungsvorschläge.

Wenn die Arbeit einmal gedruckt ist, ist die nächste Stufe, die der Wissenschaftler überstehen muß, daß sie gelesen wird und zwar manchmal von Experten auf seinem Gebiet. Ist man ein Experte auf diesem Gebiet, so schaut man sie erst ziemlich oberflächlich durch, um zu sehen, ob sie lesenswert ist und wieviel Zeit man darauf verwenden will. Manchmal liest man sie mehrmals, macht ausführliche Anmerkungen am Rand, und manchmal verschwindet sie sofort wieder — sowohl aus dem Sinn wie aus der Literatur. Gewisse Arbeiten haben eine extrem kurze „Halbwertszeit". Ich habe gehört, daß in Amerika eine Organisation existiert, die für die Präsidenten der Universitäten und ähnliche Persönlichkeiten Untersuchungen über jeden Autoren durchführen kann, um herauszufinden, wie schnell seine Arbeit aus der zitierten Literatur verschwindet. Manchmal ist das unglaublich aufschlußreich. Die Untersuchung wird mit Hilfe eines Computers innerhalb ungefähr eines Tages gemacht und für einen bestimmten Betrag bekommt man die Antwort für alle Kandidaten, die sich um eine Stelle bewerben. Oft werden wissenschaftliche Resultate oder Hypothesen vor oder während der Publikation mündlich bei irgendeiner wissenschaftlichen Tagung präsentiert, wo der Autor Gelegenheit hat, sich gegen Kritik zu verteidigen und seine Resultate zu erklären.

Die nächste Stufe mag noch beachtlicher sein. Sie könnten es erleben, daß andere Leute Ihre Arbeit nicht nur zitieren, sondern sie als Grundlage für ihre eigenen Experimente benutzen, oder sie mögen sogar Lehrbücher oder Monographien schreiben, in denen Ihre Arbeit eine Schlüsselstellung einnimmt. Das ist der größte Erfolg. Lassen Sie sich davon aber nicht täuschen. Ihre Arbeit kann immer noch falsch sein und ist wahrscheinlich tatsächlich zumindest teilweise falsch. Es braucht mehr Zeit, etwas aus Lehrbüchern zu entfernen, als dazu gebraucht wurde, etwas in ein Lehrbuch hineinzubekommen. Aber selbst nach diesem Erfolgsstadium kann Ihre Arbeit noch angegriffen werden — was entweder direkt durch neue experimentelle Entwicklungen geschehen kann, oder es kann geschehen, daß man herausfindet, daß Ihre Arbeit vollkommen im Widerspruch zu anderen Untersuchungen steht. Und auf diese Weise entwickelt sich der wissenschaftliche Fortschritt weiter — ein Zusammenspiel von Ideen und Widerlegungen, wie Sir KARL POPPER (1962) es beschrieben hat.

Wenn Ihre Arbeit von einer wissenschaftlichen Zeitschrift abgelehnt wurde, brauchen Sie den Mut nicht gänzlich zu verlieren. Der bekannte Wissenschaftler und Philosoph MICHAEL POLANYI (1967c) hat eine strenge redaktionelle Haltung vorgeschlagen, aufgrund der alle Arbeiten abgelehnt werden sollen, die im Lichte des gegenwärtigen wissenschaftlichen Glaubens nicht assimilierbar seien, sonst würden die, die wichtig aussehen, die, die so aussehen, als entwickelten sie sich in der richtigen Richtung, durch die ungeheure Zahl irreführender Arbeiten, die die Zeitschriften füllen, erdrückt. Er zitiert seinen eigenen Fall. Vor vielen Jahren, als er noch ein junger Wissenschaftler war, wurde seine Arbeit über die „Absorption von Gasen an festen Oberflächen" von den Redakteuren einer Zeitschrift abgelehnt. Obwohl diese Arbeit nie veröffentlicht wurde, war sie doch irgendwo dokumentiert, und 30 Jahre später fand man, daß sie richtig war. Sie war ihrer Zeit weit voraus gewesen, beschrieb eine neue und unerwartete Entwicklung und war in der Folge vom Establishment abgelehnt worden. Ich habe gehört, wie POLANYI den Fall zitierte und die Redakteure verteidigte, die seine Arbeit vor 40 Jahren abgelehnt hatten, weil sie ihnen nicht annehmbar schien. Das ist ein Beispiel für die vorurteilsfreie und tolerante Haltung, die Wissenschaftler gegenüber den Redakteuren wissenschaftlicher Zeitschriften haben sollten.

Ich finde, es ist sehr wichtig, daß wir die funktionellen Aspekte wissenschaftlicher Gesellschaften und Zeitschriften pflegen und schätzen. Es ist Tradition, daß die wissenschaftlichen Gesellschaften nicht die wissenschaftliche Freiheit ihrer Mitglieder einengen. Sie müssen sich bewußt sein, daß eine so hehre Körperschaft, wie die Royal Society of London nicht beurteilt, ob eine gewisse wissenschaftliche Aussage oder Hypothese falsch oder richtig ist. Das gleiche gilt für die National Academy of Science usw.

Wissenschaftliche Orthodoxie wird also nicht durch eine formale Körperschaft erhalten. Sie ist vielmehr in eigenartiger Weise von den informellen und häufig nicht organisierten Diskussionen zwischen kleinen Gruppen von Wissenschaftlern abhängig. Auf diese Weise bleibt die Wissenschaft am Leben. Wir plappern und klatschen unaufhörlich über diese oder jene wissenschaftliche Geschichte oder Wissenschaftler — der Dauerklatsch eines Labors. Labors sollten für genau diesen Zweck unterhalten werden, selbst wenn kein experimentelles Programm existiert! Einmal nahm ich eine Veröffentlichung mit in mein Labor und sagte: „Hier ist eine Publikation aus dem Gebiet über das wir gerade arbeiten. Diese Arbeit hätte schon im letzten Jahrhundert gemacht worden sein können und selbst dann wäre sie nicht allzugut gewesen." Auf diese Weise bringen sie Ihren Doktoranden das Gefühl für Niveau bei, indem Sie ihnen nicht nur gute Dinge zeigen, was ich regelmäßig tue, sondern auch schlechte, und indem Sie ihnen zeigen, wie Sie wissenschaftliche Beiträge experimentell und theoretisch einschätzen. Nach dieser Stufe allgemeiner Erfahrung müssen Sie in wissenschaftliche Diskussionen eingeführt werden, die recht gnadenlos und bohrend sein können. Wissenschaftliche Konferenzen sind oft sehr wertvoll, wegen der Gelegenheit, die sie für freie informelle Diskussionen zwischen oder sogar während der einzelnen Programmpunkte bieten, denn abgesehen von sehr kleinen und spezialisierten Symposien, wird der Absentismus häufig praktiziert — häufig mit großem Vorteil! Unglücklicherweise sind die Programme meist übervoll, aber selbst dann bleibt Hoffnung, falls irgendwelche Russen eingeladen worden sind. Viele Konferenzen, die ich besucht habe, wurden durch die Löcher im Programm aufgelockert, die Dank der Tyrannei russischer Bürokraten, die gegen die Teilnahme russischer Wissenschaftler ihr Veto eingelegt hatten, entstanden waren.

Wissenschaftler können in ihrer gegenseitigen Kritik sehr hart sein, aber sie machen das natürlich auch durch Großzügigkeit und Bewunderung wett. Das Niveau jeder Leistung wird beurteilt und das Urteil mag oft unnachsichtig erscheinen. Es ist aber sehr selten, daß der Vorwurf erhoben wird, daß ein Wissenschaftler nicht integer sei. Kritik wird nicht auf diese Weise geübt. Es wird eher gesagt, daß er fehlgeht und falsche oder sogar völlig wertlose Vorstellungen habe.

4. Freiheit und Wissenschaft

Nun komme ich zum Thema Freiheit. Ich habe über Wissenschaft gesprochen und in welcher Atmosphäre sie sich abspielt; jetzt frage ich: wie gehört die Freiheit in diese Geschichte? Warum ist Freiheit, so wie wir sie definieren, so notwendig? Ihre Notwendigkeit entsteht aus der Spannung zwischen den beiden verschiedenen Themen der Wissenschaft. Auf der einen Seite ist die Freiheit zu ideologischen und ideenreichen Abenteuern, die die Gelegenheit bieten, neue Einsichten für das Verstehen der Natur zu gewinnen. Alle Wissenschaftler, abgesehen von denen, die durch ihre politischen Meister konditioniert wurden, werden glauben, daß dazu Freiheit notwendig ist. Es darf keinen erzwungenen Dogmatismus darüber geben, was in der Wissenschaft gesagt oder getan werden darf, wie es z. B. Galilei passierte. Auf der anderen Seite habe ich auf die kritische und sogar reaktionäre Aktivität hingewiesen, die der allgemeinen Macht entspricht, wie sie von der wissenschaftlichen Gesellschaft mit ihren wissenschaftlichen Vereinigungen und informellen Gruppen ausgeübt wird. Sie fungieren als Schiedsrichter, sind aber weder eigentlich noch absichtlich für diesen Zweck gegründet worden. Da ist die immerwährende Diskussion und Kritik zwischen und von Wissenschaftlern, wann immer sie sich treffen. Es ist die Spannung zwischen diesen beiden entgegengesetzten Polen wissenschaftlicher Aktivität, die Freiheit zum Abenteuer auf der einen Seite und auf der anderen Seite kritische Zurückhaltung und sogar Unterdrückkung, die der Wissenschaft zu ihrer erstaunlichen Stärke und zu ihrem Erfolg verhilft. Sir KARL POPPER (1962) benutzt die Worte „Hypothesen" und „Widerlegung" für diese beiden entgegengesetzten Pole (vgl. Kapitel VII). Sehr selten überlebt irgend etwas Falsches für längere Zeit. Wissenschaftler mögen falsche Hypothesen entwikkeln und aussprechen, aber die experimentelle Widerlegung wird schnell die Oberhand gewinnen.

In der letzten Zeit hat sich die Wissenschaft nicht sehr weit auf Nebengleise verirrt, jedenfalls nicht die hauptsächlichsten Zweige. Wenn Sie eine Alternative möchten, können Sie sich die von LYSENKO in Rußland betriebene Genetik vorstellen. Ich will keine beschränkten Untersuchungen im Namen der Wissenschaft vorschlagen. Ich stelle mir die Wissenschaft gern als einen großen Garten voll wunderbarer Pflanzen vor, der aber immer durch das gleichzeitige Wachsen von Unkraut bedroht ist. Durch die Kritik bei Konferenzen und durch die Begutachtung für Zeitschriften können die meisten Unkräuter entweder entfernt oder an der Ausbreitung gehindert werden. Aber gleichzeitig bedarf es einer gewissen Weisheit und Einsicht, so daß seltsame, neue, fruchtstrotzende Pflanzen gehegt und nicht etwa ausgerupft werden, solange sie noch unreif und somit schwer erkennbar sind. Wenn ein Wissenschaftler eine wunderbare neue Pflanze züchten kann, die sich schließlich in herrlich vollblühender Weise weiterentwickelt, dann bringt ihm das natürlich die höchste Anerkennung der wissenschaftlichen Gemeinschaft ein.

Ich glaube, die Rückversicherung gegen willkürliche Handlungen ist vorhanden, da in einer freien Gesellschaft die wissenschaftliche Gemeinschaft nicht als einzelne dogmatische Autorität handelt. Es gibt statt dessen viele Autoritäten, die oft verschiedene und sogar entgegengesetzte Ansichten vertreten. Es wird viele Fehler geben, aber gewöhnlich werden sie für das Individuum nicht verhängnisvoll sein. Auf den meisten Gebieten gibt es keinen strengen Dogmatismus. So ist die Freiheit wissenschaftlicher Entdeckungen ziemlich adäquat geschützt. In den freien Ländern des Westens existiert gleichzeitig die Freiheit, von einem Land zum andern zu reisen, um Konferenzen zu besuchen oder um etwas hinzuzulernen. Durch großzügige finanzielle Unterstützung wird das in jeder Weise gefördert.

Wenn unser imaginärer junger Wissenschaftler Ideen hat, die nicht zu denen seines Professors passen, dann hat er die Freiheit, an einem anderen Platz zu arbeiten, wo die wissenschaftlichen Ideen mehr im Gleichklang mit seinen eigenen stehen. Er kann weggehen, weil er die Freiheit hat zu reisen — was sehr wichtig ist — und weil es immer Arbeitsplätze für begeisterte Wissenschaftler gibt. Das ist der Grund, weshalb eine freie Gesellschaft so wichtig ist. Selbst innerhalb der meisten Laboratorien gibt es genügend Platz für unterschiedliche Meinungen und sogar großzügige Toleranz für andere Ansichten.

Die Freiheit, überallhin reisen zu dürfen, gibt es in der Sowjetunion nicht, wo nur die „sichersten" Leute die Erlaubnis bekommen, das Land zu verlassen, besonders wenn es sich um eine frühe Ausbildungsperiode handelt. Dort arbeitet die Jugend gewöhnlich wo man sie hinschickt und unter dem Lehrer, dem man sie unterstellt. Ihr Schicksal ist es, mit Experimenten fortzufahren, die die orthodoxen Ansichten ihres Meisters bestätigen. Es ist mitleiderregend, den wissenschaftlichen Vorträgen dieser unglücklichen Menschen beizuwohnen, junge und kluge Menschen, die unter diesem System arbeiten. Rußland ist das reaktionärste Land in der Welt und der Kreml hat eine Macht, die in der freien Welt unglaublich erscheint. In den sogenannten Satellitenstaaten, die eigentlich Kolonien des russischen Reichs sind, herrscht sehr viel mehr Freiheit. Ein junger Wissenschaftler aus einem Satellitenstaat hat vor ein paar Jahren bei mir gearbeitet. Er schätzte unsere freie Gesellschaft sehr und nach einigen Monaten der Beobachtung sagte er: „Ich glaube, ich kenne nun den Unterschied zwischen östlicher und westlicher Physiologie. Im Osten wurde mir beigebracht, daß man Ideen haben müsse, die orthodox und offiziell sein müßten, und dann habe man Experimente zu machen, um diese Ideen zu bekräftigen und zu beweisen. Hier finde ich nun, was Sie zuerst tun: zuerst scheinen Sie ein paar allgemeine Ideen zu haben, die zu Experimenten führen, dann versuchen Sie darauf zu hören, was die Natur versucht Ihnen zu erzählen, so daß Sie bessere Ideen entwickeln können." Das ist natürlich das, was die Wissenschaft im Grunde auszeichnet.

Nun komme ich auf die Frage zurück, die ich schon zu Beginn stellte. Wie kommt es, daß einige Länder so große Erfolge in der Wissenschaft haben? Wenn Sie gestatten, dann nehmen wir als Kriterium für die Wissenschaft die Nobelpreisverteilungen. Die Schwedische Akademie der Wissenschaften und die Medizinische Fakultät des Karolinska Institutes, die den Preis vergeben, sind wohlvertraut mit der Wissenschaft und ihrem Unterschied zur Technik. Sie vergeben den Preis fast ausschließlich für wissenschaftliche Leistungen. Im Dezember 1967, als Großbritannien sich in einer politischen und wirtschaftlichen Krise befand und jedermann höhnisch über den Zerfall Großbritanniens sprach, machte Sir PATRICK BLACKETT, Präsident der Royal Society in seiner Jahresansprache (1968) einige erstaunliche Aussagen, die auf Arithmetik basierten. Er addierte die Zahl der Nobelpreise, die in der Nachkriegszeit vergeben worden waren und fand, daß die Vereinigten Staaten die meisten erhalten hatten. Sie hatten 54; aber es war verblüffend, daß Großbritannien, das nur ein Viertel der Bevölkerung aufwies, 24 erhalten hatte. Gleichzeitig hatten die EG-Länder Deutschland, Frankreich, Italien und die Benelux-Staaten, denen es ökonomisch sehr gut ging, nur 15 Nobelpreise gewonnen. Sowjetrußland hatte nur 7, wovon keiner für Biologie und Medizin verliehen worden war.

Die sowjetische Biologie ist wirklich sehr arm dran. Um ein Beispiel aus der Neurophysiologie zu geben: vor ungefähr fünf Jahren schrieb ich ein Buch. Unter den mehr als 1000 Literaturangaben fanden sich nur zwei russische! In meinen beiden neueren Büchern sind gar keine mehr vorhanden! Es finden sich allerdings sehr viele Referenzen, die sich auf Arbeiten aus den sogenannten Satellitenstaaten beziehen, wo noch ein gewisses Maß an Freiheit herrscht, trotz aller Versuche Rußlands, sie zu unterdrücken. Ich habe erst kürzlich mehrere Experten aus meinem Gebiet gefragt, wieviele russische Referenzen sie in eine Monographie aufnehmen würden, und sie sagten gewöhnlich: keine. Ich habe außerdem gezählt, wie oft russische Arbeiten in der neueren Literatur zitiert wurden. In der internationalen Zeitschrift "Experimental Brain Research", die in Deutschland erscheint, wurden 1968 bei einer Gesamtzahl von über 1800 Referenzen nur sieben russische Arbeiten zitiert. Im internationalen "Journal of Neurophysiology", das in den USA erscheint, waren 1968 nur sechs russische Arbeiten bei einer Gesamtzahl von 2218 Zitaten vertreten. Das ist die Art Wissenschaft, über die einige politische Führer sprechen! Wir verstehen das Leistungsniveau nicht. Man hat mir gesagt, daß einige Aspekte der russischen Physik und Mathematik viel besser seien. Auf diesen Gebieten haben die Wissenschaftler es geschafft, sich bis zu einem gewissen Grad von den ideologischen Zwangsjacken zu befreien.

Ein anderes Land, das im Krieg sehr litt, ist Japan. Der Erholungsprozeß war erstaunlich. In meinem 1964 erschienenen Buch fanden sich 47 Zitate japanischer Arbeiten, und viele Abbildungen kamen aus der japanischen Wissenschaft. Bei einem anderen Buch (ECCLES, 1967) waren ein Japaner und ein Ungar meine Ko-Autoren.

Nun, warum ist Großbritannien so gut in der Wissenschaft? Ich glaube, es hat die richtigen Vorstellungen über Wissenschaft. Sie werden bemerken, daß ich Großbritannien sehr bewundere und ich bin glücklich, das in Ontario sagen zu dürfen! Wenn Sie die "British Physiological Society" besucht haben, werden Sie wissen, wie eine wissenschaftliche Vereinigung sein kann. Sie müssen dieser Vereinigung angehören, die Konferenzen sehen, die Diskussionen hören, die Freundlichkeit, die Kritik erfahren und die ganze Atmosphäre erleben; und dann werden Sie erkennen, daß dort ausgezeichnete Ausbildungsmöglichkeiten für Wissenschaftler vorhanden sind. Das gleiche gilt für die Chemical Society. Gemessen an Nobelpreisen hat die britische Leistung in Chemie in der Welt einen der ersten Plätze. Zum Beispiel hat sie zur Zeit den zweiten Platz, gemessen an der Zahl der Nobelpreise für Chemie — 17 gegen die 22 Deutschlands und 16 der USA. Diese Zahlen geben ein gutes Beispiel für das hohe Niveau britischer Wissenschaft. Die Briten sind nicht halb so erfolgreich in der Anwendung ihrer Technologie — das ist das Problem. Sir PATRICK BLACKETT wies jedoch darauf hin, daß Großbritannien trotz seiner relativ schlechten ökonomischen Lage mehr für Forschung und Entwicklung ausgäbe als die EG-Länder, so daß er mit großem Vertrauen die Erholung Großbritanniens voraussagte.

Wo sklavisches Kopieren der Meister, die das Establishment unter Kontrolle halten, vorherrscht, dort welkt die Wissenschaft und vergeht, wie es oft in der Vergangenheit vorkam und wie es heutzutage der Biologie in Rußland ergeht. Ich sage nicht, daß die Russen weniger intelligent sind oder die kleinere Fähigkeit zum Wissenschaftler besäßen. In der Zarenzeit waren sie sehr gut und führten auf vielen Gebieten der Biologie, wofür PAWLOW ein bemerkenswertes Beispiel ist. All seine wichtigen Arbeiten wurden in der Zarenzeit durchgeführt. In der letzten Zeit hatten sie keinen Erfolg, weil sie das Lysenkosche Establishment hatten, und sie haben außerdem noch das Establishment des Pawlowschen Geistes, das große Teile der Physiologie beherrscht und fast bestimmt, was getan werden muß. Sie haben extrem gute Leistungen in einigen Zweigen der Technik vollbracht, weil die Diktatoren die Richtung bestimmen und Geld und praktisches Prestige in diese Probleme leiten können. Soweit ich informiert bin, werden in China keine wissenschaftlichen Leistungen vollbracht — außer auf einigen spezialisierten Gebieten — und es gibt auch keinen kreativen Scharfblick. Sie brauchen nur an GEORGE ORWELLs (1949) prophetisches Buch „1984" zu denken, und Sie werden sehen, wie die Wahrheit durch Doppeldenken in den Staaten leiden kann, die ihre Integrität verloren haben und die an der absichtlichen Verbreitung von Lügen teilnehmen, indem sie die „Wahrheit" fabrizieren. Sie finden ein Beispiel für grausame Repression in der kürzlich in Moskau erfolgten Verurteilung von fünf Leuten für eine sehr harmlose Demonstration auf dem Roten Platz. Es gibt natürlich heimliche Eingeständnisse von Unzufriedenheit mit der Tyrannei und die Verteidigung der Freiheit durch Schriftsteller und Wissenschaftler in Rußland, wie z. B. SOLSCHENYZIN und SACHAROW, aber SACHAROWs Schriften dürfen in Rußland nicht veröffentlicht werden. Sie zirkulieren heimlich als Manuskript und werden offiziell stark angegriffen. Diese absurde Situation erwächst in Rußland sehr oft. Schriften sind nur durch die Kritik bekannt, der sie offiziell ausgesetzt sind.

Nun komme ich zum Schluß meines Vortrages. Am 25.8.1968 traf ich auf dem "24th Congress of Physiological Sciences" in Washington einige tschechoslowakische Wissenschaftler und hörte von ihnen aus persönlicher Erfahrung, was für einen furchtbaren Schlag ihr Land durch die fünf Tage früher erfolgte russische Invasion erlitten hatte. Seit Januar hatten sie in Freiheit gelebt, nachdem sie zwanzig Jahre lang durch ihre stalinistischen Herren unterdrückt worden waren. Es ist nämlich so, daß man Freiheit nicht richtig schätzt, bis man sie verloren hat. Das war die große erleuchtende Erfahrung, die sie gemacht hatten. Sie sprachen mit großer Bewegung davon, daß sie geglaubt hätten, ein ewiger Frühling sei zu ihnen gekommen. Sie sagten: „In der Aufregung — ja, sogar im Rausch der neugefundenen Freiheit — glaubten wir, daß ein neues Leben in die kreative, die wissenschaftliche und die künstlerische Welt eingezogen sei. Dieses Leben strömte über in der schöpferischen Arbeit in der Tschechoslowakei in diesen wundervollen acht Monaten." Dann wurde es unterdrückt.

Dieses Beispiel aus der neueren tschechoslowakischen Geschichte betont die Notwendigkeit eines nicht endenwollenden Kampfes für die Freiheit, sonst wird unsere künftige Gesellschaft entmenschlicht und auf das Niveau eines Insektenstaates gebracht werden, wie es in ORWELLs „1984" gezeigt wird. Nicht nur Wissenschaft und Kunst werden aufhören zu existieren, sondern es wird in Vergessenheit geraten, daß sie je existiert haben. Dieser Kampf um die Freiheit, die Wahrheit sagen zu dürfen, wird heute in der Tschechoslowakei ausgefochten. JAN PALACHs selbstgewähltes Martyrium als menschliche Fackel zeigt die Zähigkeit und Intensität der Schlacht für die Freiheit gegen totalitäre Unterdrückung.

Als Schlußfolgerung möchte ich den berühmten Wissenschaftler-Philosophen zitieren, der viele Jahrzehnte lang in vorderster Front für Freiheit und Wissenschaft gekämpft hat. Es bedeutet mir ein großes Glück, daß ich versuchen durfte, viele seiner Ideen in diesem Vortrag weiterzureichen. Ich zitiere nun aus seinem Buch (M. POLANYI, 1964):

„Es gibt ein Kennzeichen, das für die Wissenschaft wesentlich zu sein scheint. Das ist Freiheit. Wenn die Art, in der die Wahrheit *in* der Wissenschaft gefunden wird, einen Anhalt dafür gibt, wie die Wahrheit *über* die Wissenschaft gefunden wird, dann muß die Gesellschaft, in der dieser Prozeß ordnungsgemäß ablaufen kann, auf Freiheit beruhen. Die Diskussion über Wissenschaft muß frei sein."

Dieses Zitat gibt Ihnen ein gewisses Gefühl über Wissenschaft und die Art Gesellschaft und die Art individueller Personen, die als Wissenschaftler benötigt werden. Ich glaube, daß die Vorstellungen über Wissenschaft und Wissenschaftler, die ich vorgelegt habe, mit dem Motto für die Dunning Trust Lectures übereinstimmen.

X. Gehirn und Seele[1]

1. Einleitung

„Jeder wache Tag ist eine Bühne, die im Guten oder Bösen in der Komödie, Farce oder Tragödie durch eine *dramatis persona*, das Selbst, dominiert wird. Und so wird es sein, bis der Vorhang fällt. Dieses Selbst ist eine Einheit. Die Kontinuität seiner Gegenwart in der Zeit, oft kaum durch Schlaf unterbrochen, seine nicht übertragbare ‚Innwendigkeit' (interiority) im (körperlichen) Raum, seine Festigkeit der Ansichten, die nur ihm selbst gehörenden Erfahrungen, sie alle verbinden sich, um ihm den Status einer einzigartigen Existenz zu geben ... Es betrachtet sich selbst als eins und wird von andern als eins betrachtet. Es wird als eins angeredet, durch einen Namen, auf den es reagiert. Gesetz und Staat betrachten es als eins. Es und sie identifizieren es mit einem Körper, den es und sie als seinen integrierenden Bestandteil betrachten. Kurz gesagt, unbestrittene und nicht bewiesene Überzeugung nimmt an, daß es eins wäre. Die Logik der Grammatik bekräftigt dies durch ein Fürwort in der Einzahl. All seine Verschiedenheiten fließen im Eins-sein zusammen" (SHERRINGTON, 1947).

Diese poetische und lebhafte Äußerung SHERRINGTONs bildet ein glückliches Eröffnungsthema für meinen Diskurs, der so sehr von seinem mutigen, aber erfolglosen Kampf, das Geheimnis des Menschen zu lösen, abhängt (Man on his Nature, SHERRINGTON, 1940). Das Wort „erfolglos" ist nicht als Kritik aufzufassen. Alle, die wir es auf uns nehmen, mit diesem schwersten aller Probleme zu ringen, können nicht erwarten, bei einem Unternehmen Erfolg

---

[1] Dies ist der Text der Foerster Lecture, die am 30. 4. 1969 auf dem Berkeley Campus der University of California gehalten wurde. Bedingt durch glückliche Umstände ist sie noch nicht publiziert worden. Um Wiederholungen einzelner Abschnitte aus früheren Kapiteln zu verringern, wurden ein paar Änderungen angebracht; man glaubte aber, daß die Entwicklung der Gedankengänge in der Vorlesung leiden könnte, wenn zu drastische Änderungen vorgenommen würden.

zu haben, das sich allen Philosophen und Wissenschaftlern von Aristoteles bis heute entzogen hat. Es sind allerdings bemerkenswerte Fortschritte in der Erforschung dieses riesigen und verblüffenden Problems gemacht worden. Durch unsere schnell größer werdenden Kenntnisse in der Wissenschaft, besonders der Biologie und Gehirnforschung, können wir voraussagen, daß die Probleme „gesehen werden können". Es gibt jedoch eine kernharte materialistische Orthodoxie, sowohl philosophisch als auch wissenschaftlich, die aufsteht, um ihre Dogmen mit einer Selbstgerechtigkeit zu verteidigen, wie man sie kaum in den vergangenen Tagen religiösen Dogmatismus gekannt hat. Ich z. B. ziehe viel Mut aus diesem zählebigen Widerstand. Es ist gut, wenn man fühlt, daß man gegen ein in Mißkredit stehendes Establishment kämpft. Aber natürlich bekomme ich noch mehr Mut durch die hervorragenden Wissenschaftler und Philosophen, von denen jeder auf seine Weise wagte, in dieses unendlich schwierige und gefährliche Gedankengebiet vorzustoßen. Ich beziehe mich z. B. auf Publikationen von EDDINGTON (1939), SCHRÖDINGER (1958), DE CHARDIN (1959), POLANYI (1958, 1966), HINSHELWOOD (1962), BELOFF (1962), THORPE (1962), WIGNER (1964, 1969), HARDY (1965), DOBZHANSKY (1967), ADLER (1967), POPPER (1968a, 1968b), JAKI (1969).

Mit POPPER (1968) kann ich sagen:

„Ich möchte jedoch ganz am Anfang bekennen, daß ich ein Realist bin. Ich schlage wie ein vielleicht etwas naiver Realist vor, daß es eine physische Welt gibt und eine Welt von Bewußtseinszuständen und daß diese beiden ineinandergreifen".

Mit WIGNER (1964) glaube ich außerdem:

„Es gibt zwei Arten von Realität oder Existenz: die Existenz meines Bewußtseins und die Realität oder Existenz von allem anderen. Die letztere Realität ist nicht absolut, sondern nur relativ ... abgesehen von unmittelbaren Gefühlen, und im allgemeinen Sinn, für den Inhalt meines Bewußtseins ist alles eine Konstruktion — nur sind einige Konstruktionen näher, andere weiter entfernt von direkten Gefühlen."

Ich habe mich lange mit einem Problem beschäftigt, das sehr kurz und bündig durch SCHRÖDINGER (1958) formuliert wurde, und das ich von jetzt ab SCHRÖDINGERs Problem nennen werde:

„Die Welt ist eine Konstruktion aus unseren Gefühlen, Wahrnehmungen, Erinnerungen. Es ist bequem, sie so zu betrachten, als existiere sie für sich selbst. Aber sie manifestiert sich sicher nicht durch ihre bloße Existenz. Ihre Äußerung ist durch sehr bestimmte Vorgänge bedingt, die in sehr bestimmten Teilen gerade dieser Welt ablaufen, nämlich durch gewisse Ereignisse, die im Gehirn ablaufen. Dies ist eine übermäßig seltsame Art von Folgerung, die die Frage aufwirft: welche bestimmten Eigenschaften zeichnen diese Gehirnprozesse aus und erlauben ihnen, diese Äußerung hervorzubringen?"

2. Der Neuronenmechanismus der Wahrnehmung

Lassen Sie mich die verschiedenen Niveaus der Realität mit Hilfe dessen, was wir über das Gehirn wissen, darstellen. Da findet man erstens diese seltsame anatomische Struktur im Kopf, die von den frühesten Zeiten her bekannt ist (Abb. 1, 30), und die doch fälschlicherweise von Aristoteles nur indirekt mit dem Geist in Verbindung gebracht wurde, den er wiederum im Herzen ansiedelte. Die Versuche, das Gehirn zu erforschen, waren in der Tat von ganzen Serien von Mißverständnissen umgeben, wenn man z. B. an die Deutung denkt, die den Ventrikeln und der in ihnen enthaltenen Flüssigkeit zugemessen wurde, oder an die Zirbeldrüse. Wie wir nun wissen, lag die organisierte Komplexität seiner Struktur außerhalb des Verstehens früherer Forscher, die in ihren selbstsicheren Anstrengungen, die Gehirnstruktur und -funktion zu beschreiben, außerordentlich naiv erscheinen. Jetzt, wo die Mikrostruktur durch verbesserte histologische Techniken, besonders die Silberfärbungen und Elektronenmikroskopie, bekannt wird, kann man sich ungefähr vorstellen, daß das Gehirn tatsächlich eine Struktur hat, die es dazu befähigt, das materielle Substrat aller intellektuellen Leistungen zu sein. Das ist natürlich noch lange nicht bewiesen, sondern bleibt unseren sehr beschränkten Beobachtungen vorbehalten, die durch eine fast zügellose Phantasie belebt werden!

Für unsere jetzigen Zwecke ist die wichtigste Gehirnstruktur die Großhirnrinde, die von der gefälteten Schicht dick gepackter Nervenzellen gebildet wird (Abb. 31 B), deren Zahl auf ca. 10 Milliarden geschätzt wird.

Nervenzellen sind individuelle lebende Einheiten; in Abb. 32A sind mehrere Arten abgebildet. Sie stehen miteinander durch spezifische Regionen engen Kontakts — Synapsen — in Verbindung (vgl. Kapitel II), die in Abb. 32C diagrammatisch abgebildet sind.

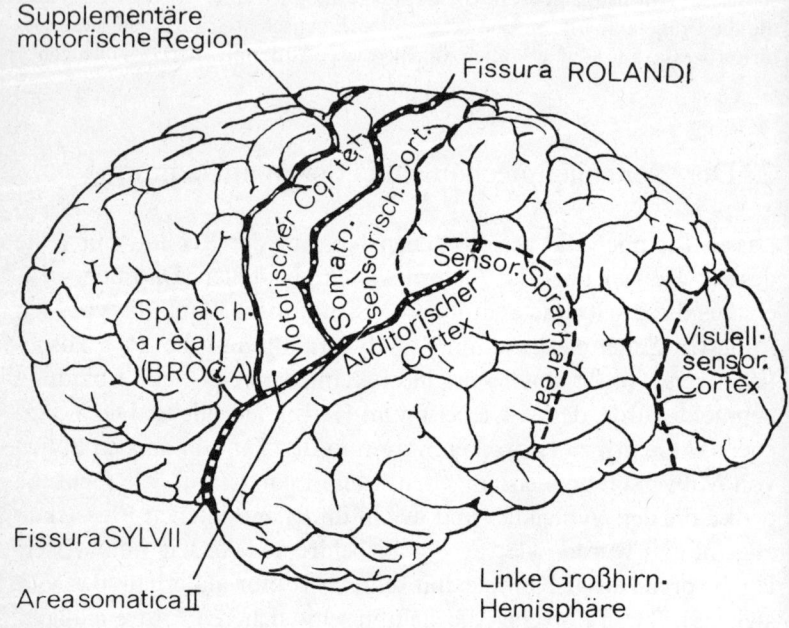

Abb. 30. Photographie der linken Seite des menschlichen Gehirns, mit Angabe der wichtigsten Merkmale (PENFIELD u. ROBERTS, 1959)

An jeder Nervenzelle findet man viele Tausende synaptischer Kontakte, die von Verzweigungen (Axone) anderer Nervenzellen ausgehen. Umgekehrt beeinflußt jede Nervenzelle viele Hunderte oder Tausende anderer Nervenzellen, wenn sie einen Impuls entlang ihrer eigenen efferenten Bahn (Axon) mit ihren zahllosen Verzweigungen abfeuert. Im ersteren Fall können wir die Hirnrinde als ein Neuronennetzwerk, ähnlich einer riesigen Telephonzentrale betrachten, die von all diesen Nervenzellen gebildet wird, deren jede von Hunderten anderer Nervenzellen empfängt (Konvergenz) und ihrerseits an Hunderte anderer Nervenzellen sendet (Divergenz). Versuchte man, ein geometrisches Diagramm einer solchen Struktur

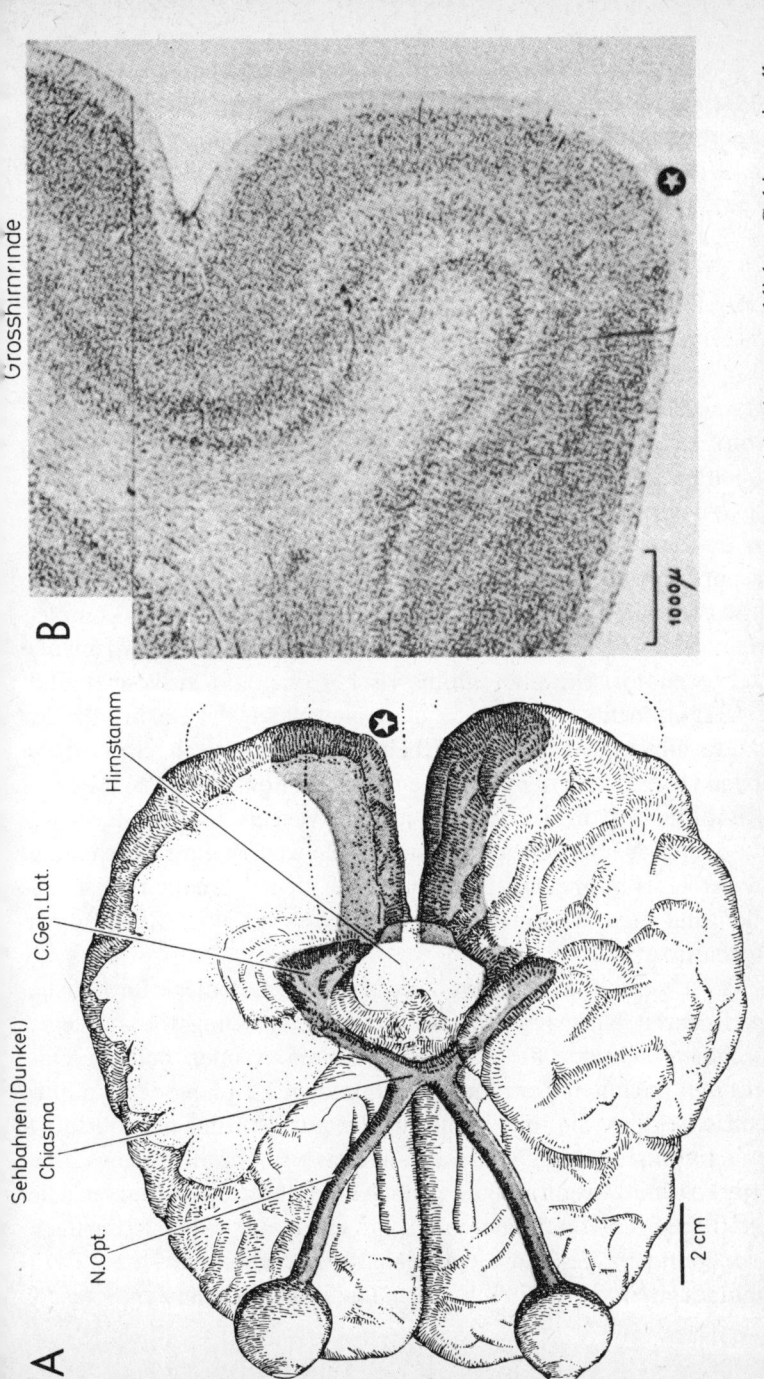

Abb. 31 A u. B. Neuronenstrukturen der visuellen Wahrnehmung. A Ventrale Ansicht des menschlichen Gehirns; visuelle Bahnen schattiert (HUBEL, 1963). B Vergrößerter Ausschnitt der menschlichen Sehrinde. Die weißen Sterne bezeichnen gleiche Teile der Hirnrinde (SHOLL, 1956)

anzufertigen, so könnte das nicht in der konventionellen zwei- oder dreidimensionalen Art geschehen, sondern in einer N-dimensionalen Weise, wobei N (die Zahl der Konvergenzen oder Divergenzen) die Größe von sogar mehreren Hundert haben könnte. Das ist als eine Herausforderung zur N-dimensionalen Geometrie gemeint (vgl. Kapitel VIII)!

Es ist bekannt (vgl. Kapitel II), daß zwei Typen von Synapsen in der Hirnrinde vorhanden sind (vgl. Abb. 32C); der eine Typ ist exzitatorisch. Wenn ein genügend intensives Bombardement durch exzitatorische Synapsen stattfindet, kann die empfangende Nervenzelle dazu gereizt werden, Impulse entlang ihrem eigenen Axon abzugeben (Abb. 5B) und auf diese Weise zur effektiven Einheit in einem multidimensionalen Netzwerk werden. Der andere Typ Synapse ist inhibitorischer Natur. Inhibitorische Synapsen wirken exzitatorischen Synapsen entgegen und haben die Tendenz, die empfangende Nervenzelle zum Schweigen zu bringen (Abb. 5J, K). So ist die Oberfläche jeder Nervenzelle in diesem immens komplexen multidimensionalen Netzwerk dauernden Bombardements durch exzitatorische und inhibitorische Synapsen ausgesetzt und ihre Reaktionen stammen aus dem Netzeffekt, der so produziert wird. Es gibt viele detaillierte Arbeiten über synaptische Strukturen auf den Oberflächen der Dendriten und den Somata der Nervenzellen und die Art, in der Axone sich verzweigen, um den Kontakt mit anderen Nervenzellen herzustellen. So weit ist Ihre Vorstellung von der Großhirnrinde jedoch noch auf dem Verhalten einzelner Zellen und dem Zusammenwirken sehr beschränkter Zellgruppen aufgebaut (Abb. 2, 3, 4, 7, 8).

Es ist gezeigt worden (vgl. Kapitel II), daß die erforderliche Reaktionszeit einer Nervenzelle in einem Wirkungsverband eine tausendstel Sekunde für Zellen mit kurzen Axonen beträgt. Das deckt den gesamten Zeitraum zwischen dem Empfang der synaptischen Erregung, die die Impulsabgabe auslöst, und der Wirkung dieses Impulses an den Synapsen anderer Nervenzellen. Sie werden bemerken, daß, wenn einmal eine Aktivität in einer Nervenzelle abläuft, diese Aktivität potentiell zu einer fast explosionsartigen Ausdehnung im gesamten neuralen Netzwerk führen kann — zu Millionen in ein paar Millisekunden. Die inhibitorische Synapsenaktivität kann diese explosive Ausdehnung, die zu einem Krampf führte, aber glücklicherweise zurückhalten. Es ist immer noch nicht möglich, sich die Wirkungsweise des Neuronennetzwerkes vorzustellen, wenn es in globaler Art in Milliarden von Neuronen aktiv wird, was natürlich bei allen Arten bewußter Erfahrungen, wie z. B. Erinnerungen, Gedanken, planenden Absichten in der Hirnrinde geschieht.

Mehr Erfolg hatten die Untersuchungen, die die Art betreffen, wie das Gehirn über das Geschehen in der Außenwelt, die vom Körper aus gesehen außen oder innen liegen kann (vgl. das Zitat am Anfang der Vorlesung, SHERRINGTON, 1947), „informiert" wird. Elektromagnetische Strahlen z. B. werden mit einer Wellenlänge von 400–700 mμ in der Retina umgeformt und bewirken die Entladung von Nervenimpulsen entlang des Sehnervs. Diese Impulse sind alle kurze elektrische „Alles-oder-nichts"-Vorgänge, die ohne Umschweife die ca. 1 Million zählenden Nervenfasern eines Sehnervs entlangwandern. Ihre Bahn ist in Abb. 31 A grau gezeichnet. Die aus der Retina stammende Information wird der Sehrinde in kodierter Form übermittelt. Das geschieht sowohl durch die Frequenz der Impulswiederholung in einer Faser als auch durch das topographische Verhältnis von retinalem Ursprung zu kortikalem Endpunkt. Diese afferente Bahn verbindet nicht einen Punkt in der Retina mit einem Punkt im Cortex, sondern signalisiert vielmehr „synthetische" geometrische Anordnungen, wie z. B. Ecken und Linien, die in einem besonderen Winkel zueinander stehen (HUBEL u. WIESEL, 1962, 1963; PETTIGREW, NIKARA u. BISHOP, 1968a, 1968b). In Abb. 33 A reagiert die Nervenzelle z. B. mit einem wahren Impuls-„Ausbruch" auf einen hellen vertikalen Schlitz. Auf einen horizontalen Schlitz reagiert sie gar nicht und auf einen schrägen Schlitz nur wenig. Wie in Abb. 33 B dargestellt, gibt es in der Sehrinde eine säulenartige Anordnung von Zellen, die eine ähnliche richtungsbezogene Empfindlichkeit haben, wobei die jeweils angrenzenden Säulen Zellen mit völlig anderer Orientierung aufweisen. Noch zwei weitere Synthesestufen sind in der Umgebung der primären Sehrinde entdeckt worden (HUBEL u. WIESEL, 1965). Man kann sich vorstellen, daß die Impulsentladungsmuster sich danach weit über den immensen neuronalen Komplex des sogenannten interpretierenden Cortex ausgebreitet haben (Abb. 30), wie diagrammatisch in den komplex gemusterten Bahnen von Abb. 12 dargestellt ist. Wie später gezeigt werden wird, tritt eine visuelle Wahrnehmung erst in diesem Stadium weit fortgeschrittener Vervollkommnung auf.

A

Neurone des visuellen Cortex

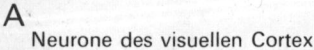

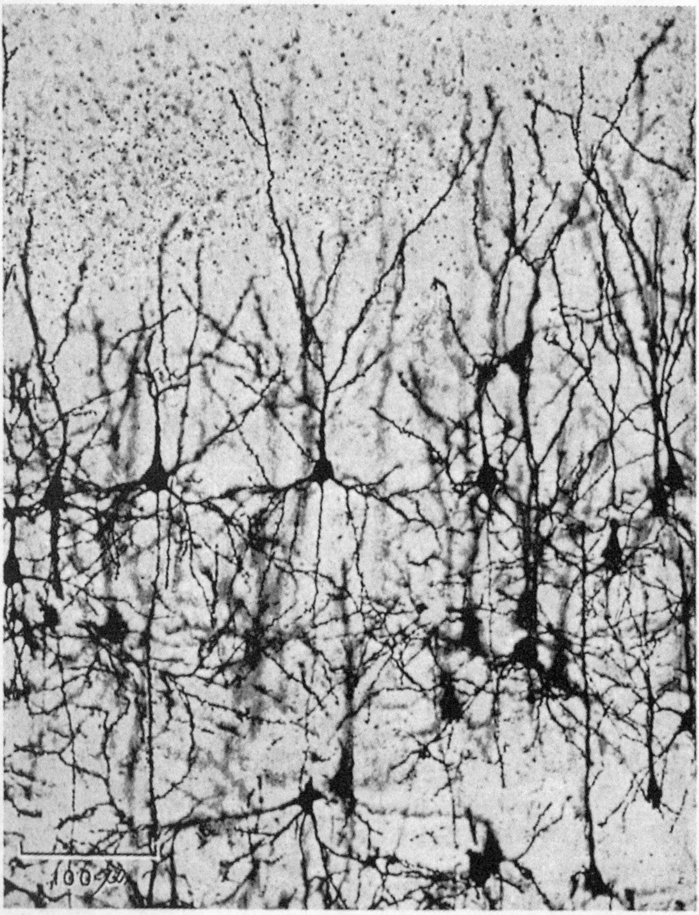

Abb. 32 A–C. Neuronen und Synapsen. A Pyramidenzellen der Sehrinde einer Katze (SHOLL, 1956). B und C Neuronen und Synapsen

SHERRINGTON (1940) berichtet höchst eindrucksvoll über die Probleme, die mit der Wahrnehmung eines Sterns verknüpft sind:

„Zum Beispiel ein Stern, den wir sehen. Das Energieschema befaßt sich damit, beschreibt den Strahlenfluß von dort zum Auge, das kleine Lichtabbild des Sterns auf dem Grund des Auges, die daraus entstehende photochemische

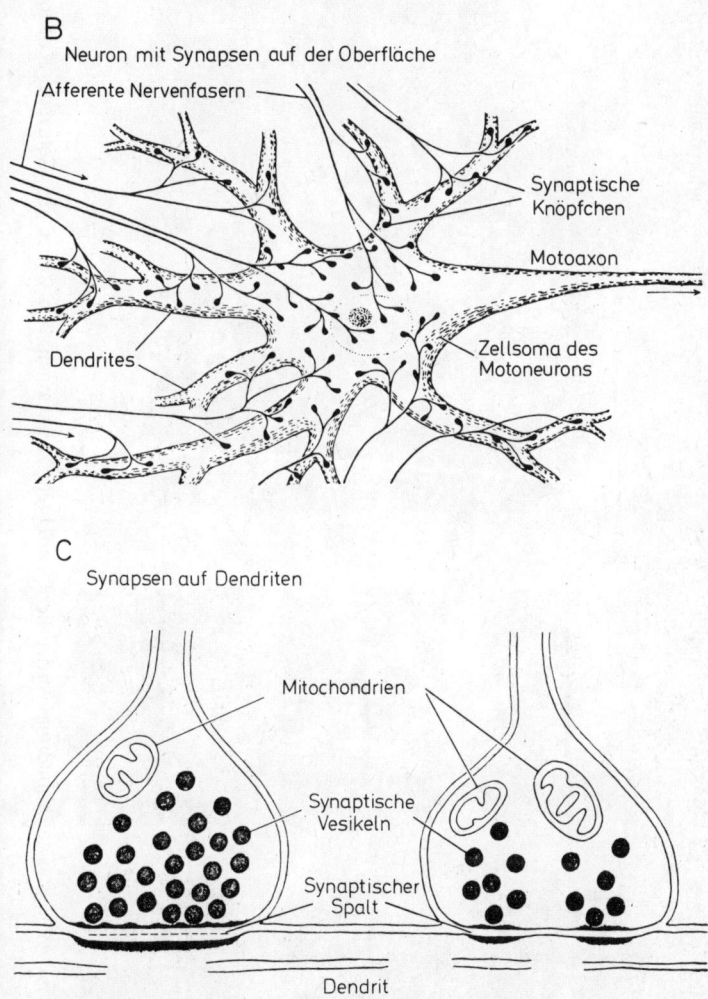

B
Neuron mit Synapsen auf der Oberfläche

Afferente Nervenfasern

Synaptische Knöpfchen

Motoaxon

Dendrites

Zellsoma des Motoneurons

C
Synapsen auf Dendriten

Mitochondrien

Synaptische Vesikeln

Synaptischer Spalt

Dendrit

Abb. 32 B u. C

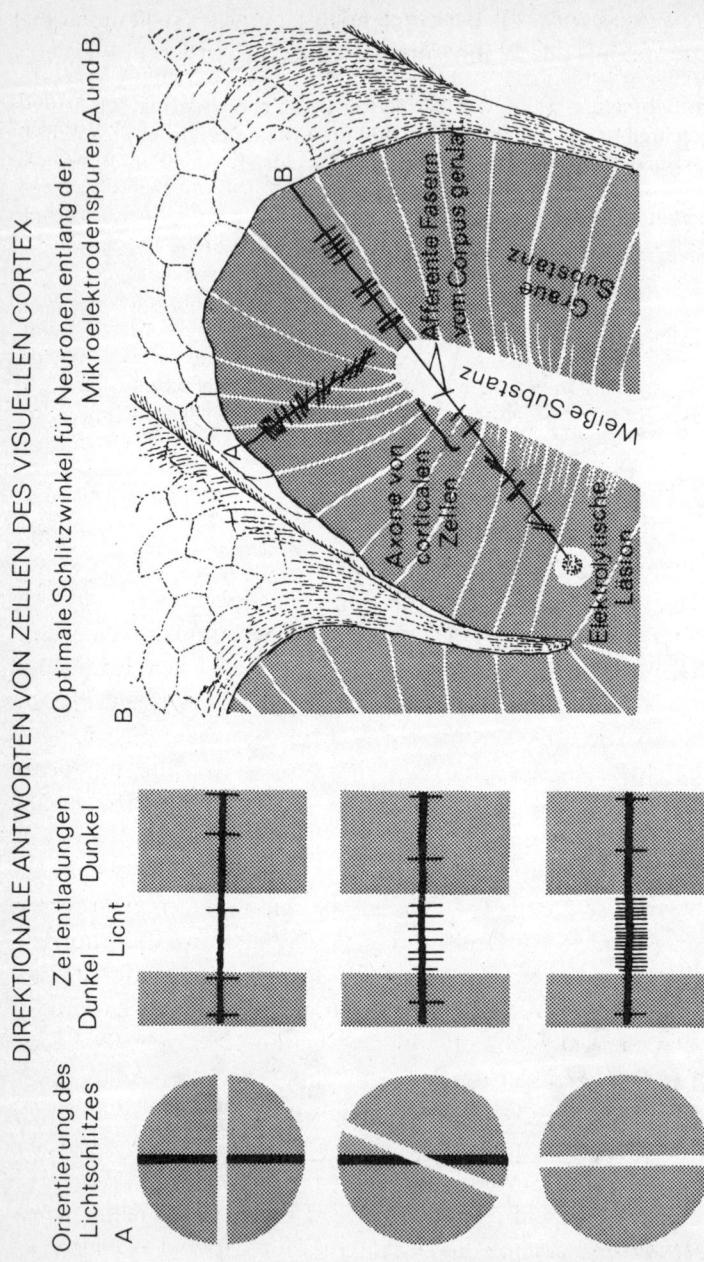

DIREKTIONALE ANTWORTEN VON ZELLEN DES VISUELLEN CORTEX

Optimale Schlitzwinkel für Neuronen entlang der
Mikroelektrodenspuren A und B

Orientierung des
Lichtschlitzes

Zellentladungen

Dunkel   Dunkel
      Licht

Abb. 33 A u. B. Die Abbildung verdeutlicht gerichtete Reaktionen von Zellen der Sehrinde. Vollständige Erklärung im Text (HUBEL, 1963)

220

Reaktion in der Retina, die Stöße von Aktionspotentialen, die den Nerv entlang zum Gehirn laufen, die weitere elektrische Unruhe im Gehirn ... . Aber über das *Sehen* des Sterns wird nichts gesagt. Daß er für unsere Wahrnehmung hell ist, Richtung und Abstand hat, daß das Bild sich auf dem Grund des Auges in einen Stern über uns verwandelt, einen Stern zudem, der sich nicht bewegt, obwohl wir und unsere Augen das Bild des Sterns mitnehmen, wenn wir uns bewegen und schließlich, daß es sich bei dem Ding um einen Stern handelt, was uns unser Wissen bestätigt, darüber hat das Energieschema nichts zu berichten. Das Energieschema behandelt den Stern als ein Objekt, das wir beobachten können: Was die Wahrnehmung durch den Geist anbelangt, so legt das Schema nur einen Finger an die Lippe und schweigt. Man kann sagen, daß es uns an die Schwelle des Wahrnehmungsvorgangs bringt und uns dort „Auf Wiedersehen" sagt. Sein Plan scheint zu sein, uns bis zu genau dem Platz und zu genau der Zeit zu führen, die mit der geistigen Erfahrung korrelieren, das aber zu tun, ohne einen weiteren Hinweis zu geben."

Viele Philosophen behaupten, daß die von SHERRINGTON beschriebene Sackgasse illusorisch sei. Sie erklären einfach, daß neuronale Vorgänge nicht nur notwendige (wie von SHERRINGTON beschrieben), sondern auch genügende Bedingungen für sensorische Wahrnehmungen seien (vgl. FEIGL, 1967). Mit anderen Worten: daß eine existentielle Untrennbarkeit der psychischen Erfahrung und der in der Welt der Physik angesiedelten kausalen neuronalen Ereignisse existiert. Der gebräuchliche Name für diese physikalistische Hypothese — Identitätshypothese — ist irreführend, denn die Hypothese enthält nichts anderes als die obige Formulierung und erklärt nicht, daß eine Identität zwischen psychisch und physisch besteht. Es kann nicht bezweifelt werden, daß die Sequenz neuraler Abläufe von der Retina zu den komplexen Mustern neuronaler Entladungen in der Großhirnrinde in kodierter Form die Information weiterleitet, die für die visuelle Wahrnehmung nötig ist; das heißt, sie ist eine notwendige Bedingung. Mit der Behauptung, es sei auch eine genügende Bedingung, benutzt die Identitätshypothese ein kluges Manöver, die Sackgasse SHERRINGTONs zu überdecken, aber so wird SHERRINGTONs Problem nicht gelöst.

Lassen Sie uns nochmals sehen, was wir uns von den Vorgängen vorstellen können, die in der Neuronenmaschinerie der Großhirnrinde als Reaktion auf ein Abbild, das auf die Retina projiziert wird, ablaufen. Da sind erstens die Impulsentladungen in den einfachen

Zellen wie in Abb. 33A, die auf Linien oder Ecken verschiedener spezifischer Orientierung reagieren. Man muß sich in Erinnerung rufen, daß es mindestens 300 Millionen Neuronen in der menschlichen Sehrinde gibt (vgl. Abb. 31B; SHOLL, 1956), von denen beim Säuger nur ein paar Hundert experimentell erforscht worden sind. Nichtsdestoweniger können wir uns die ungeheure und verschiedenartige Aktivität während dieses ersten Stadiums der Aktivierung der Sehrinde vorstellen. Innerhalb einiger weniger synaptischer Schaltstationen findet eine Aktivierung von Neuronen statt, die auf synthetisierte Information reagieren — Linien oder Schlitze bestimmter Länge und Breite, Linien oder Schlitze, die im Winkel zueinander stehen usw. (HUBEL u. WIESEL, 1965). Das ist die Grenze der gegenwärtigen Untersuchungen. Zweifellos werden Zellen entdeckt werden, die auf immer komplexere Muster reagieren, und man kann postulieren, daß schließlich Zellen entdeckt werden, die selektiv auf abstrakte Formen reagieren — z. B. Dreiecke. Das würde unsere Fähigkeit erklären, abstrakte Formen zu erkennen.

Wie SHERRINGTON (1940) sagt:

„Wir können uns dieses Prinzip weiterverfolgt bis zur Kulmination in der endgültigen höchsten Konvergenz an einer letzten pontifikalen Nervenzelle vorstellen, einer Zelle, die den Höhepunkt des ganzen Systems von Integration darstellt. Es wäre ein räumlicher Höhepunkt in einem System der Zentralisation. Sie würde die Integration sichern, indem sie als vereinheitlichender Schiedsrichter eines totalitären Staates alles empfängt und alles verteilt. Aber die Konvergenz gegen das Gehirn hin bietet tatsächlich nichts Derartiges. Die Gehirnregion, die wir „geistig" nennen können, bedeutet nicht die Konzentration auf eine Zelle, sondern eine enorme Expansion auf Millionen von Zellen. Es stimmt, daß sie vielfach verbunden sind. Was die Frage des „Geistes" angeht, so integriert sich das Nervensystem nicht durch die Zentralisierung in eine pontifikale Zelle. Es baut vielmehr eine millionenfache Demokratie auf, bei dem jede Einheit als Zelle repräsentiert wird."

Die dynamischen Eigenschaften geordneter Aktivität in Milliarden von Neuronen mit den oben beschriebenen Verbindungen übersteigt nicht nur die Vorstellungskraft, sondern vereitelt auch jede mathematische Lösung. Man muß sich vergegenwärtigen, daß eine Aktivierung der Sehrinde keine sofortige Wahrnehmungserfahrung mit sich bringt. Das ist nur ein notwendiges Stadium auf dem Wege zu der viel komplizierteren geordneten Aktivität, die mit dem Bewußtsein assoziiert ist. Wie die elektrischen Reaktionen zeigen, sind diese ersten Aktivierungsstadien in relativ tiefer Anaesthesie unverändert (JASPER, 1966). Bei gerade wahrnehmbaren Lichtblitzen sind außerdem mindestens 0,2 Sekunden kortikaler Aktivität nötig, bevor die Wahrnehmung erfolgt (CRAWFORD, 1947).

Wie in Kapitel V (Abb. 21, 22) beschrieben, wurden die elegantesten Untersuchungen über das Phänomen der Wahrnehmungsverzögerung von LIBET u. Mitarb. (1966) an dem Teil der Hirnrinde durchgeführt, der auf Reizung der Körperoberfläche reagiert, am sogenannten somästhetischen Cortex. Sie fanden, daß bei Einhaltung der Bedingungen der Schwellenwertreizung eine Verzögerung von mindestens einer halben Sekunde auftrat, bevor eine Sinneswahrnehmung registriert wurde. Offensichtlich ist die Möglichkeit für eine Vervollkommnung der Neuronenaktivität im komplexen räumlich-zeitlichen Muster während der „Inkubationszeit" einer bewußten Erfahrung auf dem Schwellenwertniveau gegeben.

3. Bewußtseinszustände

Diese Berichte über das neuronale Substrat einer bewußten Erfahrung werden dazu dienen, simplistische Ideen abzuwehren, die besagen, daß eine bewußte Erfahrung immer dann gemacht werde, wenn eine Neuronenaktivität in der Gehirnrinde beobachtet wird. Diese Ansicht wird im allgemeinen in der Identitätshypothese angedeutet. Man muß sich erstens klar darüber sein, daß selbst im bewußten Subjekt beim Fehlen von sensorischen Reizen eine intensive Neuronenaktivität im Cortex abläuft und daß sogar im Schlaf Aktivität herrscht (EVARTS, 1961, 1962, 1964), die während Traumperioden noch verstärkt ist (KLEITMAN, 1961, 1963). Dann muß man sich klar darüber werden, wie in Kapitel V beschrieben, daß für die aufeinanderfolgende synaptische Übertragung und die enorme Entwicklung und Ausarbeitung von Neuronenmustern Zeit benötigt wird, bevor eine bewußte Erfahrung auftritt.

Schließlich muß erkannt werden, daß Aufmerksamkeit benötigt wird, damit eine bewußte Erfahrung überhaupt registriert wird und daß nur ein sehr kleiner Bruchteil der komplex gemusterten Reaktion der zerebralen Neurone erfahren wird. Der Rest vergeht, ohne daß ihm Beachtung geschenkt wurde, denn glücklicherweise werden wir nicht dem brausenden Durcheinander ausgesetzt, das entstünde, wenn wir in unserem Bewußtsein die gesamte gemusterte zerebrale Aktivität zu irgend einem Zeitpunkt erführen (MORUZZI, 1966a).

Die ungeheure Größe dieser geordneten Ausdehnung über die Neuronenbahnen, die durch Millionen Zellen im Gehirn bewerkstelligt wird, kann man sich vorstellen, wenn man an einen Trickfilm denkt, der mit jedem feinsten Detail gezeichnet ist, und der mit flimmernder Geschwindigkeit projiziert wird. Wie SHERRINGTON (1940) es sich vorstellt, webt der Webstuhl „ein zerfließendes Muster, immer ein sinnvolles Muster, trotzdem nie ein bleibendes; eine wechselnde Harmonie von Sub-Mustern." Diese unglaubliche Verflechtung von Neuronenaktivität in meinem Gehirn muß vorhanden sein, ehe ich noch einen sensorischen Reiz, sogar in seiner unausgebildetsten Form, erfahren kann; und Reaktionen, die Vergleiche, Werte, Urteil, Wechselwirkung mit erinnerten Erfahrungen, ästhetische Einschätzung mit sich bringen, benötigen zweifelsohne viel länger, was zur Folge hat, daß phantastisch komplexe Neuronen-Reaktionen im Raum-Zeit-Muster ablaufen, das vom „verzauberten Webstuhl" gewebt wird.

Wenn wir die Art und Weise aller ablaufenden Wahrnehmungserfahrungen untersuchen, wird es sofort offensichtlich, daß sie viele Facetten besitzen. In unserem Gesichtsfeld z. B. erspüren wir nicht nur die operativen Beziehungen von Objekten, sondern auch den Grad ihrer Beleuchtung und ihrer Farbe. Farbe ist natürlich speziell kodierte Information, die von den Reizen, die von retinalen Zellen mit spezifischen Photorezeptoren für rot, grün und blau abgegeben werden, ausgeht (GRANIT, 1955, 1968; RUSHTON, 1958). Durch die Spezifität der Übertragung entlang dieser kodierten Bahnen erreicht die Information die kortikalen Strukturen, in denen schließlich die Farbwahrnehmung stattfindet. Man muß sich jedoch vor Augen halten, daß Farbe nur als Erfahrung, die von spezifisch kodierten Mustern ausgeht, im Bild erscheint. Es gibt keine Farbe in der sogenannten objektiven Welt.

Gleichlautende Aussagen können für all unsere Sinne gemacht werden. Beim Hören z. B. werden Druckwellen aus der Atmosphäre ins Innenohr überführt, wo sie in Signale von Impulsentladungen entlang den Fasern des Nervus cochlearis umgewandelt werden. So gelangen sie schließlich zur Hörrinde, wo wiederum die gleiche immense Entwicklung dynamischer Muster einsetzt wie in der Sehrinde. Die Wahrnehmungserfahrung entsteht sozusagen aus einer Umwandlung dieses Musters in unsere Erfahrung von Ton, Tonhöhe und Lautstärke, Melodie und Harmonie. Es gibt keinen Ton mit all diesen Qualitäten in der Außenwelt. Er ist ausschließlich unsere Schöpfung, dadurch, daß spezifische Muster von Neuronenaktivität im Gehirn in bewußte Erfahrung umgewandelt werden (vgl. Kapitel IV).

Wenn wir Nahrung in den Mund nehmen, haben wir vielleicht das eindrücklichste Beispiel für die Art, in der Sinnesorgane ganz verschiedenen Charakters letztlich zusammenwirken, um eine Wahrnehmungserfahrung zu liefern, die den Eindruck erweckt, daß sie einfach und unkompliziert ist. Die gesamte Kette der so entstehenden Erfahrungen wird als Eigenschaft einer Geschmackserfahrung interpretiert; das aber ist falsch. Sensorische Erfahrungen, die von Geschmacksrezeptoren kommen, geben uns nur sehr einfache Informationen über Süße, Säure, Bitterkeit und Salzigkeit. Sehr viel feinere Informationen werden durch unseren Geruchssinn beigesteuert, der durch Luftströme, die mit flüchtigen Substanzen angereichert zur Nasenschleimhaut gelangen, erregt wird. Dort findet eine Erregung der Neuronenmaschinerie des Geruchssinnes statt, die Impulse in Richtung auf das Gehirn schickt. Gleichzeitig bewirkt die Nahrung im Mund, daß die Hitze-, Kälte-, Schmerz- und Tastrezeptoren aktiviert werden. Die Schmerzrezeptoren werden durch Gewürze erregt und geben dem Geschmack einer Speise das gewisse Etwas. Unsere eigene Erfahrung sagt uns, daß, wenn all diese verschiedenen sensorischen Reize das Gehirn über ganz verschiedene Bahnen erreichen, sie in eine einzige Geschmackserfahrung organisiert werden, die in ihrer besten Form den Feinschmecker in uns entzückt.

Meine Folgerung aus all diesen verschiedenen Beispielen ist einfach, daß wir einerseits all die angenommenen Verflechtungen in der Wirkungsweise der Neuronenmaschinerie des Gehirns haben, die auf Wirkungsniveaus arbeitet, die jede menschliche Beurteilung übersteigen. Dagegen stehen, wie durch das Sherringtonsche Problem definiert, die bewußten Erfahrungen, die in ihrer Art ganz verschieden von allen Vorkommnissen in der Neuronenmaschinerie sind. Nichtsdestoweniger sind die Vorgänge in der Neuronenmaschinerie eine notwendige Bedingung für die Erfahrung, obwohl ich in Übereinstimmung mit SHERRINGTON sagen würde, daß sie keine genügende Bedingung sind. Selbst die komplexesten dynamischen Muster, die auf der Neuronenmaschinerie der Gehirnrinde gespielt werden, gehören zur Materie-Energie-Welt. Diese Grenze überschreitend und von ihr unabhängig existiert die von TEILHARD DE CHARDIN (1959) als „Noosphäre" bezeichnete Welt der bewußten Erfahrung.

Dieser Glaube an die Existenz bestimmter Welten von Bewußtseinszuständen wurde in den drei früher angeführten Zitaten von POPPER, WIGNER und SCHRÖDINGER ausgedrückt. Er hat aber natürlich eine lange Vorgeschichte und ist besonders mit den großen Beiträgen, die DESCARTES zur Philosophie geleistet hat, assoziiert. Er war es, der als erster erkannte, daß Wahrnehmungen nur stattfinden, wenn Signale von den peripheren Sinnesorganen über Nervenbahnen zum Gehirn geleitet werden und daß die Vorgänge im Gehirn die bewußte Erfahrung liefern. Umgekehrt kann diese bewußte Welt DESCARTES' vom Gehirn über Nerven und Muskeln Einfluß auf die Außenwelt nehmen. Das ist die Wirkungsweise, die für den freien Willen postuliert wird (s. Kapitel VIII).

Es ist dort gesagt worden, daß die Willensfreiheit eine grundlegende Erfahrung sei, und daß die Formulierung des Problems, das aus dieser Erfahrung entsteht, das Gegenteil ihrer üblichen Behauptung sein solle. Das Problem ist, im Gehirn die funktionellen Eigenschaften zu entdecken, die ihm die notwendige Empfangsbereitschaft verleihen, so daß ich, wenn ich bewußt eine Handlung hervorrufen will, Reaktionen auslöse, die zu den erwünschten Muskelbewegungen führen. Um das Problem präziser zu definieren, muß postuliert werden, daß Bewußtseinsvorgänge, wie z. B. zielgerichtetes Streben, Änderungen im Muster neuronaler Aktivität in meinem Gehirn bewirken können, die schließlich zu einer Veränderung der Entladungen über die Pyramidenbahn zu Motoneuronen und schließlich zu Muskeln führen.

Bisher gibt es nur tastende, einführende Untersuchungen des bisher als schwer zu bearbeitend geltenden Problems des freien Willens, das die Umkehrung des Schrödingerschen Problems darstellt. In Kapitel VIII ist erörtert worden, daß sowohl Physik als auch Physiologie zu primitiv seien, um die Möglichkeiten zu einer korrekten Formulierung des Problems zu bieten, von einer Lösung gar nicht zu reden. Aus der extremen Verflechtung und Feinheit ihrer Organisation kann man schließen, daß ein unvorstellbarer Reichtum von Eigenschaften in der aktiven Großhirnrinde vorhanden sein muß, der ihr die Eigenschaften eines „Detektors", in Verbindung mit geordneten Vorhaben in der Welt bewußter Erfahrung verleiht, wie ich es vor vielen Jahren postuliert habe (ECCLES, 1953). Natürlich habe ich erkannt, daß der bei weitem größere Teil unseres Verhaltens nicht von bewußten Entscheidungen, die „frei gemacht worden sind", kontrolliert wird. Es gibt viele Kontrollstadien, von vorsätzlichen Entscheidungen zu halbautomatischen, bei denen die Sub-Routine des Verhaltens wirksam wird, bis zu vollautomatischen Routinevorgängen. Nichtsdestoweniger können wir unsere Verhaltensmuster von einem Moment zum anderen von Routine auf bewußt kontrolliert umschalten, wie es z. B. bei einem routinierten Autofahrer passiert, wenn er in eine Notsituation gerät. Ein noch wesentlich besseres Beispiel der Umstellung von automatischer Routine zu bewußter Kontrolle ist das Fallenlassen einer Masche beim Stricken!

4. Das Drei-Welten-Konzept POPPERs

Viele philosophische Entwicklungen entstanden als Reaktion auf das Postulat zweier Welten durch DESCARTES, das im allgemeinen als Dualismus bezeichnet wird. Ich selbst habe lange geglaubt, daß dieses Konzept der zwei Welten eine adäquate Erklärung für all unsere Erfahrungen und Kenntnisse bildet. POPPER (1968a, 1968b) hat jedoch in zwei Publikationen in bemerkenswerter Weise sein Konzept dreier Welten dargelegt, und ich möchte nun diese bedeutende neue Entwicklung präsentieren. Allerdings habe ich einige Veränderungen vorgenommen, von denen ich glaube, daß sie im Licht unserer Kenntnisse der Neurophysiologie wünschenswert sind.

Abb. 34 ist ein Versuch, den postulierten Inhalt jeder der drei Welten diagrammatisch auszudrücken. Welt 1 ist die Welt physikalischer Objekte und Zustände und enthält somit nicht nur die

Welt 1 ⇄	Welt 2 ⇄	Welt 3
Physische Objekte und Zustände	*Bewußtseinszustände*	*Wissen im objektiven Sinn*
1. Anorganische Materie und Energie des Kosmos 2. Biologie Struktur und Wirkung aller lebenden Wesen — menschliches Gehirn 3. Artefakte Materielle Substrate menschlicher Kreativität: Werkzeuge, Maschinen, Bücher, Kunstwerke, Musik.	Subjektive Erkenntnisse Erfahrung von: Wahrnehmung, Denken, Emotionen, zielgerichtete Strebungen, Erinnerungen, Träume, schöpferische Phantasie	1. Aufzeichnungen intellektueller Arbeiten: philosophische, theologische, wissenschaftliche, geschichtliche, literarische, künstlerische, technologische 2. Theoretische Systeme: Wissenschaftliche Probleme, kritische Argumente

Abb. 34. Tabelle der drei Welten. Erklärung im Text

anorganische Materie und die Energie des Kosmos, sondern auch die gesamte Biologie — die Strukturen und Reaktionen aller Lebewesen, Pflanzen und Tiere und selbst menschliche Gehirne. Sie enthält auch das materielle Substrat aller von Menschenhand verfertigten Objekte oder Kunsterzeugnisse — Maschinen, Bücher, Kunstwerke, Filme und Computer.

Welt 2 ist die Welt der Bewußtseins- oder Geisteszustände. Für unsere Zwecke brauchen wir das Thema tierischen Bewußtseins nicht anzuschneiden; wir können uns agnostisch verhalten. Welt 2 ist die Welt, die jeder von uns aus erster Hand nur durch sich selbst kennt; die anderer kennt er nur durch Inferenz. Sie ist die Welt des Wissens — im subjektiven Sinn — und enthält die ablaufenden Erfahrungen in Wahrnehmung, Denken, Gefühlen, Vorstellungen, zielgerichtetem Streben und Erinnerungen.

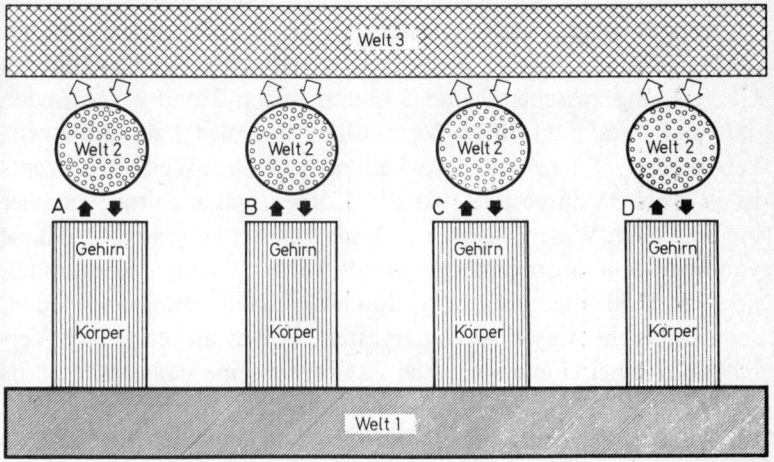

Abb. 35. Schema des Informationsflusses, das die Wechselwirkungen zwischen Welt 1, 2 und 3 für vier Individuen zeigt. Welt 1 bildet eine unbeschränkt sich ausbreitende Schicht (Bücher, Bilder, Filme, Tonbänder etc.), deren einem Abschnitt die Welt 3 als „aufgelagert" dargestellt wird. Es versteht sich, daß jedes Individuum imstande ist, mit jedem einzelnen Teil der Welt 3, der für es von Interesse ist, in Beziehung zu treten. Weitere Beschreibung im Text

Im Gegensatz dazu ist Welt 3 die Welt des Wissens im objektiven Sinn und hat daher einen sehr großen Inhaltsbereich. Eine gekürzte Aufstellung findet sich in Abb. 34. Welt 3 enthält z. B. den Ausdruck wissenschaftlicher, literarischer und künstlerischer Gedanken, die in kodifizierter Form in Bibliotheken, Museen und in allen Aufzeichnungen menschlicher Kultur erhalten geblieben sind. Nach ihrer materiellen Komposition — Papier und Tinte — gehören Bücher zu Welt 1, aber die kodifizierten Kenntnisse, die durch den Druck überliefert werden, gehören in Welt 3. Das gleiche gilt für Bilder und andere Kunstwerke.

Die wichtigsten Komponenten von Welt 3 sind die theoretischen Systeme, die wissenschaftliche Probleme und die durch die Diskussion dieser Probleme entstehenden kritischen Argumente enthalten. Kurz: Welt 3 enthält die Aufzeichnungen aller intellektuellen Anstrengungen der gesamten Menschheit durch alle Zeiten bis zur Gegenwart — das, was wir als kulturelles Erbe bezeichnen können.

Abb. 34 zeigt diagrammatisch die Art des Zusammenwirkens, die POPPER für diese drei Welten angibt, daß nämlich eine reziproke Übertragung zwischen 1 und 2 und zwischen 2 und 3 stattfindet, daß aber 1 und 3 nur durch Vermittlung von Welt 2 zusammenwirken können. Eine Weiterentwicklung des Drei-Welten-Konzepts ist in Abb. 35 dargestellt, wo die Körper und Gehirne von vier menschlichen Wesen, A, B, C, D, als aus der allgemeinen Masse von Welt 1 herausragend dargestellt werden. Daß sie aber immer noch zu Welt 1 gehören, wird durch die Schattierung angedeutet. Jedes Menschenwesen ist so dargestellt, daß es im reziproken Verhältnis zu einer einmaligen Welt 2 steht, die seine Welt des Wissens im subjektiven Sinn darstellt, und die daher seine private Welt ist. Sie befindet sich jedoch in einem Zustand ständigen Empfangens und Weiterleitens nach und von Welt 1 und auf diese Weise im Kontakt mit anderen Menschenwesen durch die Vermittlung der dazugehörigen Körper und Gehirne. Wie allgemein angenommen, würde außersensorische Wahrnehmung die direkte Transmission zwischen den subjektiven Zuständen der Welten 2 zweier Menschen bedingen (vgl. HARDY, 1965). Schließlich zeigt Abb. 35 diagrammatisch und symbolisch die reziproke Kommunikation, die POPPER zwischen den individuellen Welten 2 und Welt 3 annimmt, der Welt des objektiven Geistes, die potentiell von jeder beliebigen Zahl von Menschen geteilt werden kann. Es muß betont werden, daß Abb. 35 ein Diagramm ist, das den Informationsfluß angibt und *nicht* ein topographisches Diagramm, das räumliche Verhältnisse darstellt. Im intellektuellen und kreativen Geistesleben kann vorausgesehen werden, daß beim kontinuierlichen kritischen Kampf mit den Problemen des Verstehens und des Ausdrucks ein intensiver Verkehr in beiden Richtungen stattfindet. Dank der Gesamtaktivität schöpferischer intellektueller Anstrengungen der Menschheit ist Welt 3 unendlich reich und umfassend, so daß es während des ganzen Lebens eines einzelnen Individuums nicht möglich ist, mehr als nur einen winzigen Bruchteil davon zu erfassen. Genauso kann nur selten ein signifikanter Beitrag zu Welt 3 geleistet werden. Die zentrale Aufgabe der Geisteswissenschaften ist es, den Menschen zu verstehen, während das Verstehen der Natur die Aufgabe der Naturwissenschaften ist. Da in beiden Fällen dieses Verstehen seinen Ausdruck in der Sprache findet, können beide als Zweige der Literatur bezeichnet werden und somit haben beide einen angesehenen Platz in Welt 3.

Es ist wohl verständlich, daß in Abb. 34 und 35 die Kommunikationswege nur symbolischer Art und weit vom tatsächlichen Kommunikationsmodus, wie er neurophysiologisch definiert wird, entfernt sind. Abb. 36 ist der Versuch, in groben Zügen die prinzipiellen Bahnen für den Informationsfluß in einem einzelnen Menschen darzustellen, aber selbst auf diesem einfachen Niveau symbolischer Darstellung ist die Einfachheit von Abb. 35 schon sehr kompliziert worden.

Der Körper wurde vom Rest der Welt getrennt, die als schmales fundamentales Element dargestellt ist, und ein Pfeil gibt den Informationsfluß von Welt 1 über Rezeptororgane und afferente Bahnen (aff. Bahn) bis zum Gehirn an. Umgekehrt werden absteigend neuronale Bahnen gezeigt (eff. Bahn), die vom Gehirn zum Erfolgsorgan (wie z. B. Muskeln) führen. Sie wirken ihrerseits auf Welt 1 ein, wie der Pfeil zeigt. Ein quer verlaufender Pfeil im Bereich des Gehirns deutet die verschiedenen unterbewußten Reflexreaktionen an; die vertikalen Pfeile setzen sich nach aufwärts bis zum oberen Rechteck fort, das den Teil des Gehirns darstellt, dessen Aktivitäten in Verbindung mit dem bewußten Geist von Welt 2 stehen, wie es durch die weiterhin aufwärts gerichteten Pfeile angedeutet wird. Diese Sequenz nach oben verlaufender Pfeile ersetzt die einzelnen Pfeile in Abb. 35, die von Welt 1 zu Welt 2 hinführen, aber es wird wohl deutlich sein, daß sich das Gehirn insgesamt in Welt 1 befindet. Es hat lediglich die Aufgabe, als selektiver Kanal für den Informationsfluß zu dienen. Gleicherart ersetzen die nach unten zeigenden Pfeile von Welt 2 zu Welt 1 in Abb. 36 den einzelnen Pfeil in Abb. 35 und geben den Informationsfluß an, durch den eine bewußte Entscheidung in Welt 2 in Welt 1 durch Muskelbewegungen ihren Ausdruck findet, wie es durch die unteren Pfeile angegeben wird (eff. Bahn).

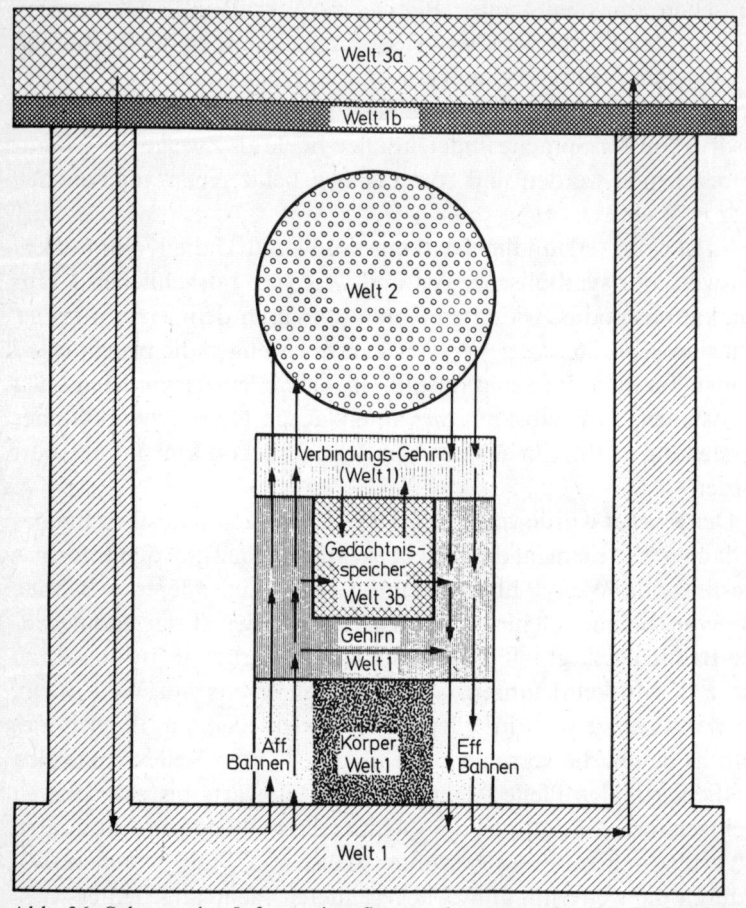

Abb. 36. Schema des Informationsflusses, das Arten der Wechselwirkungen zwischen den drei Welten über die durch Pfeile bezeichneten Bahnen darstellt. Man hat zu beachten, daß — ausgenommen die Beziehung zwischen dem Gehirn und Welt 2 — alle Information im Materie-Energie-System der Welt 1 stattfindet. So wird beispielsweise beim Lesen eines Buches die Kommunikation zwischen dem Buch und den Rezeptormechanismen des Auges durch Strahlung im Bereich des sichtbaren Lichts bewerkstelligt. Wie bei Abb. 35 versteht sich, daß jedes Individuum willkürlich in einem weiten Bereich seine Beziehungen zu Welt 3 durchstreifen kann. Weitere Erklärungen im Text

Das Diagramm in Abb. 36 läßt auch erkennen, daß Rezeptor-organe und assoziierte neurale Bahnen die einzigen Kommunikationswege darstellen, durch die das Gehirn Vorgänge in der externen Welt „erfühlen" kann, die natürlich Welt 1 und nicht Welt 3 ist. Welt 3 kann nicht direkt erfühlt werden, sondern wird verschlüsselt an einem bestimmten Teil von Welt 1 gezeigt, Welt 1b, die z.B. Papier und Tinte von Büchern enthält. Die gedruckten Buchstaben-muster werden in Form verschiedener neuraler Kodes von der Retina zur Sehrinde (vgl. Abb. 31A) und schließlich zu den Entschlüsselungszentren im Gehirn, dem sogenannten interpretierenden Cortex (vgl. Abb. 30) geleitet, der wiederum als Verbindungsgehirn wie in Abb. 36 fungiert, so daß schließlich die Wahrnehmungserfahrungen von Welt 2 entstehen. Umgekehrt geht die Bahn von Welt 2 zu Welt 3, wie z. B. bei der Formulierung wissenschaftlicher oder künstlerischer Ideen, wie von den Pfeilen angedeutet (eff. Bahn) zu Effektororganen und von da zu einem bestimmten Teil von Welt 1 (1b), dem die verschlüsselte Nachricht aufgedrückt wird. Die einfachen Pfeile, die in Abb. 35 Welt 2 und 3 reziprok verbanden, sind also durch recht komplizierte Bahnen ersetzt worden.

Es schien notwendig, in Abb. 36 eine weitere Komplikation im Bereich des Gehirns einzubauen, und zwar das zentral gelegene Quadrat, das den Erinnerungsspeicher für Komponenten darstellt, die, wie ich glaube, rechtmäßig als zu Welt 3 gehörend (Welt 3b) betrachtet werden müssen. Es wird z.B. vieles, das letztlich zur Prägung in die geeignete Verschlüsselung in Welt 3 bestimmt ist, in solchen Erinnerungsspeichern gelagert und ist somit für die Diskussion wissenschaftlicher, künstlerischer oder kultureller Themen sofort verfügbar. Die ausführlichsten Beiträge zu einem wissenschaftlichen Symposium kommen normalerweise aus den Erinnerungsspeichern der Teilnehmer und nicht aus den Manuskripten, die sie mitbringen. Ein anderes Beispiel wären die Homerschen Oden oder die isländischen Sagen, die die Jahrhunderte in den Erinnerungsspeichern von Generationen von Barden überlebten. Pfeile, die in den zentralen Erinnerungsspeicher hineingehen oder aus ihm herauskommen, geben den Informationsfluß nach innen (zur Speicherung) oder nach außen (beim Rückruf) an.

Um die unabhängige Existenz der dritten Welt zu illustrieren, erwägt POPPER (1968a) zwei „Gedankenexperimente":

„Experiment (1). All unsere Maschinen und Werkzeuge sind zerstört, ebenso all unser subjektives Wissen, einschließlich unserer subjektiven Kenntnisse von Maschinen und Werkzeugen und der Art und Weise, wie sie gebraucht werden. Aber *Bibliotheken und unsere Fähigkeit aus ihnen zu lernen bestehen weiter.* Ganz sicher würde unsere Welt nach vielem Leiden wieder in Schwung kommen.

Experiment (2). Wie in Experiment (1) sind alle Maschinen und Werkzeuge zerstört, unser subjektives Wissen und unsere subjektiven Kenntnisse von Maschinen, Werkzeugen und ihrem Gebrauch eingeschlossen. Aber diesmal *sind auch alle Bibliotheken* zerstört, so daß unsere Fähigkeit, aus Büchern zu lernen, nutzlos ist.

Wenn Sie diese zwei Experimente überdenken, dann wird Ihnen die Realität, die Signifikanz und der Grad der Autonomie der dritten Welt vielleicht ein bißchen klarer. Denn im zweiten Fall gäbe es kein Wiedererstehen unserer Zivilisation für Tausende von Jahren."

Wenn wir die Geschichte der menschlichen Rasse überdenken, wird es klar, daß im Fall von Experiment (2) der Mensch weit in die Vorgeschichte zurückversetzt werden würde und den langen Aufstieg, der die Zehntausende von Jahren vom Neandertaler über den Cro-Magnon-Menschen bis schließlich hin zu historischen Epochen charakterisiert, nochmal machen müßte. Andererseits war selbst die Zerstörung des Römischen Reiches nicht vollständig, da kleine Inseln der Kultur sowie Aufzeichnungen überlebten. Schließlich erholte sich die klassische Kultur in Hunderten von Jahren, größtenteils durch isolierte klösterliche Zentren und arabische Gelehrte.

Man muß sich darüber im klaren sein, daß Wissen im objektiven Sinn (Welt 3) ein Produkt menschlicher intellektueller Aktivität ist, und obwohl es eine Existenz hat, die unabhängig von einem wissenden Subjekt ist, muß es potentiell in der Lage sein, gewußt zu werden, das heißt, es ist größtenteils, aber nicht absolut und endgültig, autonom. Ich kann als Beispiel die Linearschrift B der Minoischen Kultur anführen, die vor nicht langer Zeit von MICHAEL VENTRIS entziffert wurde. Die Information, die in den Schriften symbolisch vermittelt wird, gehört nichtsdestoweniger in Welt 3, weil sie potentiell in der Lage war, entziffert zu werden.

POPPER (1968 b) schlägt vor, daß die drei Welten eine objektive Realität besitzen und

„daß eine subjektive Geisteswelt persönlicher Erfahrung existiert (eine These, die von den Behaviouristen verneint wird)... daß es eine der Hauptfunktionen der zweiten Welt sei, die Objekte der dritten Welt zu begreifen. Das ist etwas, was wir alle tun: es ist Teil des Menschseins eine Sprache zu lernen, und das bedeutet im Grunde, zu lernen, *objektive Gedankeninhalte* zu begreifen ... daß wir eines Tages die Psychologie ganz umgestalten müssen, indem wir den menschlichen Geist als Organ betrachten, das die Objekte der dritten Welt beeinflußt und von ihnen beeinflußt wird; das sie versteht, das Beiträge zu ihr liefert, das an ihr teilnimmt und das sie dazu bringt, auf die erste Welt einzuwirken."

Die dritte Welt wurde von POPPER die Welt des objektiven Geistes genannt. Sie mag wie PLATOs Welt der Formen und Ideen aussehen, ist aber in Wirklichkeit ganz verschieden. Für PLATO enthielt die dritte Welt ewige Wahrheiten, die die Erklärungen und den Sinn für alle unsere Erfahrungen lieferten, und unsere Anstrengungen richteten sich darauf, diese ewigen Wahrheiten zu erfassen und zu verstehen. Sie waren dazu da, angestaunt und intuitiv erfaßt, aber nicht kritisiert oder geändert zu werden. Sie waren eine dritte Welt möglicher gedanklicher Objekte transzendentaler Natur. Es ist offensichtlich, daß diese Welt PLATOs sich von POPPERs dritter Welt unterscheidet, die von Menschenhand geschaffen ist und aus unseren Anstrengungen entstand, Welt 1 und selbst Welt 2 zu verstehen und begreiflich zu machen. Wir versuchen das, indem wir Probleme formulieren und bei unseren Versuchen, die Gesamtheit unserer Erfahrungen mehr und mehr zu verstehen, mit Problemen kämpfen. Es ist ein gemeinsames Unternehmen kreativer und kritischer Geistesanstrengungen. Bei diesem Unternehmen haben wir das Zusammenwirken zwischen Welt 1 und dem erfahrenden Selbst von Welt 2 einerseits und andererseits das Zusammenwirken zwischen dem erfahrenden Selbst (Welt 2) und der Welt des objektiven Geistes mit ihren Ideen im objektiven Sinn (Welt 3). Das ist eine Welt möglicher Gedankenobjekte, die die Welt der Zivilisation und Kultur von allem Anfang bis zur heutigen Kreativität darstellt.

5. Die Welt von Bewußtseinszuständen

Wie wir oben gesehen haben (Kapitel IV, V und VI) hat die unvorstellbare organisierte Verflechtung des Gehirns das Entstehen von Eigenschaften (Welt 2) verursacht, die ganz anderer Art sind als alles, was zur Materie von Welt 1 gehört, deren Eigenschaften durch Physik und Chemie definiert werden können.

Welt 2 ist als die Welt subjektiver Erfahrungen definiert und gehört daher ausschließlich zu einem bestimmten Individuum; nichtsdestoweniger zeigt die Kommunikation mit Hilfe der Sprache, daß andere Individuen vergleichbare subjektive Erfahrungen haben. Die niedrigeren Funktionen der Sprache — besonders Schreie und stimulierende Signale —, die der Mensch mit einigen Tieren teilt, sind für diesen Zweck unbrauchbar (POPPER, 1962). Die höheren Funktionen der Sprache, als deskriptiv und argumentierend (POPPER, 1962) oder behauptend (ADLER, 1967) bezeichnet, sind für diese Kommunikation essentiell. Durch peinlich genaue wohldurchdachte Argumente kommt ADLER (1967) zum Schluß, daß nur der Mensch eine behauptende Sprache habe und daß diese Sprache nur von Subjekten benützt werden könne, die über begriffliches Denken verfügen, das heißt, im Grunde ist das ein Denken, das sich auf die Komponenten von Welt 3 bezieht. Dieses Denken übertrifft die wahrnehmende Gegenwart. Es betrifft die ureigene menschliche Entwicklung, indem es Konzepte, Symbole und rationale Argumente gebraucht. Im Gegensatz dazu ist das Verhalten von Tieren durch ihre wahrnehmende Gegenwart und ihre stets vorhandene Konditionierung geprägt. Sind sie mit irgendeiner Situation konfrontiert, so verlassen sie sich lieber auf ihre Erfahrung, als daß sie versuchen, die Situation zu verstehen und vernünftig zu handeln. Sie verlassen sich auch auf nachahmendes Verhalten.

In seinem Buch "An Essay on Man" sagt CASSIRER (1944):

„Ohne Symbolismus gliche das Leben des Menschen dem des Gefangenen in der Höhle aus PLATOs berühmtem Gleichnis. Das Leben des Menschen spielte sich innerhalb der Grenzen seiner biologischen Bedürfnisse und seiner praktischen Interessen ab; er fände keinen Zugang zur ideellen Welt, die sich ihm von verschiedenen Seiten durch Religion, Kunst, Philosophie und Wissenschaft öffnet."

Diese ideelle Welt ist die Welt des objektiven Geistes — die dritte Welt POPPERs. Es gibt keine Hinweise darauf, daß Tiere an dieser Welt — selbst in geringem Maße — teilhaben. In dieser fundamentalen Hinsicht unterscheidet sich der Mensch in seiner Art radikal vom Tier.

Ich stimme mit ADLERs (1967) Ansicht über die menschliche Situation völlig überein:

„Bei dieser Interpretation der bekannten Tatsache, daß sprechende Lebewesen sich von nicht-sprechenden unterscheiden, erhebt sich die Frage, ob der Mensch eine Person oder vielmehr ein Ding sei. Die Antwort ist bejahend, wenn die Grenze, die Personen von Dingen trennt, durch solche Kriterien bestimmt wird wie die Fähigkeit zur Konversation, die Fähigkeit, an sinnvollen Gesprächen teilzunehmen und die Fähigkeit, Gründe und Beweise anzuführen und zu akzeptieren. Gemessen an diesen Kriterien ist der Mensch gegenwärtig das einzige Wesen auf der Erde, das eine Person ist. Alle anderen Tiere und Maschinen sind Dinge — zumindest im Licht der vorhandenen Beweise. Der individuelle Wert und die Würde, die ausschließlich zur Person gehören, der Respekt, der nur Personen gezollt werden muß, der fundamentale Befehl, der uns gebietet Personen als Ziel, aber nicht als Zweck zu behandeln — all dies, was eine Person ausmacht, trägt zu der Theorie bei."

DESCARTES (Übersetzung 1931) erkannte die definitive Natur des Sprachtestes:

„Gäbe es Maschinen, die unserem Körper ähnelten und die unsere Handlungen imitierten, so weit das moralisch (d. h. praktisch) möglich wäre, so hätten wir doch zwei sehr sichere Prüfungen, durch die wir feststellen könnten, daß sie — trotz allem — keine richtigen Menschen wären. Die erste wäre, daß sie niemals eine Sprache oder andere Zeichen benutzen könnten, wie wir es tun, wenn wir unsere Gedanken zum Nutzen anderer festhalten. Denn wir können leicht verstehen, daß eine Maschine so eingerichtet ist, daß sie Worte von sich geben kann und sogar Reaktionen auf Handlungen körperlicher Art, die in ihren Organen Veränderungen hervorrufen. Wenn sie z. B. an einer bestimmten Stelle berührt wird, könnte sie fragen, was wir ihr zu sagen wünschten; wird sie an einer anderen Stelle berührt, mag sie ausrufen, daß sie verletzt sei usw. Aber es könnte niemals passieren, daß sie ihre Sprache in verschiedener Weise anlegen würde, so daß sie auf alles, was in ihrer Gegenwart gesagt wird, in der richtigen Art reagierte, so wie es selbst der niedrigste Typ des Menschen tun kann … . Das zeigt nicht nur, daß das Tier weniger Verstand hat als der Mensch, sondern daß es gar keinen hat, denn es ist offensichtlich, daß sehr wenig nötig ist, um sprechen zu können."

Dieser Sprachtest liefert die rationale Grundlage für den phantastischen Vorschlag von TURING (1950), daß, wenn ein Roboter — eine sogenannte Turing-Maschine — konstruiert werden könnte, der den Sprachtest bestünde, dann wäre damit bewiesen, daß komplexe materielle Strukturen genügen, um alle menschlichen Erfahrungen und Leistungen zu erklären, was für die Identitätshypothese einen Triumph bedeutete. Ich glaube nicht, daß ein derartiger Roboter je konstruiert werden wird. Ich bin über die Naivität der Aussagen und Argumente der Verfechter der Computer-Simulation des Menschen entsetzt. Ich stimme JAKIs (1969) gut dokumentierter und destruktiver Kritik völlig zu. Zur menschlichen Leistung gehört viel mehr als geschickte Konversation oder Geschick im Schach- oder Damespiel. Zum gegenwärtigen Zeitpunkt werden Computer dazu gebraucht, zu zeigen, daß sie bei geeigneter Programmierung, bei einfachen Spielen wie Dame, Kenntnisse entwickeln, während sie bei komplexeren Spielen wie Schach nur bescheidene Leistungen aufweisen (HUSTON SMITH, 1967). Ein Aufwand von 30 Millionen Dollar hat die im Grunde genommen unüberwindlichen Probleme der mechanischen Sprachübersetzung ans Tageslicht gebracht.

Ich komme nun auf die vier einleitenden Zitate von SHERRINGTON, POPPER, WIGNER und SCHRÖDINGER zurück. Die daraus entstandenen Diskussionen haben den Glauben gefestigt und verbreitet, daß im Mittelpunkt jeden menschlichen Wesens die primäre Realität der bewußten Erfahrung steht, in all ihrem Reichtum und in ihrer Vielfalt, die die Existenz von Welt 2 charakterisieren. Diese Erfahrung ist außerdem in dem Sinn selbstreflektierend, daß wir wissen, was wir wissen können. Unsere äußersten Anstrengungen gehen dahin, diese primäre Realität in Relation zu den sekundären Realitäten der Materie-Energie-Welt (Welt 1) und der Welt des objektiven Denkens, das die gesamte Zivilisation und Kultur einschließt (Welt 3), zu verstehen. Wir als erfahrene Wesen müssen im Mittelpunkt der Erklärungen stehen, denn alle Erfahrungen, die von Welt 1 und 3 kommen, sind sichtlich abhängig von der Art, in der wir Informationen mit Hilfe der von Sinnesorganen ausgeführten Überleitungen und der kodierten Weiterleitung an das Gehirn bekommen.

Wissenschaftliche Untersuchungen benutzen technische Verfahren höchster Feinheit und Auflösungskraft; außerdem müssen die Daten auf komplizierteste Art von Computern ausgewertet werden. Nichtsdestoweniger müssen sie schließlich doch von den Rezeptororganen des Wissenschaftlers „erfühlt" und zu seinem Gehirn weitergeleitet werden. Dort durchlaufen sie die kompliziertesten Umwandlungen in dynamische Muster der Neuronenmaschine, die ihm durch Umwandlung die sensorischen Wahrnehmungen in seiner Welt 2 vermittelt. Wie WIGNER (1964) sagt:

„Die Messung ist nicht abgeschlossen, bevor ihr Resultat nicht in unser Bewußtsein eindringt. Dieser letzte Schritt vollzieht sich, wenn eine Korrelation zwischen dem letzten Meßgerät und etwas hergestellt ist, das unser Bewußtsein direkt betrifft. Der letzte Schritt ist, unseren gegenwärtigen Kenntnissen nach, in Dunkel gehüllt und bisher hat es weder durch die Quantentheorie noch durch irgendeine andere Theorie dafür eine Erklärung gegeben."

Auf diese mysteriöse Weise bekommen wir die unbearbeiteten Daten eines wissenschaftlichen Experiments, die nur den Anfang eines wissenschaftlichen Prozesses darstellen. Es folgt der Übergang zwischen Welt 2 des Wissenschaftlers und Welt 3, die die Welt der Probleme, Beweise, Hypothesen ist und wo kritische Einschätzung und schöpferische Vorstellungskraft als das Höchste gelten. Dies ist die Arena, in der wissenschaftliche Kämpfe ausgefochten werden, erstens durch den Wissenschaftler selbst, wenn er seine Hypothesen mit den experimentellen Resultaten vergleicht, und zweitens, falls er die Resultate schließlich veröffentlicht, in der harten, kritischen Welt (Welt 3) wissenschaftlicher Diskussionen.

6. Selbst-Bewußtheit und Todes-Bewußtheit

Das gesamte kulturelle Leben von Welt 3 ist ausschließlich menschlich, und in Beziehung dazu steht das einzigartige Selbst-Bewußtsein, das jeder von uns erfährt, und das wir in anderen menschlichen Wesen durch die Kommunikation in behauptender Sprache entdecken können. DOBZHANSKY (1967) kommentiert:

„Selbst-Bewußtheit ist ein fundamentales, möglicherweise das fundamentalste Merkmal der menschlichen Rasse. Dieses Merkmal ist eine evolutionäre Neuigkeit. Die biologische Spezies, von der die Menschheit abstammt, verfügt nur über eine rudimentäre Selbst-Bewußtheit oder aber sie fehlt ihr ganz. Die Selbst-Bewußtheit hat in ihrem Gefolge jedoch ein paar dunkle Begleiter — Furcht, Angst und Todes-Bewußtheit."

DOBZHANSKY (1967, 1969) entwickelt die These, daß die Todes-Bewußtheit, die das Selbst-Bewußtsein begleitet, offensichtlich schon von den primitiven Menschen erfahren wurde, die zeremonielle Bestattungsbräuche hatten. Die ältesten bekannten Begräbnisstätten stammen von Neandertalern in Palästina; sie sind ungefähr 100000 Jahre alt. Wir können sagen, daß die Vorfahren des Menschen zu diesem Zeitpunkt die Dämmerung der Menschengeschichte durchlebten und selbstbewußte Wesen wurden. Wir wissen, daß ihre Gehirne den unseren in Größe nicht nachstanden (vgl. Kapitel VI).

Es ist unter Wissenschaftlern eine weitverbreitete Ansicht, daß alles auf Physik und Chemie zurückzuführen sei — Gedanken z. B. sind nichts anders als Aktivitätsabläufe in der Neuronenmaschinerie des Gehirns (Physikalismus, vgl. FEIGL, 1967) — und daß die Handlungen aller lebenden Organismen, menschliche Gehirne eingeschlossen, nichts als Physik und Chemie seien (vgl. YOUNG, 1951 b, CRICK, 1966). Wir verdanken besonders POLANYI (1966, 1967 a, 1968 b) eine kritische Prüfung dieses „Nichts-anderes-als"-Reduktionistendogmas. Er entwickelt die Konzepte hierarchischer Stufen von Atomen und Molekülen zu Maschinen und lebenden Organismen. Auf jeder Stufe bieten spezielle Grenzbedingungen die Arbeitsprinzipien, die die Eigenschaften der niedrigeren Stufe benutzen, so daß neue Eigenschaften entstehen können. Zum Beispiel gehorcht eine Maschine, wie eine Uhr, den Gesetzen von Chemie und Physik, sie ist aber mit Arbeitsprinzipien, die einem bestimmten Zweck dienen, ausgestattet worden. Gleicherart gehorchen lebende Organismen den Gesetzen von Physik und Chemie, haben aber die Gestalt, die ihnen durch die Grenzen der lebenden Struktur mit ihrer genetisch kontrollierten Entwicklung gegeben worden ist. Die Evolution ist der erstaunliche biologische Prozeß, durch den lebende Organismen Strukturen und Arbeitsprinzipien entwickelt haben, die für Überleben, Replikation und Multiplikation sehr stark adaptiert sind (vgl. Kapitel IV u. VI).

Ich behaupte, daß — genau wie in der Biologie — die Materie neu entstehende Eigenschaften aufweist. So gibt es auf der höchsten Stufe der organisierten Komplexität der Großhirnrinde ein noch weitergehendes Neuentstehen, nämlich die Eigenschaft, die mit der bewußten Erfahrung assoziiert ist. Auf solch eine Weise können wir schließlich das Entstehen des Selbst-Bewußtseins im Neandertaler und in allen ihm nachfolgenden Menschen (vgl. Kapitel VI) erklären. Im Moment können wir sagen, daß die Großhirnrinde die notwendigen Bedingungen für Selbst-Bewußtheit bietet. Wir müssen nun untersuchen, ob sie auch die genügenden Bedingungen bietet.

7. Das Konzept der Seele

Ich habe lange gezögert, eine direkte Anspielung auf die Seele zu machen, die die zweite Komponente meiner Ausführungen bildet. Ich habe mich absichtlich zurückgehalten, weil ich zu einer modernen, aufgeklärten Hörerschaft spreche, die vermutlich so konditioniert wurde, daß sie solchen theologischen Ausdrücken gegenüber extrem mißtrauisch ist! Dazu kommt, daß selbst in theologischen Diskussionen die Bedeutung des Worts „Seele" ungeheuer variiert. Ich habe jetzt eine wissenschaftlich-philosophische Grundlage gebaut, auf der ich das aufbauen kann, von dem ich glaube, daß es mir im Hinblick auf Gehirn und Seele die einzige vertretbare Haltung ist. Ich gebe zu bedenken, daß die von den Aristotelikern und Thomisten vertretene Ansicht, daß „die Seele die Form des Körpers sei", nicht länger haltbar ist, wie es schon DESCARTES erkannt hatte. In den historischen Übersichten über theologische und philosophische Diskussionen, die von HÜGEL (1912), BAILLIE (1934), DIXON (1937), PELIKAN (1962) — um nur einige zu nennen — gemacht haben, finde ich eine Vereinbarkeit mit dem Vorschlag, daß die subjektive Komponente eines jeden von uns in Welt 2, das bewußte Selbst, als Seele identifiziert werden kann.

Die Komponente unserer Existenz in Welt 2 ist immateriell und daher im Tode nicht der Vernichtung unterworfen, der alle Komponenten des Individuums in Welt 1 unterliegen — sowohl der Körper als auch das Gehirn. Sie hat natürlich keinerlei Verbindung mehr zu Welt 1 und 3, so daß für jeden von uns jegliche Erfahrung, wie wir sie kennen, der Vergessenheit anheimfallen muß. Aber wir können voll Hoffnung fragen: Muß diese Vergessenheit ohne Ende sein? Es ist offensichtlich, daß diese Identifikation von Welt 2 mit der Seele im Grunde genommen der Haltung DESCARTES entspricht, aber ohne daß irgendwelche Verpflichtungen eingegangen wurden, zu erklären, wie die Seele an das Gehirn „angeschlossen" ist. SHERRINGTON (1940) nahm eine ähnliche Haltung ein bei seiner Identifizierung des Selbst oder des Geist-Begriffes mit dem Seele-Begriff, obwohl er im weiteren sagte:

> „Wenn andererseits der Geist-Begriff dazu angewendet wird, dem menschlichen Individuum eine unsterbliche Seele einzusetzen, dann ist wiederum ein Übergriff begangen worden. Die Koexistenz der beiden Begriffe, die eine Grundbedingung unserer Kenntnisse über sie zu sein scheint, wird beiseitegewischt, als ob sie vergessen sei. Solch eine Verstärkung eines Gesetzes mag für eine offenbarte Religion legitim sein ... . Aber als Erklärung auf der Ebene „natürlicher Kenntnisse" ist sie ein irrationaler Schlag ... gegen die Harmonie, die die Begriffe zu „Geschwister-Begriffen" vereint. Er reißt sie auseinander und treibt eins von ihnen, das schon einsam genug ist, zu einem Flug zum Ende des Regenbogens."

Viele Jahre später jedoch (24. 2. 1952) sagte er zu mir mit großer Leidenschaft: „Die einzige Realität, die es jetzt für mich gibt, ist die menschliche Seele." Er machte diese Aussage im Verlauf einer tief bewegenden Ausführung, und ich unterbrach ihn nicht, um zu fragen, ob diese Aussage ein Glaubensakt sei, der eine religiöse Überzeugung ausdrücke, da ich dachte, daß er das stillschweigend annahm. Neun Tage später war er tot.

Die Geschichte der Gedanken des Menschen über die Bedeutung des Lebens und das endliche menschliche Schicksal im Tod ist von CHORON (1963, 1964) in zwei Büchern gesammelt worden. Mythen, Religionen und Philosophien haben sich mit dem tragischen Rätsel des Ziels unseres Daseins, dem jeder von uns entgegengeht, befaßt. Ist das menschliche Schicksal nur eine Episode zwischen zwei Vergessenheiten? Oder können wir die Hoffnung hegen, daß die wundervolle, reine und lebendige bewußte Erfahrung, die unser Geburtsrecht ist, eine Bedeutung und transzendentale Signifikanz hat?

Und das bringt mich dazu, zu behaupten, daß jede fundamentale Frage in der Philosophie im Zusammenhang mit allen verwandten Fragen betrachtet werden muß, und niemals in willkürlicher Isolierung. Die Frage der Todes-Bewußtheit und der Selbstvernichtung darf nur in Beziehung zur Frage der Geburt und der darauffolgenden Selbst-Aktualisierung diskutiert werden, die von PLATO im Phaedon ausgedrückt wurde. Wie ich oben und in den Kapiteln IV, V und VI sagte, und wie ich auch früher schon erörterte (ECCLES, 1965a, 1967, 1969a), glaube ich, daß mein erfahrendes Selbst nur teilweise durch den evolutionären Ursprung meines Körpers und Gehirns, das heißt, meiner Welt-1-Komponenten, erklärt wird. Über den Ursprung unserer Welt bewußter Erfahrung (Welt 2) wissen wir nur, daß man sagen kann, sie habe eine neu entstehende Beziehung zur evolutionären Entwicklung des menschlichen Gehirns. Die Einzigartigkeit des Individuums, die ich an mir erfahre, kann nicht der Einzigartigkeit meines DNS-Erbes zugeschrieben werden, wie ich das bereits einmal ausgeführt habe (Kapitel V; ECCLES, 1965a). Unser Entstehen ist genauso geheimnisumwittert wie unser Vergehen im Tode. Können wir nicht daraus Hoffnung schöpfen, weil unser Unwissen über unsere Entstehung genauso groß ist, wie unser Unwissen über unser Schicksal? Kann das Leben nicht als herausforderndes, wundervolles Abenteuer gelebt werden, das eine Bedeutung hat, die noch entdeckt werden muß?

Es ist bei früheren Gelegenheiten gesagt worden, daß der Mensch sich *in seiner Art radikal* von anderen Tieren unterscheidet. Als Transzendenz im Evolutionsprozeß trat ein Tier auf, das von anderen Tieren radikal verschieden war, weil es behauptende Sprache, abstrakte Gedanken und Selbst-Bewußtsein erlangt hatte, die alle Zeichen dafür sind, daß ein Wesen von transzendentaler Neuheit erschienen war — Kreaturen, die nicht nur in Welt 1 existieren, sondern sich ihrer Existenz in der Welt der Selbst-Bewußtheit (Welt 2) bewußt waren, so daß sie im religiösen Sinn Seelen besaßen. Und bald begannen diese Menschenwesen die Erfahrungen ihrer

Welt 2 zu gebrauchen, um eine neue Welt zu schaffen, die dritte Welt des objektiven Geistes. Diese Welt 3 schaffte die Möglichkeiten, mit deren Hilfe die schöpferischen Leistungen des Menschen als Erbe für alle zukünftigen Menschen weiterleben, so daß auf diese Weise die herrlichen Kulturen und Zivilisationen, die in der menschlichen Geschichte verzeichnet sind, entwickelt werden. Übertreffen die Geheimnisse und Wunder dieser Geschichte unseres Ursprungs und unserer Natur nicht die Mythen, durch die der Mensch in der Vergangenheit versucht hat, seinen Ursprung und sein Schicksal zu klären?

Sind wir dazu bestimmt, weiterhin an der Aufzeichnung der Größe des Menschen in Welt 3 zu arbeiten? Dafür brauchen wir eine freie Gesellschaft, denn nur unter solchen Bedingungen kann es zu einer freien Entfaltung der kreativen Kräfte des Menschen in den Natur- und Geisteswissenschaften kommen (Kapitel VIII u. IX). Für jene, die Augen haben zu sehen, besteht die tragische Alternative eines totalitären Angreifers, dessen Machtstruktur einerseits die Macht und den Abschreckungswert von Waffen und andererseits eine versklavte Bevölkerung einschließt. Solch ein totalitäres System beruht auf einer falschen materialistischen Philosophie über den Menschen, die ihn dazu degradiert, nur ein kluges Tier und somit ein Ding zu sein. Wenn wir diese furchtbare Drohung nicht erkennen, wenn wir die Nerven verlieren, dann wird die menschliche Freiheit so wirksam ausgeschaltet werden wie in ORWELLs „1984" (ORWELL, 1949). Trotz der Technik, die in einer totalitären Welt überleben würde, würde die versklavte Menschheit ihre Seele in der langen dunklen Nacht kultureller und intellektueller Barbarei verlieren. In dieser tragischen Stunde müssen wir wissen, wofür wir kämpfen. Wir müssen die Größe des Menschen schätzen, wir müssen unseren Glauben und unsere Hoffnung in den Menschen und sein Schicksal wiedergewinnen — sonst ist alles verloren.

XI. Bildungswesen und die Welt objektiven Wissens

1. POPPERs dritte Welt objektiven Wissens

Lassen Sie mich mit der Darlegung eines wissenschaftlichen Mißverständnisses beginnen, das ich benutzt habe, als ich gegen das Reduktionistendogma argumentierte, nämlich daß alles, Biologie und bewußte Erfahrung eingeschlossen, auf Physik und Chemie zurückzuführen sei. In der Vergangenheit habe ich die Frage gestellt: Was aber sind Physik und Chemie? Man wird mir zustimmen, daß damit nicht die Lehrbücher von Physik und Chemie oder die wissenschaftlichen Veröffentlichungen als solche oder die Institutionen und Laboratorien dieser Wissenschaften gemeint sind. Es ist noch nicht einmal der Physiker oder Chemiker *per se*. So fuhr ich fort zu erklären, daß letzten Endes Physik und Chemie nur Gedanken und Ideen von Physikern und Chemikern bei ihren Anstrengungen seien, die Manifestationen der natürlichen Welt zu verstehen und zu erklären, sei es durch direkte Beobachtung oder durch Beobachtung experimenteller Vorgänge. Diese Behauptung führte zu der zusätzlichen Aussage, daß Physik und Chemie auf diese Weise auf eine subjektive Kategorie zurückgeführt worden sind, und daß das Reduktionistendogma, wie oben ausgeführt, daher nicht als Stütze einer materialistischen Philosophie angesehen werden kann.

Ich fürchte jedoch, zugeben zu müssen, daß ich mich mit diesem ziemlich simplifizierenden Argument geirrt habe, das auf der Annahme beruht, daß es nur zwei Welten gebe — die Welt der Materie und Energie und die Welt der bewußten Erfahrung. Ich habe jede dritte Welt metaphysischer Natur, so wie sie zum Beispiel PLATOs Welt ewiger Wahrheiten darstellt, abgelehnt und fühlte mich daher an ein dualistisches Konzept gebunden. Wie jedoch im vorigen Kapitel erwähnt, habe ich kürzlich die aufregende Erfahrung gehabt, mit einer brillanten gedanklichen Entwicklung POPPERs (1968a, 1968b) konfrontiert zu werden, die es möglich machte, an eine dritte Welt zu glauben und viele meiner intellektuellen Probleme in diesem neuen Zusammenhang nochmals zu überdenken.

Im Zusammenhang mit dem vorliegenden Kapitel ist es wichtig, sich vorzustellen, daß alle Argumente, Diskussionen und Aufzeichnungen menschlicher intellektueller Anstrengungen in der dritten Welt angesiedelt sind. Ganz besonders gehören die Aufzeichnungen dorthin, die in Museen und Büchereien vorhanden sind (Abb. 34). In der dritten Welt befindet sich nur die Information, die in bestimmten Strukturen, die ihr als Vehikel dienen, symbolisch kodiert ist. Die materiallen Strukturen, die den Kode tragen wie Bücher, Bilder, Filme und selbst Computerspeicher wären selbstverständlich in der ersten Welt zu finden, der Welt aller Materie und Energie (Abb. 35, 36).

Kürzlich haben die Veranstalter der Weltausstellung, die in Japan geplant ist, um Vorschläge gebeten, was in der „Zeit-Kapsel" enthalten sein solle, die vergraben werden und in ferner Zukunft der Zivilisation zugänglich sein würde, die dann existierte. Erinnern wir uns an die zwei „Denk-Experimente" POPPERs, die in Kapitel X beschrieben sind, so ist offensichtlich, daß in die Kapsel in geeigneter kodierter Form all die bedeutende Welt-3-Information gesteckt werden sollte, die für die Wiedererrichtung der Zivilisation unumgänglich notwendig wäre, träte eine solche Katastrophe ein, wie sie in dem Denk-Experiment beschrieben ist.

Nach POPPER sollten wir bedenken, daß es zwei Wissensklassen gibt, die mit den zwei Sinngehalten übereinstimmen, in denen das Wort „Wissen" gebraucht werden kann. Da ist erstens das subjektive Wissen, von dem wir annehmen können, daß es im Neuronenmechanismus des Gehirns gespeichert wird und daß es bei bestimmten Gelegenheiten für den Rückruf zur Verfügung steht. Diese Wissensklasse schlösse all unsere Erinnerungen ein, soweit sie mit den Produkten menschlicher intellektueller Leistungen im Zusammenhang stünden. Zweitens gibt es das Wissen im objektiven Sinn, das natürlich das Wissen der dritten Welt bildet und das aus Problemen, Theorien und Argumenten besteht, die in geeigneter Form kodiert sind, so daß seine objektive Existenz gesichert ist, daß es unabhängig von irgend jemandes Behauptung, es zu kennen oder über es Bescheid zu wissen, weiterbestehen kann, und daß es unabhängig von jedem Glauben ist, dem die Menschen zu irgendeinem beliebigen Zeitpunkt anhängen. Es ist jedoch wichtig, sich in Erinnerung zu rufen, daß dieses objektive Wissen ein Produkt menschlicher intellektueller Tätigkeit ist. Es mag sich z. B. aus den Anstrengungen ergeben, theoretische Systeme und Erklärungen natürlicher Phänomene zu entwickeln, ja, selbst aus Problemen, die sich auf die Welt bewußter Erfahrungen beziehen, wie es in einigen Zweigen der Neurophysiologie, z. B. in der Psychophysik, geschieht.

Wir können sogar weitergehen und sagen, daß es in der dritten Welt Theorien gibt, die noch auf Entdeckung warten, wie es z. B. die Doppelhelixstruktur der DNS tat, bevor sie 1951 von CRICK und WATSON entdeckt wurde. In diesem Sinne können wir sagen, daß Theorien von menschlicher intellektueller Aktivität unabhängig sind, aber darauf warten, von ihr entdeckt zu werden. Zu jedem beliebigen Zeitpunkt der Geschichte mag sehr viel in Welt 3 vorhanden sein, das nur potentiell imstande ist, gewußt zu werden. Es ist größtenteils, aber nicht absolut und endgültig, autonom. Es gibt Beispiele großer intellektueller Erfolge, die irgendwann buchstäblich unbeachtet blieben, um später dann wiederentdeckt zu werden. Ein bekanntes Beispiel dafür ist MENDELs mathematisches Gesetz der Genetik. Als zweites Beispiel kann ich die Anstrengungen der Archäologie anführen, die als Versuch angesehen werden können, die Welt 3 alter Zivilisationen aufzudecken und zu entdecken. Archäologen sind besonders darauf eingestellt, selbst primitivste Beispiele menschlicher Kunstfertigkeit zu erkennen und sie von Objekten abzusondern, die durch natürliche Ursachen entstanden sind. Als Beispiel für eine hochentwickelte Archäologie können wir die Bemühungen anführen, geschriebene Sprachen entziffern zu wollen. Bis das gelungen ist, ist die angenommene Repräsentation einer Sprache für praktische Zwecke nicht in Welt 3, obwohl sie potentiell ein Teil von Welt 3 ist. Ein neueres Beispiel ist in Kapitel X aufgeführt, die Entzifferung der Linearschrift B der Minoischen Kultur.

Nachdem wir den Status von Welt 3 definiert haben, können wir nun zum Zusammenwirken der Welten 1, 2 und 3 kommen. Das Zusammenspiel von Welt 1 mit 2 und 2 mit 1 ist der bekannte Prozeß der Wahrnehmung einerseits und gewollter Handlung andererseits. Wir können dieses Zusammenspiel als die kontinuierlich und intensiv ablaufende Aktivität ansehen, die für bewußtes Leben charakteristisch ist. In Welt 2 ordnen wir alle subjektiven Zustände ein, die uns direkt bekannt sind. Ich würde alle unterbewußten Reaktionszustände in Welt 1 verweisen, selbst die, die ein hohes Aktivitätsniveau des Gehirns voraussetzen, wie z. B. das Unterbewußtsein, das von Psychiatern postuliert wird. So scheint es keinen Grund zu geben, anzunehmen, daß solche unterbewußten Aktivitäten mehr als die Vorgänge einschließen, die Physiologen und Biochemiker in höheren Nervensystemen untersuchen.

Diese Überlegungen bringen uns zu der Aussage, daß Welt 2 die ganze Welt bewußter Erfahrungen und sonst nichts einschließt. Das heißt, sie ist die Welt primärer Realität wie WIGNER (1964) sie definiert hat. Wie bereits — und besonders in den Kapiteln IV, V und X — angeführt, schließt sie die gesamte bewußte Wahrnehmung ein, Handlungen, Gedächtnis, kreatives Denken und Emotionen. Es ist wichtig, sich darüber klar zu werden, daß bewußte Wahrnehmung nicht nur Informationen über die Außenwelt gibt, sondern auch über die Vorgänge innerhalb des Körpers, wie sie von Schmerz, Hunger und Durst signalisiert werden. Aber auch sehr viel feinere Sinneseindrücke bei der Wahrnehmung emotioneller Zustände — Freude, Traurigkeit, Angst, Verzweiflung etc. und auch unsere Erfahrungen von Schönheit, Wunder, Ehrfurcht etc. werden registriert.

Es ist für Erziehung und Bildung von größter Bedeutung, das Zusammenspiel von Welt 2 und 3 zu überdenken. In Welt 3 haben wir den Gesamtbestand aller Kulturaspekte. Natürlich haben wir als gebildete Menschen in unserer subjektiven Welt 2 viel von der Kultur, die wir als Erinnerung gespeichert haben, die in Abb. 36 im Gehirn lokalisiert und als Welt 3 b gekennzeichnet war. Tatsächlich wurde fast die gesamte Kultur auf diese Weise weitergegeben, bevor die technische Entwicklung es möglich machte, Wissen auf eine haltbare Weise zu kodieren, wie es z. B. in der geschriebenen Sprache oder in anderen symbolischen Ausdrucksweisen in Kunst und Musik geschieht. In letzter Zeit haben wir durch den Gebrauch von Filmen und Mikrofilmen, Bändern, Lochkarten und Computer-Gedächtnissen signifikant zu dieser Art Kodierung beigetragen. In seiner Diskussion des Zusammenspiels von Welt 2 und 3 nimmt POPPER an, daß dieses Zusammenspiel direkt erfolgt. Zum Beispiel hätten wir von Welt 2 zu Welt 3 verlaufende Austauschvorgänge, die sich auf Theorien, Probleme und Diskussionen bezögen, während kulturelle, wissenschaftliche und künstlerische Beurteilungen in der umgekehrten Richtung abliefen. Ich stimme POPPERs Aussage zu, daß Welt 1 und 3 nicht direkt zusammenwirken, sondern nur durch Vermittlung der zweiten Welt — der Welt subjektiver und persönlicher Erfahrung. Ein Neurophysiologe würde jedoch erkennen, daß Welt 3 als solche von Welt 2 nicht direkt erfühlt werden kann. Als Physiologen müssen wir darauf bestehen, daß das kodierte Wissen von Welt 3 mit Hilfe von Welt-1-Mechanismen weitergeleitet werden muß, so wie sie benutzt werden, um einem Subjekt visuell erfühlte Daten (lesen) der kodierten Information zu geben, die auf Welt-1-Objekten (Büchern) geschrieben sind. Es erfolgt dann eine Weiterleitung durch den visuellen Mechanismus des menschlichen Auges und des Gehirns (Welt 1), und schließlich findet sich die dynamisch ablaufende Aktivität von Millionen von Neuronen in der Gehirnrinde (vgl. Abb. 33), die immer noch zu Welt 1 gehört. Die Bahn ist in Abb. 36 diagrammatisch dargestellt. An diesem Punkt kann der Physiologe nichts mehr sagen. Auf eine völlig unbekannte Weise erscheinen diese im sogenannten Liaison-Gehirn kreisenden kodierten Muster von Nervenimpulsen als bewußte Erfahrung in Welt 2 des Beobachters. Es ist keineswegs möglich, die physiologischen Begriffe, die sich auf das Zusammenspiel von Welt 2 und 3 beziehen, in der Weise weiterzuentwickeln, wie es in Kapitel VIII versucht wurde. Alles, was gesagt werden muß, ist, daß das System unglaublich komplexer ist, als es nach POPPERs Formulierung des Zusammenspiels von Welt 2 und 3 erscheint — und daß es, selbst auf dem vagesten Niveau des Verständnisses, jenseits jeden Begreifens liegt.

2. Bildung und die dritte Welt

Bildung kann als die Erziehung angesehen werden, die den bewußten Selbsts der zweiten Welt die Fähigkeit verleiht, die dritte Welt zu begreifen und zu verstehen. Es ist etwas, was wir alle zu tun gelernt haben. Zum Beispiel ist es Teil des Menschseins, eine Sprache zu lernen, und das bedeutet im Grunde, objektive Gedankeninhalte zu begreifen, die natürlich in Welt 3 sind und die im wesentlichen alles an Wissenschaft, Technik und schöpferischen Künsten, wie Literatur und Musik, enthalten. Die dritte Welt ist in gewissem Sinn PLATOs Welt der Formen und Ideen, in Wirklichkeit aber ist sie ganz verschieden, denn sie ist von Menschen erschaffen und gehört nicht zu einer Welt ewiger Wahrheit, wie PLATO sie vorschlug. Es ist vielmehr die Aufgabe und Leistung des Menschen als Schöpfer, die objektiven Denkinhalte der dritten Welt in der großartigen Weise geschaffen zu haben, die uns unsere gesamte Zivilisation gibt. Es war ein gemeinsames Unternehmen kreativer und kritischer geistiger Anstrengungen, das heißt, der schöpferischen Tätigkeiten der zweiten Welten zahlloser Individuen, und es ist ein weitergehender kreativer Prozeß. Eine Zivilisation blüht, wenn ihre intellektuellen Führer, der *Homo individualis* von FONTENAY (1968), die objektiven Denkinhalte der dritten Welt weiterentwickeln und verfeinern, wofür sie alle geeigneten Aufzeichnungen aus der Vergangenheit verwenden, die sie im Lichte ihres eigenen schöpferischen Scharfblicks umformen.

Die dritte Welt, wie sie von POPPER definiert wird, ist ein Produkt menschlichen Strebens, obwohl sie im Hinblick auf ihren ontologischen Status autonom ist. Sie hat sich weit über das Verstehen und die Wertschätzung des einzelnen Menschen hinaus entwickelt. Ihr Wachstum geht größtenteils auf einen positiven Rückkoppelungseffekt zurück, der aus der Herausforderung autonomer Probleme entsteht, von denen viele ungelöst bleiben werden. Zusätzlich wird es immer die faszinierende Erfahrung der Entdeckung neuer Probleme geben, was natürlich zum großen Erfolg der Wissenschaft in den vergangenen Jahrzehnten beitrug. Erziehung in ihrer höchsten Form kann als der Versuch angesehen werden, dem subjektiven Verstand in Welt 2 ein tieferes und breiteres Verstehen des objektiven

Denkens zu geben, das der Mensch in Welt 3 entwickelt hat. Das größte und wichtigste Bestreben im Bildungsprozeß muß sein, jede neue Generation zu informieren und zu inspirieren, indem man ihr sowohl Zutritt zum objektiven Wissen von Welt 3 als auch kritisches Urteilsvermögen im Hinblick auf diese Welt verschafft (ECCLES, 1966e).

Bildung ist ein durch das ganze Abenteuer des Lebens stets weitergehender Prozeß — das heißt für die, die das Leben als Abenteuer betrachten. Er kann zu einer Bereicherung der Erfahrung und der Begeisterung tieferen Verstehens führen. Wie POPPER (1968a) sagt:

> „Diese Selbst-Transzendenz ist die auffallendste und wichtigste Tatsache allen Lebens und jeder Evolution... und besonders der menschlichen Evolution.... Auf diese Weise heben wir uns an unsern Schuhbändern aus dem Morast unserer Ignoranz; wie wir ein Seil in die Luft werfen und dann daran hinaufklettern, falls es — wie unsicher es auch sei — an irgendeinem Zweiglein Halt findet."

Im Vergleich zu diesem Programm grenzenloser Erleuchtung, sehen wir uns in der gegenwärtigen Welt vielen sich entwickelnden Drohungen gegenüber. Da ist vor allem ein zynischer Materialismus und Irrationalismus und ein wachsendes Gefühl der Hoffnungs- und Bedeutungslosigkeit des Lebens. Aber viel drohender noch ist die totalitäre Tyrannei, die die freie Entfaltung und schöpferische Kraft des Menschen unterdrückt. Diese Tyrannei arbeitet mit der Entstellung der Wahrheit und der Zerstörung von Werten, so daß Worte nicht mehr dazu gebraucht werden, Sinn und Wahrheit zu übermitteln, sondern sie werden als Waffe gebraucht.

Ich zitiere aus einem kurzen Artikel von HERMAN WOUK über das Pueblo-Unglück und das Dilemma, dem sich Commander BUCHER gegenübersah:

> „Der Mangel an Kommunikation zwischen uns und den Kommunisten ist fundamental. Er geht bis an die Natur des Menschen und den Gebrauch von Worten. Im Westen hat das individuelle Leben einen hohen Wert, und Worte werden gegen einen Maßstab, Wahrheit genannt, gehalten. Im Machtbereich des Kommunismus verliert das Individuum sich selbst im Staat. Worte sind nur Werkzeuge für Krieg und Politik. Die Lüge als solche existiert nicht; Wahrheit steht im Verhältnis zu den Bedürfnissen des Staates. Gefangen in dieser anderen Welt, unterzeichnete Commander BUCHER ein Dokument

von „Werkzeug-Worten", um die Amerikaner am Leben zu erhalten, die er durch seine erste Entscheidung gerettet hatte. Nun, zurück in seiner eigenen Welt, muß er Rede dafür stehen, da unter unseren Bedingungen die Worte Lügen waren."

Man wird mit einer Zukunft konfrontiert, die ein katastrophaler Fall in die tragische Tiefe einer Danteschen Hölle sein könnte, wie in ORWELLs „1984" beschrieben. Wir haben die Alternative, uns von unseren gegenwärtigen Schwierigkeiten und Verwirrungen zu lösen und mit den großen zivilisierenden und kulturellen Leistungen fortzufahren, die die ruhmreiche Geschichte der Menschheit darstellen. Natürlich gab es Rückschläge und lange Perioden der Dunkelheit, aber immer wieder hat der Geist des Menschen triumphiert und neue Existenzniveaus in der objektiven Welt des Geistes geschaffen.

POPPER (1968a) sagt:

„Was die zweite Welt genannt werden kann — die Welt des Geistes — wird auf menschlichem Niveau mehr und mehr zum Verbindungsglied zwischen der ersten und der dritten Welt: all unsere Handlungen in der ersten Welt werden beeinflußt von unserem Zweite-Welt-Verständnis der dritten Welt. Wir formen oder „instruieren" diese Welt (des objektiven Wissens) nicht, indem wir in ihr den Zustand unseres Geistes ausdrücken, noch instruiert sie uns: beide, die dritte Welt und wir selbst wachsen durch gemeinsame Kämpfe und Selektion. Das, so scheint es, ist richtig auf dem Niveau des Enzyms und des Gens — man kann vermuten, daß der genetische Kode durch Selektion und Verwerfung operiert und nicht durch Instruktion und Anweisung — und durch alle Stufen bis zu der artikulierten und kritischen Sprache unserer Theorien."

Wie ich mich aus vielen Erfahrungen meines Lebens lebhaft erinnern kann, wird der junge Student mit den unglaublichen Unbekannten von Welt 3 konfrontiert, wie z. B. mit einer großen Bibliothek von Büchern. Er hat die Tendenz, davor zurückzuschrekken, als läge dies für immer außerhalb seiner begrenzten Erfahrungen. Er fühlt sich ganz natürlich eingeschüchtert durch diese unglaubliche Sammlung von Literatur, die das Welt-3-Wissen aus allen Zeitaltern verkörpert. Man hat das Gefühl einer einschüchternden Wissensmenge gegenüberzustehen, die sich offensichtlich bis zu einem unendlichen Horizont erstreckt. Wie kann man lernen, ganz auf sich gestellt, durch Felder zu streifen, die durch die großen kreativen Geister der Vergangenheit „bebaut" wurden? Das erinnert mich an die ursprüngliche Rolle des Universitätslehrers, der bei diesen Entdeckungen den Führer spielen sollte, so daß der Student schließlich lernt, Vertrauen in sich selber zu haben, nachdem er sozusagen die Kunst und Handfertigkeit der Navigation gelernt hat, so daß er in der Lage ist, allein zu reisen oder sogar ein Reisender zu werden, der andere durch die aufregenden und fruchtbaren Felder kreativer Aktivität führt.

Vielleicht könnte man die ideale Universitätsausbildung mit einer Serie von Hubschrauber-Flügen vergleichen, die über ein riesiges neues Territorium führen und bei denen erfahrene Reisebegleiter die interessanten und hervorstechenden Eigenheiten der Landschaft zeigen. Hin und wieder landet eine kleine Gruppe in einer besonders günstigen Gegend, die zur genauen Betrachtung und Schätzung anregt. Ich kann mir das als Modell für das, was eine gute Vorlesung sein sollte, vorstellen, nämlich eine Hubschrauber-Reise, die die hauptsächlichen Punkte eines Gebiets zeigt und schließlich das detaillierte Eingehen auf einige aufregende und neue Punkte, an denen der Dozent selbst gearbeitet hat.

Es ist wichtig, daß die Einführung des jungen Studenten in die dritte Welt nicht in zu abgedroschener und strenger Weise geschieht. Außerdem dürfen wir in intellektueller Beziehung nicht arrogant sein. Wir müssen den Studenten ehrlich entgegentreten, die Grenzen unseres Wissens zugeben und gleichzeitig das aufregende Abenteuer der Fragen an das Unbekannte klarlegen. Dieses Abenteuer hat seine großen Erfolge und jeder dieser Erfolge erweitert die Ausblicke auf das Unbekannte. Es ist eine gute Formulierung, daß ein Professor vor seinen Studenten als unwissender Mann, der noch lernt, auftreten sollte.

Ich habe es in meinen Vorlesungen stets so gehalten, daß die Studenten das allgemeine Material und auch die weniger interessanten Gebiete, die sie kennen müssen, die aber für eine persönliche Darstellung in einer Vorlesung nicht wichtig genug sind, selbst nachlesen können. Die Vorlesung sollte den abenteuerlicheren Aspekten des Projektes vorbehalten bleiben, so daß die Studenten die gerade ablaufenden akademischen Kämpfe erfühlen können, die in lebendigen Gebieten der Wissenschaft immer ablaufen. Amerikas größter Lehrer der Chemie, GILBERT NEWTON LEWIS, beschränkte seine Vorlesungen absichtlich auf die interessanten Gebiete der Chemie.

Ich glaube, daß ein Teil der studentischen Kritik gerechtfertigt ist, soweit sie die Praktik der Universitätslehrmethoden als eine einfallslose Darstellung von Standardwissen betrifft, die oft auch noch schlecht vorgetragen wird und eher als zusätzlicher Lesestoff angeboten werden sollte. Es ist wichtig, daß man sich vor Augen hält, daß die Universität in erster Linie damit beschäftigt sein sollte, dem jungen Studenten die Möglichkeit zu bieten für sich selbst in der Unendlichkeit der Welt 3 die Dinge zu entdecken, die ganz besonders mit seinen Interessen und Vorstellungen im Einklang stehen. Soll das in befriedigender Weise geschehen, dann müssen die Kurse flexibel gestaltet werden, und die Lehrer sollten selbst schöpferischer Natur sein und die Fähigkeit besitzen, ein Gefühl für Abenteuer in den Studenten zu erwecken.

a) Des Studenten Unzufriedenheit

Meine Kritik an der gegenwärtigen studentischen Unruhe ist, daß sie in eine so falsche Richtung geht. Sie hat fast keinen intellektuellen Inhalt, scheut die Realität und zielt nur auf emotionelle Befriedigung und den Sinn für animalisches Zusammengehörigkeitsgefühl. Professor J. MCAULEY (1969) zeigte die Grundzüge des Studentenaktivismus auf, die erkennen lassen, daß es sich um einen neu entstehenden Faschismus des linken Flügels handelt:

„Die Revolte gegen Liberalismus und eine verfassungsrechtliche Regierung; der Kult der Jugend; die Ablehnung von „bürokratischen" und „materialistischen" Institutionen zugunsten einer unprogrammierten Zukunft, die durch die Spontaneität einer Handlung gekennzeichnet sein soll; die Meinung, zu einer charismatischen Elite zu gehören, deren Aufgabe, den veralteten Schwindel des bürgerlichen Liberalismus zu zerstören, selbst gewählt ist und deren Stil die totale und beleidigende Verachtung normaler Leute ist; das niedrige Niveau der Theoretisierung, die in jedem Fall in ihrer Tendenz irrational ist; man kann auch die Manie zur Verkleidung und zum Theaterspielen hinzufügen — und die phantastische Selbstüberheblichkeit, die von psychisch nicht ganz einwandfreien, labilen Personen zur Schau getragen wird."

Es werden praktisch keine Anstrengungen gemacht, Kurse nach ihrem akademischen Inhalt einzuschätzen, sondern sie werden nur nach ihrem Verhältnis zu unmittelbaren sozialen Problemen beurteilt. Die augenfälligste dieser Tragödien ist der Versuch schwarzer Studenten, Kurse zu finden, die der Geschichte, Kultur und Macht der schwarzen Rasse gewidmet sind und nicht der Mathematik, Ingenieurwissenschaft, Medizin oder Physik. Der verstorbene TOM MOYBA aus Kenia kritisierte den Großteil der Bildung, der in der Vergangenheit den aus den afrikanischen Kolonien hervorgehenden Menschen offenstand, da er fälschlicherweise auf Jura und Sozialwissenschaften und nicht auf die „harten" Fächer von Naturwissenschaft, Technologie, Chemie, Physik, Medizin und Ingenieurwissenschaften ausgerichtet war. Und doch wird die gleiche falsche Entwicklung von der Black-Power-Bewegung gefordert — Kurse, die auf politischen Aktivismus ausgerichtet sind, aber nicht die Kurse, die schwarzen Menschen in diesem wissenschaftlichen und technologischen Zeitalter die besten Möglichkeiten bieten würden.

Die „weichen" Sozialwissenschaften sind eine Demonstration für den Grad des Zerfalls der Ideale von Gelehrtentum und Kreativität, die bis vor kurzem die ihres Namens würdigen Universitäten charakterisierten. Als Beispiel zitiere ich aus einem Artikel "The Myth of the Free Scholar" von Dr. WOLFE (1969), Assistant Professor of Political Science am State University College in Old Westbury. Er ist im Stil eleganten Zynismus geschrieben, der bei jungen Akademikern mit fortgeschrittenem Dünkel beliebt ist und war speziell für den Abdruck in der "University Review" der State University New York ausgewählt worden. Selbst wenn er nur zum Teil wahr wäre, so wäre er doch eine schwere Anklage gegen politische Wissenschaften als akademische Disziplin. Wie durch das erste Zitat gezeigt wird, steht er im Gegensatz zu meinem Versuch, die Ausbildungsstadien eines Wissenschaftlers zu umreißen:

„Ich würde meinen, daß unsere Universitäten wegen des ‚laissez-faire'-Pluralismus, der dort existieren darf, in einem sehr schlimmen Zustand sind. Ich habe im Grunde genommen zwei Anklagepunkte. Der erste ist, daß das Anklammern an ein unechtes Modell freier Gelehrter die Wirklichkeit bis zu einem Punkt verdunkelt hat, an dem akademische Einrichtungen fast vollkommen das definieren können, was als wissenschaftliche Forschung anerkannt werden soll. Dieses Anklammern wird dazu benutzt, die Macht, die diese Individuen haben, zu rechtfertigen und dient dazu, Leute von der Universität wegzuschicken, die nicht kooperieren wollen. Das Resultat ist, daß die Universität sich von anderen Institutionen nur noch dadurch unterscheidet, daß sie ein bißchen heuchlerischer ist. Zweitens hat der akademische Pluralismus das Vorherrschen konservativer Gelehrsamkeit in einer konservativen Gesellschaft sichergestellt."

Als Alternative schlägt WOLFE vor:

„Ich möchte die These aufstellen, daß, da der Sozialismus die hauptsächlichste Alternative zu „laissez-faire" ist, die soziale Universität die Alternative zum jetzigen Zustand ist. Die soziale Universität ist nicht in erster Linie mit dem abstrakten Streben nach Gelehrsamkeit beschäftigt, sondern damit, durch den Gebrauch des Wissens, das durch Gelehrsamkeit angehäuft wurde, soziale Veränderungen herbeizuführen. Daher anerkennt sie nicht das Recht ihrer Mitglieder, das, was sie zu tun wünschen, auch wirklich zu tun: statt dessen nimmt sie an, daß alle ihre Mitglieder der sozialen Veränderung dienen wollen. Um ein Beispiel zu geben: ein Kurs, der sich mit der Kontrolle eines Aufstandes befaßt, wäre in einer solchen Universität fehl am Platze; jedoch ein Kurs, der Aufstandsmethoden lehrt, wäre eventuell vollkommen annehmbar."

Es ist ganz offensichtlich, daß die „soziale Universität" nichts anderes als eine Brutstätte für politische Macht wäre, die nach totalitären Gesichtspunkten geführt werden würde. Diese Extreme von Radikalismus und Intoleranz bei den jüngeren Fakultätsmitgliedern der „weichen" Sozialwissenschaften zeigen den Grad des Aufruhrs in Universitäten, der so eindrücklich von MCAULEY (1969) beschrieben wurde:

„Der totalitäre Einschlag des neuen Radikalismus zeigt sich in seinem Willen, alles zu politisieren, alles in ein Vehikel für revolutionäre Handlungen zu verwandeln: ganz besonders, um die Universität von einem Sitz der Gelehrsamkeit in ein privilegiertes Heiligtum für die Ausübung des Guerillakrieges gegen die Allgemeinheit und die Regierung zu verwandeln, in eine Abschußrampe für politische Raketen, wie z. B. Demonstrationen, Aufstände, Hilfeleistungen für den Feind und für die Organisation „zivilen Ungehorsams". Die wesentliche Unmoralität dieses Vorgehens muß klar hervorgehoben werden. Jede Institution schließt einen moralischen Vertrag ein, und diesen Vertrag zu brechen, bedeutet einen Akt von Ungerechtigkeit gegen seine Mitmenschen zu begehen."

Und trotzdem sprechen so viele Eltern von der rebellierenden und ruhestörenden Jugend nur als von den „Kindern", so als ob diese Kinder an verspäteten Pubertätserscheinungen litten. Das scheint daran zu liegen, daß die Eltern von den Kindern konditioniert wurden, an die Märchen über sie zu glauben. Wann immer ich auch Gespräche über „Kinder" anhören muß, schüttle ich mich, denn die emotionell verzerrten Geschichten stinken vor lauter Sentimentalität! Es entsteht die Illusion, daß die neue Generation hohe moralische Zwecke und Hingabe verfolgt — einige tun es — aber viel zu viele zeigen Arroganz und Stolz in ihrem positiven Anspruch, besser als die alte Generation zu sein. Sie sind sich nicht bewußt, daß Arroganz und Stolz die größten Übel sind. Außerdem ist ihr Verlangen, „den Laden selbst schmeißen" zu wollen, ein Verlangen nach Selbstbeweihräucherung, das so oft seine Befriedigung in Drogenabhängigkeit und dem daraus resultierenden Persönlichkeitszerfall und Degeneration findet. Schlimmer noch ist das schreckliche Übel, Unerfahrene und Unschuldige dazu zu verleiten, auf psychedelische Trips zu gehen, die furchtbare, ja sogar lebensgefährliche Folgen haben können. Moderne „Seher" halten vor Studenten die Predigten, die die Studenten über Frieden und die Schrecken des Krieges und des Tötens hören wollen, aber ich warte noch darauf, den „Seher" zu hören, der gegen Drogenmißbrauch und vor allem gegen die Verführung Unschuldiger redet.

Die Studentenunruhen erscheinen mir wie die Bergkrankheit oder eine andere Mangelkrankheit. Die Studenten fühlen, daß irgend etwas am Bildungswesen, das ihnen ja für ihre Reise in die Zukunft „passen" sollte, falsch ist, aber sie kennen die Natur der Krankheit nicht, die für die Symptome, die sie spüren, verantwortlich ist. Das epidemische Auftreten einer unbekannten Krankheit führt zur dreisten Diagnose und Behandlung durch korrupte und fehlgeleitete Machtstreber. Was wir brauchen, ist nicht diese falsche Therapie durch Medizinmänner und akademische Quacksalber, sondern weise, geduldige und begeisterte Anstrengungen, die Krankheit zu verstehen, um sie dann mit Geschick und Erfolg zu behandeln.

b) Erziehung für die Zukunft

Die Universitäten sind zum gegenwärtigen Zeitpunkt zu groß und durch die Massen verstört. Der Homo socialis, wie er von CHARLES

FONTENAY (1968) definiert wird, hat die Macht übernommen. Wir hatten z. B. das schreckliche Schauspiel eines Hippie-Studenten, der in einer Diskussion zwischen Studenten und Fakultät in Buffalo sagte: „Dies ist genauso gut meine Universität wie die von MEYERSON und REGAN" — womit er den Präsidenten und den geschäftsführenden Präsidenten meinte. Die ursprüngliche Funktion der Universitäten, Freistätten von Gelehrtentum und Forschung zu sein, ist in dem Verlangen untergegangen, daß sie Dienstleistungsbetriebe für die Gesellschaft werden und eine technische oder sonst berufliche Ausbildung für die große Masse der Jugendlichen bieten sollten. Außerdem sollten sie zu Zentren für die Diagnose und die Behandlung der Krankheiten werden, die die Gesellschaft heutzutage heimsuchen — wie z. B. die Zunahme der Gewalt, der Verfall der Städte, die Luft-, Land- und Wasserverschmutzung, die Enthumanisierung einer Existenz in einer mechanisierten Gesellschaft. Die Entwicklung anpassungsfähiger Einrichtungen hätte vielleicht die Möglichkeit geschaffen, durch die diese große Bürde hätte toleriert werden können, ohne daß die vitale Rolle der Universität, nämlich ihre Funktion, sich als akademisches Zentrum der Assimilation und Weitergabe des kulturellen Erbes der Menschheit zu widmen, und als Zentrum für schöpferische Tätigkeiten der intellektuellen Elite in den Geistes- und Naturwissenschaften zu wirken, zu zerstören. Aber jetzt scheint es für derartige Adaptationen zu spät zu sein, die zur friedvollen Entstehung sehr viel mehr Zeit brauchten als vorhanden ist. Man kann sich das Entstehen von Instituten vorstellen, die mit Universitäten genauso assoziiert sind wie Spitäler mit medizinischen Fakultäten.

Es gibt in der ganzen freien Welt eine Verschwörung, die Universitäten durch gewalttätige Zersetzung zu zerstören, indem nicht gangbare Forderungen gestellt werden. Große Universitäten sind durch die Unruhen weitgehend lahmgelegt worden, und die, auf die die Unruhen noch nicht übergegriffen haben, sind so verängstigt, daß die akademische Arbeit sehr leidet. Die Anpassungen, die in Angriff genommen wurden, wurden von den aufständischen Studenten und Fakultäten nur als Befriedungspolitik der bereits geschlagenen Universitäten betrachtet. Daher werden weitere indiskutable Forderungen gestellt werden, bis die Universitäten den großen kulturellen Institutionen der Vergangenheit nur noch dem Namen nach gleichen. Es scheint sicher, daß der tragischste Verlust der der akademischen Freiheit ist, die der kostbarste Schatz der Universitäten war. Gewalttätigkeit hat die rationale Diskussion ersetzt, die bisher die Universitäten so besonders ausgezeichnet hat.

Was also ist zu tun? Ich zähle mich zu den Akademikern, die keinen Geschmack an diesem Kampf finden und die erkennen, daß er ihre kreative Arbeit paralysieren würde, ohne daß er überhaupt einen Zweck hat. Wir sehen, daß die sogenannten Universitäten von dieser destruktiven Woge studentischen Protests überschwemmt werden. Und doch sehen wir deutlicher denn je die Notwendigkeit für Inseln des Friedens und der Freiheit, wo Gelehrsamkeit und kreative Arbeit fortbestehen können. Sonst ist unsere Zivilisation in der progressiven und universalen Degradierung verloren, die der Mensch erfährt, wenn die Masse jede menschliche Aktivität dominiert. Dieser ausschlaggebende Faktor für den Niedergang von Zivilisationen wurde von FONTENAY (1968) in seinem Buch "Epistle to the Babylonians" sehr gut beschrieben. Eine Zivilisation gerät in Vergessenheit, wenn der *Homo individualis*, der kreative Mensch, nicht mehr als Führer der Massenmenschen, *Homo socialis*, akzeptiert wird. Genau das war schon mehrmals der Fall, und man braucht kein Pessimist zu sein, um zu fürchten, daß unsere Epoche auf der Bühne der Geschichte schon gut über den Zenith brillanter Erleuchtung hinaus ist. Haben unsere sogenannten Künstler das nicht durch die miserablen traumatischen Erfahrungen, die sie unserem Auge und Ohr bieten, allzu klar gemacht?

Ich bin kein Advokat der Verzweiflung, aber ich möchte die übergroße Dringlichkeit der gegenwärtigen historischen Situation und gleichzeitig die Notwendigkeit für neue, kreative Anstrengungen unserer Gesellschaft betonen, damit der *Homo individualis* die Gelegenheit bekommt, unsere kranke und verfallende Zivilisation zur Gesundheit zurückzuführen. Ich glaube, daß die großen Mega-Universitäten so überfordert und bedroht sind, daß viele von ihnen nicht mehr als geeignete Zufluchtsstätten für Gruppen von Homines individuales angesehen werden können, die relativen Frieden für Arbeit und Nachdenken brauchen, die zu großen schöpferischen Leistungen führen. Ein neues Aufflammen kreativer Aktivität könnte dem Menschen wieder den Glauben an sich selber geben, so daß ihm bei der großen Aufgabe, eine neue Zivilisation zu bauen, Erfolg beschieden sein wird, wenn wir vom 20. ins 21. Jahrhundert weiterschreiten.

Es gibt bereits kleine Institutionen für die intellektuelle Elite, die als "Institutes for Advanced Study" bekannt sind. Ein berühmtes ist in Princeton, die Rockefeller University ist ein anderes. Die bedrängten Intellektuellen brauchen mehr davon. Ich habe 14 Jahre lang unter sehr angenehmen Bedingungen am Institute for Advanced Studies of the Australian National University in Canberra gearbeitet. Retrospektiv und wie es durch unsere Forschungsergebnisse belegt wird, kann ich mit vollem Vertrauen versichern, daß wir dort ideale Verhältnisse gefunden hatten. Es besteht eine dringende Notwendigkeit für mehr dieser sogenannten „Elfenbeintürme", sonst geht unsere Zivilisation auf dem „Marktplatz" verloren, der den symbolischen Platz eines großen Teils einer modernen Universität darstellt. Diese Institute brauchten nicht isoliert zu existieren, sondern könnten integrierte Teile bestehender Universitäten sein, bzw. sie könnten, wie in Princeton, nebeneinander leben. Man kann hoffen, daß von solchen akademischen Oasen regenerative Ideen für die Zukunft, deren Gestaltung unsere Aufgabe ist, zu den großen Universitäten fließen werden.

GASTON BERGER (1967a, 1967b), der Begründer der einflußreichen „prospektiven" Richtung der Philosophie, regt an, daß wir die Zukunft nicht als Extrapolation gegenwärtiger Trends, sondern als Problem, dem wir die Stirn bieten müssen, betrachten sollten. Das Problem der Bildung liegt darin, daß der Mensch für etwas erzogen werden muß, das noch nicht geschehen ist. Aber natürlich ist der Mensch selbst in hohem Maße daran beteiligt, diese — bisher noch unbekannte — Zukunft zu formen. Das große Verdienst dieser Aussage ist, daß sie eine Flexibilität in der Ausführung voraussetzt. Sie setzt weiterhin voraus, daß die Bildung nicht auf die weichen Sozialwissenschaften konzentriert wird. Im Gegenteil: das Ziel „prospektiver" Bildung muß es sein, erfahrene Denker heranzuziehen, die sich von ihrer sicheren Basis aus, die durch das Verstehen und die Würdigung der Geschichte der Menschheit im langen und heroischen Kampf gegen die Barbarei gebildet wird, in die Zukunft hinauswagen. Einfühlungsvermögen und Weisheit würden die Kreativität leiten, so daß die größtmögliche Flexibilität mit einem Minimum von Dogmatismus erreicht wird. Nur die grundlegenden akademischen Disziplinen können die essentielle Grundlage vermitteln, auf der die Zukunft gebaut werden sollte.

Dieses Konzept bringt uns zum Thema dieses Kapitels zurück —nämlich Bildung und die Welt objektiven Wissens. Jedes Zeitalter muß das Erbe aus Welt 3, das aus der Vergangenheit stammt, kennen und einschätzen. Die wesentliche Rolle der Universitäten und der ihnen angeschlossenen Institutes of Advanced Studies ist es, den Studenten jeder Generation die Gelegenheit zu geben, die Reichtümer von Welt 3, die sie für attraktiv und erstrebenswert halten, zu erfühlen, zu erfahren und sich in sie zu versenken. Es ist offensichtlich, daß dies keine weiche und einfache Wahl ist. Sie bringt mit sich eine große Hingabe und Ernsthaftigkeit des Zwecks, aber das ist der Preis für das Abenteuer, das unser ist, wenn wir ein Leben führen, das auf die großen Ausblicke von Schönheit, Wahrheit und Güte eingestimmt ist, die das Erbe des zivilisierten Menschen sind.

XII. Epilog

Man kann sagen, daß der philosophische Standpunkt, der in diesem Buch eingenommen wurde, den Vorteil mit sich bringt, im Prinzip alle Erfahrungen einzuschließen. Er hat auch das Verdienst, daß er auf dem gegenwärtigen wissenschaftlichen Verstehen des Gehirns aufgebaut ist. Ich gebe zu, daß die philosophischen Abenteuer sich auf einem sehr elementaren Niveau abspielen, aber ich glaube, daß sie in sich selber konsequent sind und daß die metaphysischen Voraussetzungen für die gedanklichen Entwicklungen adäquat sind. Diese Eigenschaften haben allen materialistischen und behaviouristischen Philosophien deutlich gefehlt. Diese Philosophien lehnen die Erfahrung willkürlich ab und basieren auf initialen metaphysischen Annahmen, obwohl später die Metaphysik verworfen wird.

Wir wissen, daß Personen nicht nur handelnde Einheiten sind, denn wir können in uns hineinsehen und unsere eigene bewußte Individualität erkennen. Deswegen warne ich Sie vor Philosophien, die angeblich ausschließlich auf der Natur des Menschen als handelndes Wesen aufgebaut sind und die zu einer Karikatur des Menschen führen, einem Computer, einem kybernetischen oder Roboter-Menschen. Für viele bilden diese Philosophien befriedigende Erklärungen für den Menschen — wie er von außen gesehen wird —, aber sie versagen furchtbar, wenn sie auf den Menschen, wie er von innen gesehen wird, angewendet werden. Das ist die Vorzugsstellung, die jeder von uns im Hinblick auf sich selbst hat.

In seinem neuen Buch "So Human an Animal" hat RENÉ DUBOS (1968) das Problem des Menschen in praktisch der gleichen Weise wie in Kapitel I dargelegt:

„Das drängendste Problem modernen Lebens ist wahrscheinlich das Gefühl des Menschen, daß das Leben seine Bedeutung verloren hat. Die althergebrachten religiösen und sozialen Glauben sind durch wissenschaftliche Kenntnisse und die Absurdität weltlicher Vorgänge ausgerottet worden. Als Resultat wird der Ausdruck „Gott ist tot" sowohl in philosophischen als auch weltlichen Kreisen gebraucht. Da das Konzept Gottes die Totalität der Schöpfung symbolisiert, ist der Mensch nun ohne Anker. Die, die den Tod Gottes bestätigen, deuten damit den Tod des traditionellen Menschen an, dessen Leben durch seine Bezeichnung zum Rest des Kosmos Bedeutung bekam. Die Suche nach Bedeutung, die Formulierung neuer Bedeutungen für die Worte Gott und Mensch mögen die lohnendste Aufgabe in diesem Zeitalter der Angst und Entfremdung sein."

Das Wort „Entfremdung" wird seit kurzem sehr viel gebraucht, um des Menschen mißliche Lage zu beschreiben, da er erkennt, daß er nicht mehr den Glauben besitzt, das Leben mit Hoffnung zu leben. In Kapitel I waren mehrere Gründe für die gegenwärtige Krankheit der Menschheit angegeben, die Krankheit, die sich in Angst und Entfremdung äußert.

Der Titel dieses Buches „Wahrheit und Wirklichkeit" bezieht sich auf persönliche Wirklichkeit, und das Buch befaßt sich mit dem Versuch der Einzelperson, ihre eigene persönliche Existenz als einzigartiges bewußtes Selbst zu meistern — wie es besonders in den Kapiteln IV, V, VI und X behandelt ist.

Es wird in den Kapiteln II und III offensichtlich, daß es unfaßbare Unbekannte in der wissenschaftlichen Anstrengung gibt, die Struktur und die Wirkungsweise des Gehirns zu verstehen und dies mit den bewußten Erfahrungen zu korrelieren, die in bestimmter Weise von den Aktivitäten der phantastisch komplexen Neuronenorganisation des Gehirns abhängen (Kapitel IV, V, VI u. VIII). Da Wissenschaft selbst von der Gehirntätigkeit abhängt, fragt man sich mit Recht, ob es je eine vollständige wissenschaftliche Beschreibung des Gehirns geben wird. Wie schon gesagt, besteht ein Paradoxon in einem Gehirn, das versucht, sich selbst zu verstehen. Trotzdem ist die Macht moderner wissenschaftlicher Techniken so groß, daß wir große Entdeckungen auf dem Gebiet der Gehirnforschung voraussehen können. Wir werden von bestimmten Dingen sehr viel mehr verstehen, wie z. B. von Gedächtnis und Bewegungskontrolle, aber fundamentale Probleme, wie die Rolle der Geist-Gehirn-Liaison bei der Wahrnehmung oder freier Wille, werden außerhalb jeder denkbaren Untersuchung bleiben. Es scheint, als ob diese Probleme nur auf Kosten einer völligen Veränderung der Wissenschaft in einer zur Zeit noch nicht vorstellbaren Weise gelöst werden könnten (Kapitel IV, V u. VIII).

Zweifellos ist für viele die Wirklichkeit der man gegenübersteht, die Realität der Konfrontation der Weltmächte, bewaffnet mit Atomwaffen, die, wenn sie ‚losgelassen‘, furchtbare Zerstörung bringen würden. Und eine dieser Mächte ist eine totalitäre Tyrannei und der einzige aggressive Imperialismus in der Welt von heute. Aber man muß sich diesen schrecklichen Tatsachen nicht beugen. Dieser Realität gegenüberzustehen, ist das Thema vieler Bücher. Doch die Wirklichkeit, die das Thema dieses Buches ist, ist umfassender, denn sie befaßt sich mit der bewußten Existenz, die unabänderlich mit dem Tod der Tyrannen als auch dem der Versklavten und Freien endet. Dies ist die Realität, der jeder von uns gegenübersteht — oder die zu sehen er sich weigern kann!

Gegen Ende seines bedeutenden Buches "Man on his Nature" faßt SHERRINGTON (1940) die Reise zusammen, die seine Zuhörer während der Gifford Lectures der Universität Edinburgh in den Jahren 1937 und 1938 durchlebt hatten:

„Wir haben, wie es scheint, zurückverfolgt, wie wir so gemacht sind, daß unsere Welt, die unsere Erfahrung und *eine* Welt ist, eine täglich wiederkehrende, eine Welt der Aus- und Einblicke, des erfahrenen Wahrnehmbaren und des erfahrenen Nichtwahrnehmbaren. Diese Welt in ihrer ganzen Fülle an Inhalt und Ausdehnung belastet die Ausdrucksmöglichkeit mit Aussage. Und doch ist sie uns insoweit gegeben, als wir sie erfassen, und zwar als eine kohärente Harmonie. Mehr, sie zeigt uns Werte wie Wahrheit, Güte, Schönheit. Sicherlich sind dies für uns Kompensationen für vieles. Und wird diese Kompensation nicht wachsen? Güte wird wachsen; Wahrheit wächst; und so wie die Wahrheit auch die Schönheit. Musik umfaßt, was einst Disharmonien waren — mit dem Feinerwerden ihres Gehörs. Der Geist, der damit anfing ein Ding zu sein, hat sich wahrhaftig — wie so oft in der Evolution — zu einem andern Ding entwickelt. Sollte der Geist dazu bestimmt sein, in der verheerenden Umwälzung der Natur unterzugehen und der menschliche Geist mit ihm, wird der Mensch doch seine Kompensation gehabt haben: eine kohärente Welt und sich selbst als ihr Bestandteil gesehen zu haben. Einen Moment lang eine Harmonie gehört zu haben, in der er eine Note darstellt. Und einer Harmonie zu lauschen, bedeutet das nicht, sich mit ihrem Komponisten zu unterhalten?"

Wir können Hoffnung haben, wenn wir die Wunder und das Geheimnis unserer Existenz als erfahrende Wesen erkennen und schätzen. Die Menschheit könnte von ihrer Entfremdung geheilt werden, wenn diese Botschaft sowohl mit der Autorität von Wissenschaftlern und Philosophen als auch dem phantasievollen Scharfblick der Künstler ausgedrückt werden würde. In diesem Buch beschreibe ich meine Anstrengungen, eine menschliche Person, mich selbst, als erfahrendes Wesen zu verstehen. Ich biete es dar in der Hoffnung, daß es dem Menschen helfen möge, einen Weg aus seiner Entfremdung zu finden und sich der schrecklichen und wundervollen Wirklichkeit seiner Existenz zu stellen — mit Mut, Glaube und Hoffnung. Ich bete, daß der Mensch einen verwandelnden Glauben an die Bedeutung und den Sinn dieses wundervollen, ja unglaublichen Abenteuers entwickelt, das jedem von uns auf dieser unserer lieblichen und zuträglichen Welt begegnet, der Welt, die selbst nur ein bloßes Korn im unendlichen Kosmos der Galaxien ist. Wegen des Geheimnisses unserer Existenz als einzigartige selbstbewußte Wesen, können wir Hoffnung haben, wenn wir unsere eigenen sanften, sensiblen und verwehenden persönlichen Erfahrungen gegen den Terror und die Unermeßlichkeit unbegrenzbaren Raumes und unbegrenzbarer Zeit setzen. Sind wir nicht Teilnehmer an einem Sinn, wo es keinen Sinn mehr gibt? Nehmen wir nicht teil, und haben wir keine Freude an Gemeinschaft, Freude, Harmonie, Wahrheit, Liebe und Schönheit dort, wo sonst nur das seelenlose Universum wäre?

Literaturverzeichnis

ABELSON, P. H.: Paleobiochemistry, Scientific American, **195**, 83–92 (1956).

ADLER, M. J.: The difference of man and the difference it makes. New York-Chicago-San Francisco: Holt, Reinhart and Winston 1967.

ADRIAN, E. D.: The physical background of perception, 95 pp. Oxford: The Clarendon Press 1947.

AGRANOFF, B. W.: Agents that block memory. In: The neurosciences, ed. by G. C. Quarton, T. Melnechuk and F. O. Schmitt. New York: Rockefeller University Press 1967.

ALBE-FESSARD, D., FESSARD, A.: Thalamic integrations and their consequences at the telencephalic level. In: Progress in brain research, vol. 1, Brain mechanisms, ed. by G. Moruzzi, A. Fessard and H. H. Jasper, p. 115–154. Amsterdam: Elsevier Publ. Co. 1963.

ANDERSEN, P., HOLMQVIST, B., VOORHOEVE, P. E.: Entorhinal activation of dentate granule cells. Acta physiol. scand. **66**, 448–460 (1966).

BAILLIE, J.: And the life everlasting. London: Oxford University Press 1934.

BARONDES, S. H.: The mirror focus and long-term memory storage. In: Basic mechanisms of the epilepsies, ed. by H. H. Jasper, A. A. Ward and A. Pope. Boston: Little, Brown & Company 1969.

— COHEN, H. D.: Delayed and sustained effect of acetoxycycloheximide on memory in mice. Proc. nat. Acad. Sci. (Wash.) **58**, 157 (1967).

— — Memory impairment after subcutaneous injection of acetoxycycloheximide. Science **160**, 556 (1968).

BASMAJIAN, J. V.: Control and training of individual motor units. Science **141**, 440–441 (1963).

BELOFF, J.: The existence of mind. London: MacGibbon & Kee 1962.

BERGER, G.: Sciences humaines et prévision, p. 16–26. Étapes de la Prospective. Paris: Presses Universitaires de France 1967a.

— L'Attitude prospective, p. 27–34. Étapes de la Prospective. Paris: Presses Universitaires de France 1967b.

BLACKETT, P. M. S.: Address of the President. Proc. roy. Soc. B **196** V–XVIII (1968).

BLISS, T. V. P., LØMO, T.: Plasticity in a monosynaptic cortical pathway. J. Physiol. (Lond.) **207**, 21 P (1970) and unpublished observations.

BRAIN, W. R.: Mind, perception and science, 90 pp. Oxford: Blackwell Scientific Publications 1951.

BREMER, F.: Neurophysiological correlates of mental unity. In: Brain and conscious experience, p. 283–297, ed. by J. C. Eccles. Berlin-Heidelberg-New York: Springer 1966.

BROOKS, C., McC., ECCLES, J. C.: An electrical hypothesis of central inhibition. Nature (Lond.) **159**, 760–764 (1947a).

BROWN, J.: Short-term memory. Brit. med. Bull. **20**, 8–11 (1964).

BURNS, B. D.: Some properties of the isolated cerebral cortex of the unanaesthetized cat. J. Physiol. (Lond.) **112**, 156–175 (1951).

— The mammalian cerebral cortex, 119 pp. London: Edward Arnold Ltd. 1958.

BUSER, P., IMBERT, M.: Sensory projections to the motor cortex in cats: a microelectrode study. In: Sensory communication. Symposium on principles of sensory communication, ed. by W. A. Rosenblith, p. 607–626. London: John Wiley & Sons, Inc. 1961.

CALVIN, M.: Chemical evolution. Eugene, Oregon: University of Oregon Press 1961.

— Chemical evolution. London: Oxford University Press 1969.

CASSIRER, E.: An essay on man. New Haven: Yale University Press 1944.

CHAMBERLAIN, T. J., HALICK, P., GERARD, R. W.: Fixation of experience in the rat spinal cord. J. Neurophysiol. **26**, 662–673 (1963).

CHORON, J.: Death and western thought. London: Ballica-Macmillan 1963.

— Modern man and mortality. New York: The Macmillan Company 1964.

COLONNIER, M. L.: The structural design of the neocortex. In: Brain and conscious experience, p. 1–23, ed. by J. C. Eccles. Berlin-Heidelberg-New York: Springer 1966.

— Synaptic patterns on different cell types in the different laminae of the cat visual cortex. An electron microscope study. Brain Res. **9**, 268–287 (1968).

— ROSSIGNOL, S.: Heterogeneity of the cerebral cortex. In: Basic mechanisms of the epilepsies, ed. by H. H. Jasper, A. A. Ward and A. Pope. Boston: Little, Brown & Company 1969.

COOMBS, J. S., CURTIS, D. R., ECCLES, J. C.: The generation of impulses in motoneurones. J. Physiol. (Lond.) **139**, 232–249 (1957).

— ECCLES, J. C., FATT, P.: The inhibitory suppression of reflex discharges from motoneurones. J. Physiol. (Lond.) **130**, 396–413 (1955).

COWAN, J. D.: Redundant automata as models of neuron assemblies. In: Information processing in the nervous system. p. 397–403, ed. by R. W. Gerard and J. W. Duyff. Amsterdam: Excerpta Medica 1964.

CRAWFORD, B. H.: Visual adaptation in relation to brief conditioning stimuli. Proc. roy. Soc. B **134**, 283–302 (1947).

CREUTZFELD, O., FUSTER, J. M., HERZ, A., STRASCHILL, M.: Some problems of information transmission in the visual system. In: Brain and conscious experience, ed. by J. C. Eccles, p. 138–160. Berlin-Heidelberg-New York: Springer 1966.

CRICK, F.: Of molecules and man, 117 p. Seattle: University of Washington Press 1966.

CURTIS, D. R., ECCLES, J. C.: The time courses of excitatory and inhibitory synaptic actions. J. Physiol. (Lond.) **145**, 529–546 (1959).

— — Synaptic action during and after repetitive stimulation. J. Physiol. (Lond.) **150**, 374–398 (1960).

DALE, H. H.: The beginnings and the prospects neurohumoral transmission. Pharm. Rev. **6**, 7–13 (1954).

DESCARTES, R.: Philosophical works, trans. E. S. Haldane and G. R. T. Ross. Cambridge: Cambridge University Press 1931.

DEUTSCH, M.: Evidence and inference in nuclear research. In: Evidence and inference, ed. by D. Lerner, Glencoe, Ill.: The Free Press 1959.

DEWEY, J.: Psychology. (Third ed.) New York: American 1898.

DINGMAN, W., SPORN, N. B.: Molecular theories of memory. Science **144**, 26–29 (1964).

DIXON, W. M.: The human situation: problems of life and destiny. London: Arnold & Co. 1937.

DOBZHANSKY, T.: Mankind evolving: The evolution of the human species. New Haven: Yale University Press 1962.

— The biology of ultimate concern. New York: New American Library 1967.

— The pattern of human evolution. In: The uniqueness of man, ed. by J. D. Roslansky. Amsterdam: North-Holland Publishing Company 1969.

DROZ, G., BARONDES, H.: Nerve Endings: Rapid appearance of labeled protein shown by electron microscope radioautography. Science **165**, 1131–1133 (1969).

DUBNER, R., RUTLEDGE, L. T.: Recording and analysis of converging input upon neurons in cat association cortex. J. Neurophysiol. **27**, 620–634 (1964).

DUBOS, R.: So human an animal. New York: Charles Scribner's Sons 1968.

ECCLES, J. C.: Man and freedom. In: Twentieth Century, Melbourne, Australia **5**, 23 (1947).

— The neurophysiological basis of mind: The principles of neurophysiology, p. 314. Oxford: Clarendon Press 1953.

— The physiology of imagination. Scientific American **199**, 135–146 (1958).

— The effects of use and disuse on synaptic function. In: Brain mechanisms and learning, ed. by J. F. Delafresnaye, p. 335–352. Oxford: Blackwell Scientific Publications, 1961.

— The physiology of synapses, 316 p. Berlin-Göttingen-Heidelberg: Springer 1964.

— The brain and the unity conscious experience. (Eddington Lecture.) London: Cambridge University Press 1965a.

— The brain and the person. Melbourne: Australian Broadcasting Commission 1965b.

269

Eccles, J. C.: Some observations on the strategy of neurophysiological research. In: Nerve as a tissue, ed. by Kaare Rodahl, p. 445–455. New York: Harper & Row 1966a.

— Conscious experience and memory. In: Brain and conscious experience, p. 314–344, ed. by J. C. Eccles. Berlin-Heidelberg-New York: Springer 1966b.

— Conscious experience and memory. Rec. Advanc. biol. Psychiat. **8**, 235–256 (1966c).

— Ionic mechanisms of excitatory and inhibitory synaptic action. Ann. N. Y. Acad. Sci. **137**, 473–494 (1966d).

— Brain and the development of the human person. Impact (UNESCO, Paris) **16**, 93–112 (1966e).

— Evolution and the conscious self. In: The human mind, ed. by J. D. Roslansky. Amsterdam: North-Holland Publishing 1967.

— The importance of brain research for the educational, cultural and scientific future of mankind. Perspect. Biol. Med. **12**, 61–68 (1968).

— The experiencing self. In: The uniqueness of man, ed. by J. D. Roslansky. Amsterdam: North-Holland Publishing Co. 1969a.

— The inhibitory pathways of the central nervous system. Liverpool, England: Liverpool University Press 1969b.

— The necessity of freedom for the free-flowering of science. Dunning Trust Lecture, Queens University. Queens Quarterly (1969c).

— The dynamic loop hypothesis of movement control. In: Information processing in the nervous system, ed. K. N. Leibovic. Berlin-Heidelberg-New York: Springer 1970a.

— Neurogenesis and morphogenesis in the cerebellar cortex. Proc. nat. Acad. Sci. (Wash.) **66**, 295–301 (1970b).

— Hubbard, J. I., Oscarsson, O.: Intracellular recording from cells of the ventral spinocerebellar tract. J. Physiol. (Lond.) **158**, 486–516 (1961).

— Ito, M., Szentágothai, J.: The cerebellum as a neuronal machine. Berlin-Heidelberg-New York: Springer 1967.

— McIntyre, A. K.: The effects of disuse of activity on mammalian spinal reflexes. J. Physiol. (Lond.) **121**, 492–516 (1953).

Eddington, A. S.: Science and the unseen world. London: George Allen & Unwin Ltd. 1929.

— New pathways in science, 230 p. Cambridge University Press 1935.

— The philosophy of physical science. London: Cambridge University Press 1939.

Eigen, M.: Chemical means of information storage, and readout in biological systems. Neurosci. Res. Progr. Bull. Cambridge, Mass.: M.I.T. Press 11–22 (1964).

Evarts, E. V.: Effects of sleep and waking on activity of single units in the unrestrained cat. In: The nature of sleep, ed. by G. E. W. Wolstenholme and M. O'Connor. London: J. & A. Churchill Ltd. 1961.

EVARTS, E. V.: Activity of neurons in visual cortex of the cat during sleep with low voltage fast EEG activity. J. Neurophysiol. **25**, 812–816 (1962).
— Temporal patterns of discharge of pyramidal tract neurons during sleep and waking in the monkey. J. Neurophysiol. **27**, 152–171 (1964).

FEIGL, H.: The "mental" and the "physical". Minneapolis, Minnesota: University of Minnesota Press 1967.

FESSARD, A.: Mechanisms of nervous integration and conscious experience. In: Brain mechanisms and consciousness, p. 200–236, ed. by J. F. Delafresnaye. Oxford: Blackwell 1954.
— The role of neuronal networks in sensory communications within the brain. In: Sensory communication. Symposium on principles of sensory communications, ed. W. A. Rosenblith, p. 585–606. London: John Wiley & Sons. Inc. 1961.

FONTENAY, C. L.: Epistle to the Babylonians. An essay on the natural inequality of man. Knoxville: University of Tennessee Press 1968.

FOX, S. W.: Simulated natural experiments in spontaneous organization of morphological units from proteinoid. The origins of prebiological systems and of their molecular matrices (editor S. W. Fox), p. 361–373. 1964. Academic Press, New York.

FROMM, E.: The heart of man, its genius for good and evil. New York: Harper 1964.

FURNESS, W. H.: Observations on the mentality of chimpanzees and orangutans. Proc. Amer. Phil. Soc. **55**, 281–290 (1916).

GASTAUT, H.: Some aspects of the neurophysiological basis of conditioned reflexes and behavior. In: Neurological basis of behavior. London: J. & A. Churchill Ltd. 1958.

GERARD, R. W.: Physiology and psychiatry. Amer. J. Psychiat. **106**, 161–173 (1949).

GLASSMAN, E.: Some considerations of the effects of short term learning on the incorporation of uridine into RNA and polysomes of mouse brain. In: The future of the brain sciences, ed. by S. Bogoch. New York: Plenum Press 1969.

GOMULICKI, B. R.: The development and present status of the trace theory of memory. Cambridge: Cambridge University Press 1953.

GRANIT, R.: Receptors and sensory perception. New Haven: Yale University Press 1955.
— Sensory mechanisms in perception. In: Brain and Conscious Experience. Ed. by J. C. Eccles. Heidelberg: Springer-Verlag 1966.
— The development of retinal neurophysiology, pp. 232–241. In: Les Prix Nobel en 1967. Stockholm: Nobel Foundation 1968.

HAMLYN, L. H.: An electron microscope study of pyramidal neurons in the Ammon's horn of the rabbit. J. Anat. (Lond.) **97**, 189–201 (1963).

Hámori, J., Szentágothai, J.: The "crossing over" synapse. An electron microscope study of the molecular layer in the cerebellar cortex. Acta biol. Acad. Sci hung. **15**, 95–117 (1964).

Hardy, A.: The living stream. Evolution and man. New York: Harper & Row 1965.

Harris, C. S.: Perceptual adaptation to inverted, reversed and displaced vision. Psychol. Rev. **72**, 419–444 (1965).

Hayes, H. J., Hayes, C.: The cultural capacity of chimpanzee. Hum. Biol. **26**, 288–303 (1954).

Hebb, D. O.: The organization of behaviour. New York: John Wiley & Sons 1949.

Heberer, G.: The descent of man and the present fossil record. Cold Spr. Harb. Symp. quant. Biol. **24**, 235–244 (1959).

Held, R., Hein, A.: Movement-produced stimulation in the development of visually guided behavior. J. comp. Physiol. Psychol. **56**, 872–876 (1963).

Hinshelwood, C. N.: The vision of nature. 15th Eddington Memorial Lecture. London: Cambridge University Press 1962.

Hoerner, S. von: The general limits of space travel. In: Interstellar communication, ed. by A. G. W. Cameron, p. 144–159. New York and Amsterdam W. A. Benjamin, Inc. 1963.

Holton, G.: Science and new styles of thought. The Graduate Journal. The University of Texas, **7**, 399–422 (1967).

Hubel, D. H.: The visual cortex of the brain. New York: Scientific American 1963.

— Wiesel, T. N.: Receptive fields, binocular interaction and functional architecture in the cat's visual cortex. J. Physiol. (Lond.) **160**, 106–154 (1962).

— — Shape and arrangement of columns in the cat's striate cortex. J. Physiol. (Lond.) **165**, 559–568 (1963).

— — Receptive fields and functional architecture in two non-striate visual areas (18 and 19) of the cat. J. Neurophysiol. **28**, 229–289 (1965).

Hügel, F. von: Eternal Life. A study of its implications and applications. Edinburgh: T. & T. Clark 1912.

Huxley, J.: Higher and lower organization in evolution. J. Roy. Coll. Surg. Edinb. **7**, 163–179 (1962).

Hydén, H.: Biochemical changes in glial cells and nerve cells at varying activity. Proc. Fourth Inter. Congr. Biochemistry. vol. 3, p. 64–89, ed. by O. Hoffman-Osternhof. London: Pergamon Press 1959.

— Introductory remarks to the session on memory processes. Neurosciences Research Program Bull. Cambridge, Mass.: M.I.T. Press 23–38 (1964).

— Activation of nuclear RNA in neurons and glia in learning. In: Anatomy of memory, ed. by D. P. Kimble. Palo Alto, California: Science and Behavior Books, Inc. 1965.

HYDÉN, H.: Biochemical changes accompanying learning. In: The neurosciences, ed. by G. C. Quarton, T. Melnechuk and F. O. Schmitt. New York: Rockefeller University Press 1967.

JAKI, S. L.: Brain, mind and computers. New York: Herder & Herder 1969.

JASPER, H. H.: Pathophysiological studies of brain mechanisms in different states of consciousness. In: Brain and conscious experience, p. 256–282, ed. by J. C. Eccles. Berlin-Heidelberg-New York: Springer 1966.

JASPER, H. H., RICCI, G. F., DOANE, B.: Patterns of cortical neuronal discharge during conditioned responses in monkeys. In: Neurological basis of behavior. London: J. & A. Churchill, Ltd. 1958.

JENNINGS, H. S.: The biological basis of human nature. New York: W. W. Norton & Company, Inc. 1930.

JUNG, R.: Neuronal integration in the visual cortex and its significance for visual information. In: Sensory communication. Symposium on principles of sensory communication, ed. by W. A. Rosenblith, p. 627–674. New York: John Wiley & Sons, Inc. 1961.

— KORNHUBER, H. H., FONSECA, J. S. da: Multisensory convergence on cortical neurons. Neuronal effects of visual, acoustic and vestibular stimuli in the superior convolutions of the cat's cortex. In: Progress in brain research, vol., 1. Brain mechanisms, ed. by G. Moruzzi, A. Fessard and H. H. Jasper, p. 207–240. Amsterdam: Elsevier Publ. Co. 1963.

KANDEL, E. R., SPENCER, W. A.: Cellular neurophysiological approaches in the study of learning. Physiol. Rev. **48**, 65–134 (1968).

KELLOGG, W. N., KELLOGG, L. A.: The ape and the child. New York: McGraw Hill Book Company 1933.

KERKUT, G. A., THOMAS, R. C.: The effect of anion injection and changes in the external potassium and chloride concentration on the reversal potentials of the IPSP and acetylcholine. Comp. Biochem. Physiol. **11**, 199–213 (1964).

KLEITMAN, N.: The nature of dreaming. In: The nature of sleep, ed. by G. E. W. Wolstenholme and M. O'Connor. London: J. & A. Churchill, Ltd. 1961.

— Sleep and wakefulness, x + 552 p. Chicago: University of Chicago Press 1963.

KNEALE, W.: On having a mind. London: Cambridge University Press 1962.

KOHLER, I.: Über Aufbau und Wandlungen der Wahrnehmungswelt. S.-B. öst. Akad. Wiss., philohist. Kl. **227**, 1–118 (1951).

KORNHUBER, H. H., ASCHOFF, J. C.: Somatisch-vestibuläre Integration an Neuronen des motorischen Cortex. Naturwissenschaften **51**, 62–63 (1964).

KROEBER, A. L.: The superorganic. Amer. Anthropol. **19**, 163–213 (1952).

LACK, D.: Evolutionary theory and Christian belief. London: Methuen & Co., Ltd. 1961.

LANDGREN, S., PHILLIPS, C. G., PORTER, R.: Minimal synaptic actions of pyramidal impulses on some alpha motoneurones of the baboon's hand and forearm. J. Physiol. (Lond.) **161**, 91–111 (1962).

LANGER, S. K.: Philosophy in a new key. Cambridge, Mass.: Harvard University Press 1951.

LASHLEY, K. S.: In search of the engram. Soc. exp. Biol. **4**, 454–482 (1950).

LIBET, B.: Brain stimulation and the threshold of conscious experience. In: Brain and conscious experience, p. 165–181, ed. by J. C. Eccles. Berlin-Heidelberg-New York: Springer 1966.

LLOYD, D. P. C.: Post-tetanic potentiation of response in monosynaptic reflex pathways of the spinal cord. J. gen. Physiol. **33**, 147–170 (1949).

LØMO, T.: Some properties of a cortical excitatory synapse. In: Excitatory synaptic mechanisms, ed. by P. Anderson and J. Jansen, Jr. Oslo: Oslo University Press 1970.

LORENTE DE NÓ, R.: Studies on the structure of the cerebral cortex. I. Area entorhinalis. J. Psychol. Neurol. (Lpz.) **45**, 381–438 (1933).

— Studies on the structure of the cerebral cortex. II. Continuation of the study of the ammonic system. J. Psychol. Neurol. (Lpz.) **46**, 113-177 (1934).

— Cerebral cortex: Architecture, intracortical connections, motor projections. Physiology of the nervous system, by J. F. Fulton, 2nd Edition, 614 pp. London: Oxford University Press 1943.

MACKAY, D. M.: Cerebral organization and the conscious control of action. In: Brain and conscious experience, p. 422–445, ed. by J. C. Eccles. Berlin-Heidelberg-New York: Springer 1966.

MARGARIA, R.: The possibility of extraterrestial life. In XXII International Congress of Physiological Sciences. Suppl. to Proceedings, vol. 1, p. 108–113 (1962).

MARR, D.: A theory of cerebellar cortex. J. Physiol. (Lond.) **202**, 437–470 (1969).

MCAULEY, J.: Admirable Jeunesse? Quadrant (Sydney) **14**, 47–51 (1969).

MILLER, S. L.: Production of some organic compounds under possible primitive Earth conditions. J. Amer. chem. Soc. **77**, 2351 (1955).

— The mechanism of synthesis of amino acids by electric discharge. Biochim. biophys. Acta (Amst.) **23**, 488 (1957).

MORRELL, F.: Lasting changes in synaptic organization produced by continuous neuronal bombardment. In: Brain mechanisms and learning, ed. by J. F. Delafresnaye. Oxford: Blackwell Scientific Publications 1961a.

— Electrophysiological contributions to the neural basis of learning. Physiol. Rev. **41**, 443–494 (1961b).

— Physiology and histochemistry of the mirror focus. In: Basic mechanisms of the epilepsies, ed. by H. H. Jasper, A. A. Ward & A. Pope. Boston: Little, Brown & Co. 1969.

MORUZZI, G.: The functional significance of sleep with particular regard to the brain mechanisms underlying consciousness. In: Brain and conscious experience, p. 345–388, ed. by J. C. Eccles. Berlin-Heidelberg-New York: Springer 1966a.

— Brain plasticity. In: Brain and conscious experience, p. 555–560, ed. by J. C. Eccles. Berlin-Heidelberg-New York: Springer 1966b.

MOUNTCASTLE, V. B.: The neural replication of sensory events in the somatic afferent system. In: Brain and conscious experience, p. 85–115, ed. by J. C. Eccles. Berlin-Heidelberg-New York: Springer 1966a.

— The functional meaning of specific and nonspecific systems. In: Brain and conscious experience, p. 548–550, ed. by J. C. Eccles. Berlin-Heidelberg-New York: Springer 1966b.

MYERS, R. E.: Corpus callosum and visual gnosis. In: Brain mechanisms and learning, ed. by J. F. Delafresnaye, p. 481–505. Oxford: Blackwell Scientific Publications 1961.

ORWELL, G.: Nineteen eighty four. London: Harcourt, Bruce & Co. 1949.

PALAY, S. L.: The morphology of synapses in the central nervous system. Exp. Cell Res., Suppl. **5,** 275—293 (1958).

PELIKAN, J.: The shape of death: life, death and immortality in the early Fathers. London: Macmillan & Co., Ltd. 1962.

PENFIELD, W.: Speech and perception—the uncommitted cortex. In: Brain and conscious experience, p. 217–237, ed. by J. C. Eccles, Berlin-Heidelberg-New York: Springer 1966.

— Engrams in the human brain. Proc. roy. Soc. Med. **61,** 831 (1968).

— Epilepsy, neurophysiology, and some brain mechanisms related to consciousness. In: Basic mechanisms of the epilepsies, ed. by H. H. Jasper, A. A. Ward and A. Pope. Boston: Little, Brown & Company 1969.

— JASPER, H.: Epilepsy and the functional anatomy of the human brain, p. 896. Boston: Little, Brown & Company 1954.

— ROBERTS, L.: Speech and brain-mechanisms. Princeton, New Jersey: Princeton University Press 1959.

PETTIGREW, J. D., NIKARA, T., BISHOP, P. O.: Responses to moving slits by single units in cat striate cortex. Exp. Brain Res. **6,** 373–390 (1968a).

— — — Binocular interaction on single units in cat striate cortex: simultaneous stimulation by single moving slit with receptive fields in correspondence. Exp. Brain Res. **6,** 391–410 (1968b).

PHILLIPS, C. G.: Changing concepts of the precentral motor area. In: Brain and conscious experience, p. 389–421, ed. by J. C. Eccles, Berlin-Heidelberg-New York: Springer 1966.

POLANYI, M.: Personal knowledge. Towards a post-critical philosophy. London: Routledge & Kegan Paul 1958.

— Science, faith and Society. Chicago: University of Chicago Press, Phoenix Books 1964.

POLANYI, M.: The tacit dimension. Garden City, New York: Doubleday & Company 1966.
— Life transcending physics and chemistry. Chemical and Engineering News **45**, 54–66 (1967a).
— Science and reality. Brit. J. Phil. Sci. **18**, 177–196 (1967b).
— The growth of science in society. Minerva (Lond.) **5**, 533–545 (1967c).
— Logic and psychology. Amer. Psychologist **23**, 27–43 (1968a).
— Life's irreducible structure. Science **160**, 1308–1312 (1968b).

POPPER, K. R.: Indeterminism in quantum physics and in classical physics. Brit. J. Phil. Sci. **1**, 117–133 (1950).
— The logic of scientific discovery, 480 pp. London: Hutchinson 1959.
— Conjectures and refutations. The growth of scientific knowledge. New York and London: Basic Books 1962.
— Science: problems, aims and responsibilities. Fed. Proc. **22**, 961–972 (1963).
— Epistemology without a knowing subject. In: Logic, methodology and philosophy of sciences. III. ed. by van Rootselaar and Staal. Amsterdam: North-Holland Publishing Company 1968a.
— On the theory of the objective mind. Akten des XIV. Internationalen Kongresses für Philosophie, vol. 1, Wien (1968b).

PORTER, R.: Early facilitation at corticomotoneuronal synapses. J. Physiol. (Lond.) **207**, 733–745 (1970).

POWELL, T. S. P., MOUNTCASTLE, V. B.: Some aspects of the functional organization of the cortex of the postcentral gyrus of the monkey: A correlation of findings obtained in a single unit analysis with cytoarchitecture. Bull. Johns Hopk. Hosp. **105**, 173–200 (1959).

PURCELL, E.: Radioastronomy and communication through space. In: Interstellar communication, ed. by A. G. W. Cameron, p. 121–143. New York and Amsterdam: W. A. Benjamin, Inc. 1963.

QUARTON, G. C.: The enhancement of learning by drugs and the transfer of learning by macromolecules. In: The neurosciences, ed. by G. C. Quarton, T. Melnechuk and F. O. Schmitt, p. 744–755. New York: Rockefeller University Press 1967.

RAMÓN y CAJAL, S.: Histologie du Système Nerveux de L'Homme et des Vertébrés. II, 993 pp. Paris: Maloine. 1911.

RUIZ-MARCOS, A., VALVERDE, F.: The temporal evolution of the distribution of dendritic spines in the visual cortex of normal and dark raised mice. Exp. Brain Res. **8**, 284–294 (1969).

RUSHTON, W. A. H.: Kinetics of cone pigments measured objectively on the living human fovea. Ann. N. Y. Acad. Sci. **74**, 291–304 (1958).

RYLE, G.: The concept of mind, 334 pp. London: Hutchinson's University Library 1949.

SAWYER, D. B.: Personal Communication (1951).

SCHMITT, F. O.: Molecular and ultrastructural correlates of function in neurons, neuronal nets, and the brain. Neurosci. Res. Progr. Bull. Cambridge, Mass.: M.I.T. Press 43–66 (1964).

SCHRÖDINGER, E.: Science and humanism. London: Cambridge University Press 1951.

— Mind and matter, p. 104. London: Cambridge University Press 1958.

SENDEN, M. VON: Space and sight. Translated by P. Heath, London: Methuen and Company, Ltd. 1960.

SHERRINGTON, C. S.: The integrative action of the nervous system. New Haven and London: Yale University Press 1906.

— Man on his nature, p. 413. London: Cambridge University Press 1940.

— Foreword to 1947 Edition. The integrative action of the nervous system. Cambridge: Cambridge University Press 1947.

SHOLL, D. A.: The organization of the cerebral cortex. London: Methuen & Company, Ltd.; New York: John Wiley & Sons, Inc. 1956.

SIMPSON, G. G.: The principles of classification and a classification of mammals. Bull. Amer. Museum Nat. Hist. **85,** (1945).

— This view of life: the world of an evolutionist. New York: Harcourt, Brace & World 1964.

SMITH, H.: Human versus artificial intelligence. In: The human mind, ed. by J. D. Roslansky. Amsterdam: North-Holland Publishing Co. 1967.

SPERRY, R. W.: The great cerebral commissure. Scientific American **210,** 42–52 (1964).

— Hemispheric interaction and the mind-brain problem. In: Brain and conscious experience, p. 298–313, ed. by J. C. Eccles. Berlin-Heidelberg-New York: Springer 1966.

STENT, G. S.: Induction and repression of enzyme synthesis, p. 152–161. In: The neurosciences, ed. by G. C. Quarton, T. Melnechuk and F. O. Schmitt. New York: Rockefeller University Press 1967.

— The coming of the golden age. The American Museum of Natural History. Garden City, New York 1969.

STRATTON, G. M.: Vision without inversion of retinal image. Psychol. Rev. **4,** 463–481 (1897).

SZENTÁGOTHAI, J.: Structure-functional considerations of the cerebellar neuron network. Proc. of the I.E.E.E. **56,** 960–968 (1968).

— Architecture of the cerebral cortex. In: Basic mechanisms of the epilepsies, ed. by H. H. Jasper, A. A. Ward and A. Pope. Boston: Little, Brown & Co. 1969.

SZILARD, L.: On memory and recall. Proc. nat. Acad. Sci. (Wash.) **51,** 1092–1099 (1964).

TAUB, E.: Prism compensation as a learning phenomenon: a phylogenetic perspective. In: The neuropsychology of spatially oriented behavior. Homewood, Ill.: Dorsey Press 1968.

TEILHARD DE CHARDIN, P.: The phenomenon of man. New York: Harper 1959.

TEUBER, H.-L.: Alterations of perception after brain injury. In: Brain and conscious experience, p. 182–216, ed. by J. C. Eccles. Berlin-Heidelberg-New York: Springer 1966.

THOMPSON, H. B.: The total number of functional cells in the cerebral cortex of man, and the percentage of the total volume of the cortex composed of nerve cell bodies, together with a comparison of the number of giant cells with the number of pyramidal fibres. J. comp. Neurol. **9,** 113–140 (1899).

THORPE, W. H.: Biology, psychology and belief. London: Cambridge University Press 1961.

— Biology and the nature of Man. Riddell Memorial Lectures. Thirty-third Series. London: Oxford University Press 1962.

TÖNNIES, J. F.: Die Erregungssteuerung im Zentralnervensystem. Arch. Psychiat. Nervenkr. **182,** 478–535 (1949).

TURING, A. M.: Computing machinery and intelligence. Mind **59,** 433–460 (1950).

VALVERDE, F.: Apical dendritic spines of the visual cortex and light deprivation in the mouse. Exp. Brain Res. **3,** 337–352 (1967).

— Structural changes in the area striata of the mouse after enucleation. Exp. Brain Res. **5,** 274–292 (1968).

WASHBURN, S. L.: The evolution of human behavior. In: The uniqueness of man, ed. by J. D. Roslansky. Amsterdam, London: North-Holland Publishing Co. 1969.

WIESEL, T. N., HUBEL, D. H.: Effects of visual deprivation on morphology and physiology of cells in the cat's lateral geniculate body. J. Neurophysiol. **26,** 978–993 (1963a).

— — Single-cell responses in striate cortex of kittens deprived of vision in one eye. J. Neurophysiol. **26,** 1003–1017 (1963b).

WIGNER, E. P.: Two kinds of reality. The Monist **48,** 248–264 (1964).

— Are we machines? Proc. Amer. Philos. Soc. **113,** 95–101 (1969).

WOLFE, A.: The myth of the free scholar. University Review, vol. 2, p. 3–7. New York: State University of New York 1969.

YOUNG, J. Z.: Growth and plasticity in the nervous system. Proc. roy. Soc. B **139,** 18–37 (1951a).

— Doubt and certainty in science. London: Oxford University Press 1951b.

— A model of the brain. Oxford: Clarendon Press 1964.

Sachverzeichnis

John C. Eccles
Das Gehirn des Menschen

Sechs Vorlesungen für Hörer aller Fakultäten.
Aus dem Amerikanischen von Angela Hartung. Völlig überarbeitete und erweiterte
Neuausgabe, 5. Aufl., 24. Tsd. 1984. 304 Seiten mit 105 Abbildungen. Kt.

Der weltweit berühmte Neurophysiologe und Nobelpreisträger John C. Eccles vermittelt
in diesem Buch vielfältige Einblicke in das Abenteuer der modernen Hirnforschung.
Das Buch bietet eine verständlich und klar geschriebene Übersicht über den heutigen
Stand der Neurophysiologie. Mit seinen streitbaren und kühnen Schlußfolgerungen,
die er aus präziser wissenschaftlicher Analyse zieht, zeigt Eccles Mut zu neuen Wegen in der
Erforschung des Gehirns: ein Buch zum Mit- und Nachdenken.

»Dieses Buch befriedigt, weil man lernt, daß naturwissenschaftliche Hirnforschung
auch dazu beiträgt, den Menschen besser zu verstehen.«   Ärztliche Praxis

John C. Eccles/Daniel N. Robinson
Das Wunder des Menschseins – Gehirn und Geist

Aus dem Englischen von Agnes und Peter Löns.
2. Aufl., 14. Tsd. 1986. 243 Seiten. Geb.

Der Gehirnforscher und Nobelpreisträger Eccles und der namhafte Psychologe Robinson
attackieren in diesem Buch den herrschenden intellektuellen Trend, demzufolge der Mensch
wenig mehr ist als ein biologischer Roboter.
Die Autoren nehmen den Leser mit auf eine spannende Reise durch die Geschichte der
Menschheit und beweisen die Begrenztheit aller Wissenschaft gegenüber dem »Wunder
des Menschseins«.

Karl R. Popper/John C. Eccles
Das Ich und sein Gehirn

Aus dem Englischen von Angela Hartung und Willy Hochkeppel,
unter wissenschaftlicher Mitarbeit von Otto Creutzfeldt.
6. Aufl., 43. Tsd. 1987. 699 Seiten mit 66 Abbildungen. Geb.

»... ein Werk, dem hinsichtlich des Reichtums der ausgebreiteten empirischen Befunde
und Methoden wie hinsichtlich der philosophischen Kraft ihrer Durchdringung in der
gegenwärtigen Literatur eine herausragende Stellung zukommt ...
Ein ungemein gedankenreiches Buch, das seine Hypothesen in ruhiger, verständlicher
Sprache vorträgt.«   FAZ

»Was Eccles, der Neurophysiologe und Nobelpreisträger, und Popper, der wohl größte lebende
Philosoph, in ihrem Buch erarbeitet haben, kann als wohl einmaliges Zeugnis kreativer
Spannung gelten.«   Gero von Boehm, Die Zeit

»Das Werk imponiert nicht zuletzt durch den Tiefgang der behandelten Fragen, die man sich
kaum gründlicher diskutiert denken kann. Seinen Wert als geistige Fundgrube zu betonen,
hieße Eulen nach Athen tragen.«   Rias, Berlin